21 世纪高等院校计算机辅助设计规划教材

AutoCAD 2014 中文版工程制图
实用教程
第 2 版

周勇光　编著

机械工业出版社

本书创新性地尝试面向应用、强化 AutoCAD 的针对性，将 AutoCAD 和工程制图真正融合，让初学者能够更快入门，更有效地理解和掌握 AutoCAD。

本书内容包括 AutoCAD 基础知识、AutoCAD 2014 基本操作、平面绘图基础、标准化制图、高级平面绘图，投影及坐标系、组合体、模型操作与视图表达方法、块的应用与常用件绘制、模型操作与零件图表达、图纸管理与装配图绘制。内容编排尽量与工程制图对应，方便读者快速查阅和学以致用。附录中的工程制图模拟卷及 CAD 解答，涵盖各个类别试题，帮助读者明确学习的目标和方向。

本书可作为高等院校、高职高专院校工科类专业的教材，也可作为初、中级 AutoCAD 用户的自学用书。

本书配有电子教案，需要的教师可登录 www.cmpedu.com 免费注册、审核通过后下载，或联系编辑索取（QQ：2399929378，电话：010-88379753）。

图书在版编目（CIP）数据

AutoCAD 2014 中文版工程制图实用教程 / 周勇光编著. —2 版. —北京：机械工业出版社，2014.2　（2016.1重印）
21 世纪高等院校计算机辅助设计规划教材
ISBN 978-7-111-45511-0

Ⅰ. ①A…　Ⅱ. ①周…　Ⅲ. ①工程制图－AutoCAD 软件－高等学校－教材
Ⅳ. ①TB237

中国版本图书馆 CIP 数据核字（2014）第 012610 号

机械工业出版社（北京市百万庄大街 22 号　邮政编码 100037）
责任编辑：和庆娣
责任印制：李　洋
北京宝昌彩色印刷有限公司印刷
2016 年 1 月第 2 版·第 2 次印刷
184mm×260mm · 19.75 印张 · 490 千字
3001—4800册
标准书号：ISBN 978-7-111-45511-0
　　　　　ISBN 978-7-89405-325-1（光盘）
定价：49.00 元　（含 1DVD）

凡购本书，如有缺页、倒页、脱页，由本社发行部调换

电话服务　　　　　　　　　网络服务

社服务中心：（010）88361066　　　教材网：http://www.cmpedu.com

销售一部：（010）68326294　　　机工官网：http://www.cmpbook.com

销售二部：（010）88379649　　　机工官博：http://weibo.com/cmp1952

读者购书热线：（010）88379203　　**封面无防伪标均为盗版**

前　言

便利、快捷、灵巧的设计和绘图能力，使 AutoCAD 迅速影响和改变着人们从事设计和绘图的基本方式，也使其成为应用最广泛的工程技术辅助设计软件。作为通用性的 CAD 软件，与工程制图之间存在着工具性和知识性的联系，脱离工程制图来讲述 AutoCAD，就是无源之水、无本之木。

为了将 AutoCAD 和工程制图有机融合，在编写本书的过程中，编者进行了如下的探索：

1）以工程制图的知识为主线来安排内容，才能强化 AutoCAD 的针对性和立竿见影的实用效果，使初学者能够快速入门，在获取知识的同时也提升操作能力。

工程制图知识在实际应用中非常灵活、多样，对应 AutoCAD 的各种设置、命令和选项，极其繁杂，操作变化多端，学习中没有必要对繁杂的内容悉数掌握，借助工程制图中的典型应用，就可以直接切入、删繁就简，帮助读者快速建立起对 AutoCAD 准确、完整的认识，切实掌握重要而实用的操作方法。

对图形的认知，要求人们将三维和二维联系在一起考虑。实际上，任何一种 AutoCAD 绘图环境都可绘制平面图形也可三维建模。平面绘图的操作命令，大多也可以在三维建模中使用，定位技术更是通用的辅助命令。

2）与工程制图相比，AutoCAD 是从属性的辅助工具。但作为全球影响很大的通用性 CAD 软件，其体系庞杂、功能强大、应用广泛，所以也应尊重其独立性。

作为前期准备，读者应尽快熟悉绘图环境，全面掌握平面绘图技术。按绘图能力提高和工程应用需要的层次递进，本书从平面绘图基础、标准化制图和高级平面绘图三部分进行讲述。一般性的操作命令不需要工程制图背景知识，学习时应将计算机绘图和手工绘图的体验相互比较；标准规范化绘图知识综合性强，应从操作的灵活性、多样性和便捷性上理解 AutoCAD 是如何面向工程应用规范 CAD 工作的；最后是面向工程应用和实用性很强的夹点编辑操作等方法的介绍。

尊重 AutoCAD 的独立性，才能确保本书对 AutoCAD 的描述具备完整的体系，才能更好地展现 AutoCAD 强大的功能，才能达到技术手段的延伸和知识拓展的学习效果。例如限于技术条件，工程制图中形体的定义、投影规则和投影种类等内容介绍得比较简单，这些基础性的概念又非常重要，AutoCAD 恰好提供强大的技术手段，支持用户进行生动的演示。

3）AutoCAD 命令种类繁多，以绘图的命令为例，可分为平面绘图命令、三维造型命令以及与二维三维绘图都相关的命令；也可分为绘图及编辑（修改）两类命令。以工程制图内容的展开为依据，本书将这些命令拆分到相关章节中进行讲解，这样，读者不仅容易接受，还能感受到命令的实用性！

实例的使用也和知识同步，进行了逐级推进，并做了相应拆分，对于较复杂的机件或图样，直接提供具有典型性和可操作性的实例供读者练习。

如何激发读者的学习兴趣是编写本书时面临的任务和挑战。本书是在深入研究 AutoCAD 教材市场的基础上而编著的，是部更加新颖、可读性更强的教材。

希望读者在使用本书时注意以下问题：

1）计算机绘图替代尺规绘图及徒手绘图，极大提高了图形质量，节约了各项成本。但很多人对这样的替代，认识上过于简单，从而影响了他们精通 AutoCAD 的进程。

回想当年，编者学习 AutoCAD 2006 的动态输入技术时，起初也不得要领，但最终享受到更多绘图的快乐，并从中领悟到软件透露出的新的思维方式。AutoCAD 2007 进一步为用户提供了多种绘图环境和面板，并在以后的版本中被进一步改进和完善。与之前的版本相比，AutoCAD 2014 全面支持 Windows 8 操作系统，其网络协同功能得到前所未有的增强，操作更加便捷、界面更加友好。可以说，思维方式制约和影响着人们对 AutoCAD 的利用率，甚至影响着软件自身的发展。建议尽量用新的版本，本书在内容介绍和操作中，也力求展现新版本的特色。

2）AutoCAD 可以帮助人们开拓对原有知识的认识，帮助人们解决工程制图学习中的难点、要点。利用 AutoCAD 提供的强大的技术支持，很多在"工程制图"课程中受限的内容可以得到淋漓尽致、震撼人心的展示。对三维模型的种种变换操作甚至虚拟现实的零件拆装操作，对加深理解工程制图相关内容有莫大的好处。在选择实例时，本书采用工程制图中的典型图例、题例，留出让读者去"操作""试验"和"领悟"的空间，这将极大提高学习的效率和质量。

标准化、程式化地从事各项工程实践活动是工程技术人员的一项基本素质，也是学好、用好 AutoCAD 的基本要求。初学者很不情愿接受条条框框的限制，对诸多变量、参数、选项、命令以及超乎想象的灵活多变的操作感到发怵，但是随着使用和相互交流的深入，读者会逐渐认识到这些细节的重要性。凡是老手、高手都会很注意这些问题，以期达到事半功倍的效果。实际上，AutoCAD 在包容全球各种主流标准、软件本土化等问题上，都做了比较周全的工作，为用户提供了极大的技术支持。书中讲述了大量实用性的内容以及编者在长期使用中的感悟，请读者留意。

3）本书对 AutoCAD 的介绍不但新颖独特，而且注重知识讲解的完整性和翔实性，本书在内容编排上不追求面面俱到，目的是希望读者尽快上手。比如工程制图主要研究三维实体，因此本书中对三维曲面讲解较少，而这种构形方法恰恰在建筑效果图中被大量应用。

4）为了使读者能更清晰地看懂书中的图例，方便操作、学习，书中用到的实例都被制作成 dwg 格式的图形文件，按章节、编码存档。本书中典型的操作练习实例，提供了相应的视频，以便读者参考，学习。读者可以在随书附赠的光盘中获得这些资源。

学好 CAD 软件要精心、细心，也要有灵性、悟性，唯靠全身心地投入，多试多用。"CAD 是将人和计算机混编在解题专业组中，从而将人和计算机的最佳特性结合起来的一种技术。"这是 1973 年，国际信息联合会对 CAD 的广义上的定义。这样的定义对如何教、学 AutoCAD 相当贴切。多年来，编者一直在工程制图及 CAD 的教学中探索如何将学生的能动性、工程制图知识基础、AutoCAD 辅助技术最佳匹配，取得良好的效果。本书集中体现了编者教学改革成功的经验和体会。

由于内容过于繁杂，难免挂一漏万。限于个人水平，不妥之处望各位读者和同仁不吝赐教。

编　者

目　录

前言
第1章　AutoCAD 基础知识 ················· 1
1.1　计算机绘图及 CAD 软件简介 ······· 1
1.2　AutoCAD 用于工程制图的
　　　优势 ························· 2
1.3　AutoCAD 2014 的新增功能 ········· 4
1.4　AutoCAD 2014 的界面 ············· 5
　　1.4.1　工作空间 ················ 5
　　1.4.2　标题栏 ················· 10
　　1.4.3　选项卡和面板 ············ 11
　　1.4.4　工具栏和工具选项板 ······ 14
　　1.4.5　图形选项卡 ············· 17
　　1.4.6　创建"我的工作空间"实例 ·· 18
第2章　AutoCAD 2014 基本操作 ········· 20
2.1　AutoCAD 2014 的操作方式 ········ 20
　　2.1.1　鼠标功能 ··············· 20
　　2.1.2　键盘功能 ··············· 21
　　2.1.3　点的输入样式 ············ 25
　　2.1.4　动态输入技术 ············ 27
2.2　图形的显示控制 ··············· 31
　　2.2.1　缩放 ··················· 31
　　2.2.2　平移 ··················· 35
　　2.2.3　平铺视口 ··············· 35
　　2.2.4　命名视图 ··············· 38
2.3　图形文件管理 ················· 39
　　2.3.1　创建新图形文件 ·········· 39
　　2.3.2　打开图形文件 ············ 40
　　2.3.3　保存图形文件 ············ 40
第3章　平面绘图基础 ··············· 42
3.1　基本绘图方法 ················· 42
　　3.1.1　绘制点 ················· 43

3.1.2　绘制直线 ················· 44
3.1.3　绘制射线 ················· 44
3.1.4　绘制构造线 ··············· 45
3.1.5　绘制矩形 ················· 46
3.1.6　绘制正多边形 ············· 47
3.1.7　绘制圆 ··················· 48
3.1.8　绘制圆弧 ················· 50
3.1.9　绘制椭圆与椭圆弧 ········· 52
3.1.10　绘制圆环 ················ 53
3.2　编辑图形方法 ················· 53
　　3.2.1　选择对象 ··············· 54
　　3.2.2　删除对象 ··············· 57
　　3.2.3　修剪对象 ··············· 57
　　3.2.4　延伸对象 ··············· 58
　　3.2.5　移动对象 ··············· 59
　　3.2.6　旋转对象 ··············· 60
　　3.2.7　缩放对象 ··············· 61
　　3.2.8　拉伸对象 ··············· 62
　　3.2.9　拉长对象 ··············· 63
　　3.2.10　复制对象 ·············· 64
　　3.2.11　镜像对象 ·············· 65
　　3.2.12　偏移对象 ·············· 66
　　3.2.13　阵列对象 ·············· 67
　　3.2.14　修圆角 ··············· 68
　　3.2.15　修倒角 ··············· 69
　　3.2.16　打断对象 ·············· 70
　　3.2.17　合并对象 ·············· 71
　　3.2.18　分解对象 ·············· 71
　　3.2.19　光顺曲线 ·············· 72
3.3　AutoCAD 辅助精确定位技术 ······· 73

3.3.1　栅格与捕捉 ············· 73

3.3.2　正交与极轴 ············· 76

3.3.3　对象捕捉 ··············· 77

3.3.4　对象捕捉追踪 ··········· 82

第4章　标准化制图 ············· 83

4.1　国标的 AutoCAD 实现 ······· 83

4.1.1　标准化制图的重要性 ····· 83

4.1.2　设置工程汉字及字符样式 ··· 83

4.1.3　创建与编辑单行文字 ····· 85

4.1.4　创建与编辑多行文字 ····· 86

4.1.5　创建表格样式和表格 ····· 90

4.1.6　设置线型 ··············· 94

4.1.7　设置图线的粗细 ········· 96

4.1.8　设置图线的颜色 ········· 97

4.2　图层的管理 ················· 98

4.2.1　设置图层 ··············· 99

4.2.2　"特性"选项板 ········· 103

4.2.3　清理图形中未使用的项目 ··· 104

4.3　尺寸标注 ··················· 104

4.3.1　尺寸标注基本概念 ······· 105

4.3.2　标注样式管理器 ········· 108

4.3.3　尺寸标注调整方式 ······· 116

4.4　AutoCAD 设计中心 ········· 120

4.4.1　AutoCAD 设计中心的启动和窗口

组成 ··················· 120

4.4.2　利用 AutoCAD 设计中心编辑

图形 ··················· 121

4.5　自定义绘图环境 ············· 124

4.5.1　建立样板文件 ··········· 124

4.5.2　选项设置 ··············· 125

4.5.3　培养良好的操作习惯 ····· 125

第5章　高级平面绘图 ··········· 127

5.1　绘制与编辑多段线 ··········· 127

5.1.1　绘制多段线 ············· 127

5.1.2　编辑多段线 ············· 128

5.2　绘制与编辑样条曲线 ········· 130

5.2.1　绘制样条曲线 ··········· 130

5.2.2　编辑样条曲线 ··········· 131

5.3　绘制与编辑多线 ············· 132

5.3.1　绘制多线 ··············· 132

5.3.2　设置多线样式 ··········· 133

5.3.3　编辑多线 ··············· 135

5.4　绘制徒手线、修订云线和创建

Wipeout 对象 ············· 136

5.4.1　绘制徒手线 ············· 136

5.4.2　修订云线 ··············· 137

5.4.3　创建 Wipeout 对象 ······· 138

5.5　将图形转换为边界或面域 ····· 139

5.5.1　创建边界 ··············· 139

5.5.2　创建面域 ··············· 140

5.5.3　对面域进行布尔运算 ····· 141

5.6　使用图案填充 ··············· 142

5.6.1　设置图案填充 ··········· 142

5.6.2　设置渐变色填充 ········· 145

5.6.3　编辑图案填充 ··········· 146

5.6.4　分解图案填充和修改填充

边界 ··················· 147

5.7　夹点编辑操作 ··············· 147

5.7.1　控制夹点显示 ··········· 147

5.7.2　使用夹点模式 ··········· 148

5.8　平面图形绘制实例 ··········· 151

第6章　投影和坐标系 ··········· 153

6.1　三维观察 ··················· 153

6.1.1　使用三维动态观察器 ····· 154

6.1.2　受约束的动态观察和连续动态

观察 ··················· 155

6.1.3　SteeringWheels 动态观察 ··· 156

6.1.4　ViewCube 动态观察 ······· 159

6.2　投影、预置视图和坐标轴 ····· 160

6.2.1　正投影规则 ············· 160

6.2.2 坐标轴和预置视图 ·········· 161

6.2.3 管理用户坐标系 ·········· 162

6.2.4 投影、视图和预置视图 ·········· 164

6.2.5 视点 ·········· 166

6.2.6 模型空间位置和坐标轴 ·········· 168

6.3 QuickCalc 计算器及 CAL 命令 ·········· 168

6.3.1 "快速计算器"选项板 ·········· 168

6.3.2 CAL 命令 ·········· 172

6.3.3 CAL 命令使用函数说明 ·········· 175

6.3.4 CAL 命令求解画法几何问题实例 ·········· 175

第7章 组合体 ·········· 178

7.1 三维造型分类 ·········· 178

7.1.1 线框模型 ·········· 178

7.1.2 表面模型 ·········· 179

7.1.3 实体模型 ·········· 184

7.1.4 表面模型和实体模型的变换 ········· 194

7.2 应用与管理视觉样式 ·········· 195

7.2.1 线框视觉样式 ·········· 196

7.2.2 真实和概念视觉样式 ·········· 198

7.2.3 管理视觉样式 ·········· 199

7.3 实体的布尔运算 ·········· 199

7.3.1 并集运算 ·········· 199

7.3.2 差集运算 ·········· 200

7.3.3 交集运算 ·········· 200

7.3.4 对齐对象组合形体实例 ·········· 201

7.4 组合体的分析 ·········· 203

7.4.1 形体的 CSG 树表示法 ·········· 204

7.4.2 组合形体相邻表面间的关系 ·········· 205

7.5 组合体视图绘制 ·········· 206

7.5.1 绘制支架三视图 ·········· 206

7.5.2 绘制支架轴测图 ·········· 209

7.6 由底座三视图建模实例 ·········· 213

第8章 模型操作与视图表达方法 ····· 217

8.1 剖切实体和抽取实体横截面 ·········· 217

8.1.1 剖切实体 ·········· 217

8.1.2 抽取实体横截面 ·········· 219

8.1.3 创建截面对象 ·········· 219

8.2 创建和使用布局 ·········· 220

8.2.1 模型空间和布局空间 ·········· 220

8.2.2 布局的页面设置 ·········· 221

8.2.3 使用布局向导创建布局 ·········· 224

8.3 由三维模型自动生成平面视图 ·········· 225

8.3.1 创建布局视口 ·········· 227

8.3.2 转换为二维图形 ·········· 228

8.3.3 直接转换二维图形 ·········· 229

8.4 按剖视图制作截切模型 ·········· 230

第9章 块的应用与常用零件绘制 ········· 234

9.1 创建和使用块 ·········· 234

9.1.1 创建块 ·········· 235

9.1.2 创建外部块 ·········· 236

9.1.3 插入块 ·········· 237

9.1.4 块与图层的关系 ·········· 238

9.2 创建和使用带有属性的块 ·········· 239

9.2.1 定义属性 ·········· 239

9.2.2 编辑属性定义 ·········· 240

9.2.3 创建带有属性的块 ·········· 240

9.2.4 编辑块属性 ·········· 241

9.2.5 管理块属性 ·········· 242

9.2.6 属性的提取 ·········· 243

9.3 创建和使用动态块参照 ·········· 244

9.3.1 块编辑器 ·········· 245

9.3.2 创建动态块步骤 ·········· 246

9.4 使用外部参照 ·········· 249

9.4.1 附着外部参照 ·········· 250

9.4.2 "外部参照"选项板 ·········· 251

9.4.3 编辑外部参照 ·········· 252

第 10 章　模型操作与零件图表达 ········ 254

10.1　模型的渲染 ················· 254

　　10.1.1　赋予模型材质 ·········· 254

　　10.1.2　创建光源 ·············· 256

　　10.1.3　模拟太阳光 ·········· 259

　　10.1.4　管理光源 ·············· 261

　　10.1.5　使用背景 ·············· 262

　　10.1.6　渲染操作 ·············· 263

10.2　实体编辑的几种工具 ······ 264

　　10.2.1　三维倒角 ·············· 265

　　10.2.2　三维倒圆角 ·········· 265

　　10.2.3　面的编辑 ·············· 266

10.3　引注注法及形位公差 ······ 269

第 11 章　图纸管理与装配图绘制 ········ 272

11.1　组织和管理图形 ············ 272

　　11.1.1　使用 CAD 标准工具 ···· 273

　　11.1.2　图纸集管理器 ········ 276

11.2　处理图形的故障和错误 ···· 282

11.2.1　处理临时文件 ·········· 282

11.2.2　修复损坏文件 ·········· 283

11.2.3　从系统故障中恢复 ······ 283

11.2.4　不同版本图形的管理 ···· 284

11.3　零件图拼画装配图 ·········· 284

　　11.3.1　装配关系的图形表达 ···· 285

　　11.3.2　实体模型的装配和变换 ···· 286

附录　工程制图模拟卷及 CAD 解答 ······ 288

附录 A　模拟卷一及 CAD 解答 ········ 288

　　模拟卷一 ····················· 288

　　CAD 解答 ···················· 289

附录 B　模拟卷二及 CAD 解答 ········ 294

　　模拟卷二 ····················· 294

　　CAD 解答 ···················· 297

附录 C　模拟卷三及 CAD 解答 ········ 300

　　模拟卷三 ····················· 300

　　CAD 解答 ···················· 304

参考文献 ···························· 308

第 1 章　AutoCAD 基础知识

本章主要阐述计算机绘图与工程制图之间的内在关系；从 CAD 技术的概念、工作过程及其发展历程和趋势来审视如何学习、掌握计算机绘图技能；从 CAD 商业软件种类、选配方法、用户需求及国内实际应用现状，说明学习 AutoCAD 的重要性；简要介绍了目前最新的 AutoCAD 2014 中文版新增功能；初步了解并设置用户界面。

本章重点
- AutoCAD 2014 的新增功能
- AutoCAD 2014 的界面构成
- 创建"我的工作空间"实例

1.1　计算机绘图及 CAD 软件简介

计算机绘图是指应用绘图软件及计算机主机、图形输入/输出设备，实现图形显示、辅助绘图与设计的一项技术。以前绘制图样用绘图工具，如铅笔、钢笔、三角板、丁字尺等，在图纸上表达设计构思，制成蓝图大量复制。现在可以使用计算机作为绘图工具，但绘制工程图样的基本原理和规则理念仍然保持不变。

计算机辅助设计（Computer—Aided Design，CAD）是用计算机硬件、软件系统辅助工程技术人员进行产品设计或工程设计、修改、显示和输出图样的一门多学科、综合应用性的新技术。人具有图形识别能力，具有学习、联想、思维、决策和创新能力，而计算机具有巨大的信息存储和记忆能力，有丰富灵活的图形和文字处理功能和高速精确的运算能力。人和计算机最佳特性的结合是 CAD 的目的。

如图 1-1 所示，在设计人员初步构思、判断和决策的基础上，由计算机对数据库中的大量设计资料进行检索，根据设计要求进行计算、分析及优化，将初步设计结果显示在图形显示器上，以人机交互方式反复加以修改，经设计人员确认后，在绘图机或打印机上输出设计结果。

CAD 技术已经被广泛应用于设计、生产、制造等各个环节。从 20 世纪 50 年代的平面绘图系统起步到现在，经历了四次重大技术革命，如表 1-1 所示。表中所列技术项目也是衡量 CAD 软件先进性的重要指标。

表 1-1　CAD 技术发展历程

初 始 阶 段	第一次 CAD 革命	第二次 CAD 革命	第三次 CAD 革命	第四次 CAD 革命
CA-Drawing/Drafting 2D 绘图系统 三视图算法	应用贝赛尔（Bézier）算法 3D 曲面造型	实体造型技术	特征参数化技术 参数化实体造型	变量化设计技术

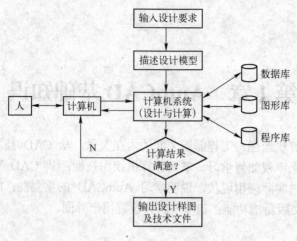

图 1-1　CAD 工作过程

在 CAD/CAM 软件市场中，可供选择的产品有很多。如 I-DEAS，Pro/ENGINEER 及 Unigraphics 属高端软件；中端的软件有 CATIA、SolidWorks、SolidEdge、MDT、国产 CAXA 等软件；AutoCAD 是 Autodesk 公司开发的通用计算机辅助设计软件，属于中低端软件。

在 CAD 实际应用中，"好用、够用"是基本原则，用户通常采用混合应用模式，即高端的 CAD 软件专门负责复杂的零件设计、分析与加工编程；中端软件负责对一般零件的设计；低档软件负责绘制工程图样；最后在中、高端 CAD 软件中实现装配、虚拟样机和干涉检查。这种混合型的应用是比较经济实用的。

1.2　AutoCAD 用于工程制图的优势

AutoCAD 是美国 Autodesk 公司开发的通用计算机辅助设计软件，具有易于掌握、使用方便、体系结构开放等优点，被广泛应用于机械、建筑、电子、化工、冶金、地质、气象、航天、造船、纺织、轻工、商业等领域。

开放式架构思想是 AutoCAD 成功的关键因素。AutoCAD 系统内部提供 Visual LISP 编辑开发环境，用户可以使用 LISP 查询语言定义新命令，开发新的应用和解决方案。用户还可以利用 AutoCAD 的一些编辑接口如 Object ARX，使用 VC 和 VB 语言进行二次开发。

AutoCAD 具有较强的数据交换能力，可以进行多种图形格式的存储和转换。其图形格式为 DWG™，该格式是业界使用最广泛的设计数据格式，可以安全、高效、精确地共享关键设计数据，实现和后继中、高端 CAD 软件的无缝对接；其 DXF（图形文件交换）格式已逐渐为其他软件商所接受，成为一种标准图形文件交换格式。AutoCAD 支持多种硬件设备，支持多种操作平台。

1982 年 11 月，Autodesk 公司就推出 AutoCAD 的第一个版本——AutoCAD 1.0 版，当时仅有二维绘图功能。1983 年 4 月又推出 1.2 版，增加了尺寸标注功能。此后 Autodesk 公司几乎每年都推出升级的版本：1988 年推出 10.0 版，外挂了立体模块，功能趋于完善，赢得全球大多数用户的信任；从 R14 版起，Autodesk 公司对 AutoCAD 的每个新版本均推出相应的简体中文版，为中国用户消除了语言障碍。

AutoCAD 2006 与 AutoCAD 2004 相比，操作风格上有很大的变化，该版本新增了动态输入、QuickCalc 计算器、动态块等功能，让我们体验到 AutoCAD 在照顾老用户操作习惯的同时，试图用计算机绘图自身的规律，来设计更友好、更直观的操作方式。AutoCAD 制图对手工绘图不仅仅是简单的替代，而是方式、手段上根本性的革命，此后版本的 AutoCAD，操作环境和风格进一步向主流高档 CAD 软件看齐。AutoCAD 2014 是目前最新的版本，与之前版本相比，操作更加便捷、功能更加强大，新用户能更快熟悉并使用软件。

由于 AutoCAD 是国内引进较早、影响较广、汉化程度较高的商业软件，大量二次开发的软件和研究应用都基于 AutoCAD 平台。又因为其通用性强、结构清晰、不需要较多的知识背景易学易用，比较适合初学者入门，因此国内几乎所有大专院校的工程制图课程，都选择 AutoCAD 作为计算机绘图软件。

教学实践表明，如果能较好地将 AutoCAD 融入工程制图，那么 AutoCAD 不仅是绘图的强有力工具，更是学习工程制图课程本身很好的辅助工具。这种融合其实是将工程制图和空间解析几何、计算机图形学、计算机绘图等各自带有独立性的知识体系融合在一起，从而提升学习的质量。

由图 1-2 所示平面图形，如果能完整想象出如图 1-3 所示的立体模型，实属不易。反过来，如果能由图 1-3 所示立体模型正确画出图 1-2 所示平面图形，也同样不易！在认知图形的初期，既给出平面图形，又给出立体模型作比照，有利于学生自己在二维和三维的形体表达之间建立良好的交替转换关系，这是训练空间想象力的较好手段。本书在讲述中注重遵循图形的认知规律、照顾读者的实际能力，给出实例背景、知识点背景，方便读者对照和领悟。

完成半剖视的主视图，并求作全剖视的左视图。

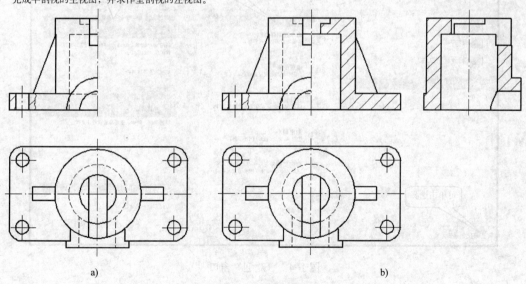

a)   b)

图 1-2 平面图形

a) 问题 b) 问题解答

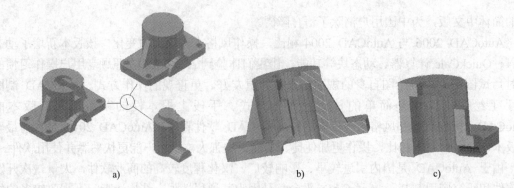

a)   b)   c)

图 1-3　立体模型的结构分析

a) 立体模型的内外结构　b) 主视图对应的模型　c) 左视图对应的模型

1.3　AutoCAD 2014 的新增功能

AutoCAD 2014 全面支持 Windows 8 操作系统，即全面支持触屏操作。启动 AutoCAD 程序，首先出现"欢迎"窗口，如图 1-4 所示。

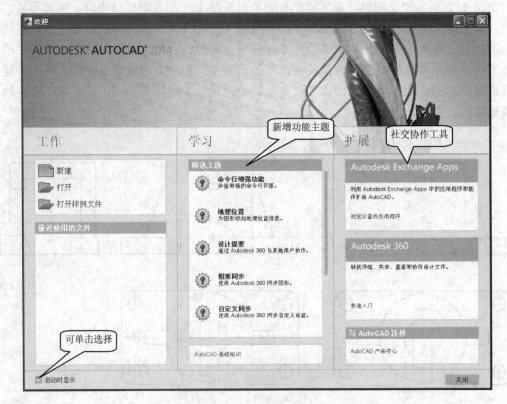

图 1-4　"欢迎"窗口

新增的 Autodesk 360 云端服务，可将本地 AutoCAD 与 AutoCAD WS 实现密切协同，许多省时增强功能以前所未有的方式加快日常工作流；支持 GPS 等定位方式，将 DWG 图形与实景地图结合在一起。

新增的模块 Autodesk ReCap 可以获取 3D 扫描仪中的点云数据，支持包括 Faro、Leica 和 Lidar 在内的大多数点云数据格式，导入到 AutoCAD 作各种操作；也可直接插入草图大师创建的 SKP 文件，并继承原有材质等特性，通过渲染可直接出效果图，如图 1-5 所示。

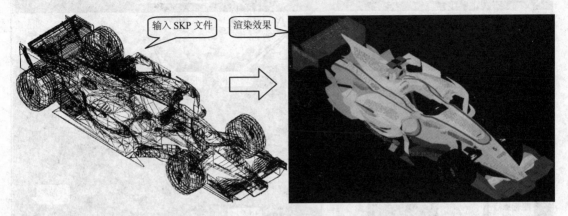

图 1-5　输入 SKP 文件及渲染效果

新增的图形（文件）选项卡，在打开的图形间切换或创建新图形时非常方便。命令行得到了增强，提供更智能、更高效访问命令和系统变量的方式，其窗口颜色和透明度可以随意改变，同时也做得更小。

此外，许多原有功能得到增强和优化，比如图层管理新增图层合并功能，可以把多个图层上的对象合并到另一个图层上；利用〈Ctrl〉键，实现顺时针和逆时针两个方向画圆弧；改进了多段线的编辑功能等。

1.4　AutoCAD 2014 的界面

AutoCAD 2014 的界面主要包括标题栏、选项卡和面板、工具栏和工具选项板、绘图窗口、命令窗口、状态栏等。

1.4.1　工作空间

AutoCAD 2014 为用户提供 4 种工作空间，可进行相互切换，即"草图与注释""三维基础""三维建模"和"AutoCAD 经典"。启动 AutoCAD 程序，默认状态进入"草图与注释"工作空间，如图 1-6 所示。

用户工作目标决定使用何种工作空间，工作空间又决定使用哪些种类的命令。繁杂的命令被相当周详地归类，大致分 3 个层次：选择不同的"选项卡"就会在面板区域列出不同种类的"面板"；"面板"中显示的是常用命令按钮，如果找不到，又可以单击"打开面板命令开关"，临时打开更多按钮供选用。

【说明】

面板相当于工具栏，但是在图标命令按钮的布置、空间的利用、操作的便易程度和内容的丰富方面，比相应的工具栏更为优化。

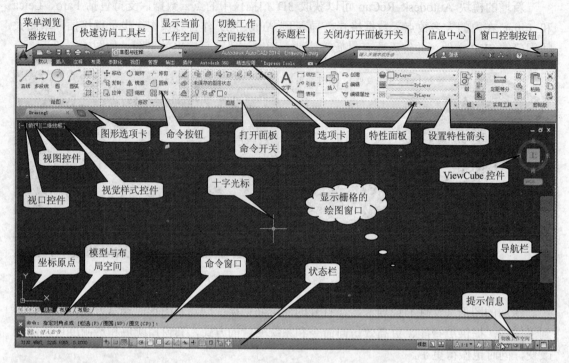

图 1-6 "草图与注释"工作空间

1. 工作空间的切换

将光标移动到状态栏右侧，停留在"切换工作空间"按钮上，系统即时给出提示信息，单击，打开"工作空间设置"下拉列表框，如图 1-7 所示。左侧有"√"标记的为当前使用的工作空间。

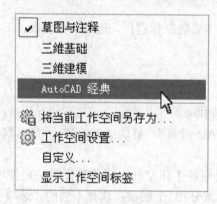

图 1-7 "工作空间设置"下拉列表框

在"模型"空间选项卡绘图是不受二维或三维限制的，故 AutoCAD 2007 以前的版本没有对特定的工作任务区分工作空间，"AutoCAD 经典"保持着一贯的风格。即便 AutoCAD 2007 之后的版本做了区分，但在随意切换工作空间时，图形不受任何影响。

用户可以有多种选择，也可以自由设置界面，然后选择"将当前工作空间另存为"选项，保存设置。

【注意】

为节省篇幅，本书将上述切换到"AutoCAD 经典"空间的操作，简单描述为：单击状态栏"切换工作空间"按钮→"AutoCAD 经典"。

在该窗口，单击"菜单浏览器"按钮，如图 1-8 中①所示，可以临时打开菜单栏，相当于"文件"菜单。光标移动到"输出"选项位置如图 1-8 中②所示，又打开子菜单，且附有相应的帮助信息如图 1-8 中③所示。

如图 1-8 中出现"工具选项板"，如图 1-8 中④所示。"工具选项板"又按不同的行业或工作任务分为各种选项卡，当前显示的是"建模"选项卡。选项板窗口中有多个项目（工具），每个项目可以是某个命令，也可以是某个块或填充图案等，操作方法类似图标按钮。

标题栏下设置的是常规菜单，如图 1-8 中⑤所示，通过使用菜单，可以完成大部分常规的操作；为移动图形方便，提供了滚动条，如图 1-8 中⑥所示；工具栏分布在两侧和上方，也可以浮动在绘图窗口，如图 1-8 中⑦所示；光标移动到工具栏的双线结尾处，会显示该工具栏的名称；单击"×"按钮可关闭工具栏。

2．"AutoCAD 经典"工作空间

在如图 1-7 所示的下拉列表框中选择"AutoCAD 经典"选项，切换到"AutoCAD 经典"工作空间，如图 1-8 所示。

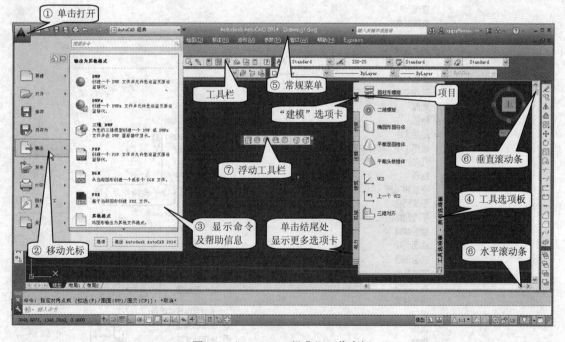

图 1-8 "AutoCAD 经典"工作空间

【说明】

当工具栏或工具选项板窗口在绘图窗口中，即使和图形重叠，也不会影响绘图窗口内的绘图操作。窗口之间有遮挡，但不冲突，称为"浮动"。也可以将这些工具栏拖动到周边，单击结尾处并不松开，即可拖动，这个动作称为"泊坞"。

工具栏的增减，可由用户自行安排。将光标移动到工具栏内的任何位置，右击，打开快捷菜单，如图 1-9 所示。左侧有"√"标记的为当前选中并显示在屏幕上的工具栏。选择某项工具栏即可在屏幕上显示（隐藏）该工具栏。

3. 绘图窗口设置

在绘图窗口中右击，打开快捷菜单，如图 1-10 所示。选择"选项"命令，弹出"选项"对话框，选择"显示"选项卡，如图 1-11 所示。

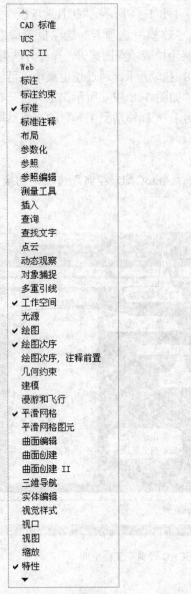

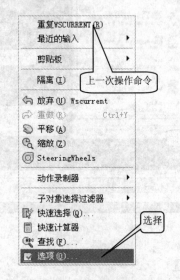

图 1-9　工具栏选项快捷菜单　　　　图 1-10　"绘图窗口"的快捷菜单

"窗口元素"选项区控制屏幕显示方式，如选择"在图形窗口中显示滚动条"复选框，将出现水平及垂直滚动条。

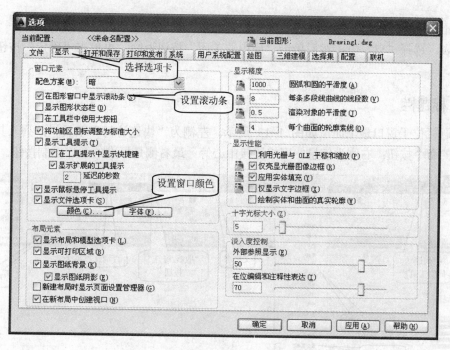

图 1-11 "选项"对话框之"显示"选项卡

【注意】

"选项"对话框非常重要，其中做的修改影响 AutoCAD 接口和图形环境的许多细节设置。如"显示"选项卡设置的显示属性，直接影响用户界面和图形显示的精度。

单击工具栏中的"颜色"按钮，弹出"图形窗口颜色"对话框，如图 1-12 所示。该窗

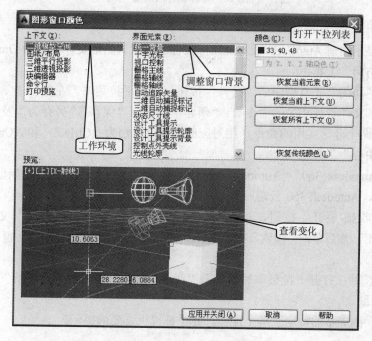

图 1-12 "图形窗口颜色"对话框

口可对不同的工作目标、任务及工具元素设置颜色，建议一般不做轻易改动。打开"颜色"下拉列表，选择"白"色，然后单击"应用并关闭"按钮返回，再单击"确定"按钮，关闭对话框。

1.4.2 标题栏

标题栏位于窗口最上面，如图 1-13 所示。左侧为"快速访问"工具栏，列入其中的是最常用的命令按钮；右侧为信息、网络连接中心等。最右侧是标准的窗口控制按钮。

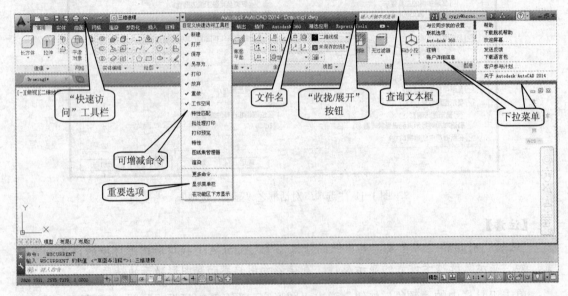

图 1-13 标题栏的组成

1. 文件名

正中位置显示当前 AutoCAD 版本及图形文件名，默认图形文件名称为 Drawing1.dwg。

2. "快速访问"工具栏

单击"快速访问"工具栏中的"打开"按钮，打开下拉菜单。左侧有"√"标记的为已显示的命令。和文件管理相关的命令有："新建""打开""保存""另存为"及"打印"。"放弃""重做"是两个非常实用的命令，相对应的快捷键分别为〈Ctrl+Z〉和〈Ctrl+Y〉。

3. "信息中心"工具栏

● "登录 Autodesk 360""Autodesk Exchange 应用程序""保持连接"按钮，用于实现网络交流、Autodesk 360 云端服务等功能。

● 单击"收拢/展开"按钮，可以关闭"查询"文本框。在"查询"文本框内输入："ZOOM"，然后单击"搜索"按钮或直接按〈Enter〉键，弹出"帮助"窗口，如图 1-14 所示。

● 单击右侧箭头打开下拉菜单然后单击"帮助"按钮，也可打开"帮助"窗口。

4. 使用帮助

当光标移动到屏幕的特定工具上停顿，几乎都提供必要的提示。

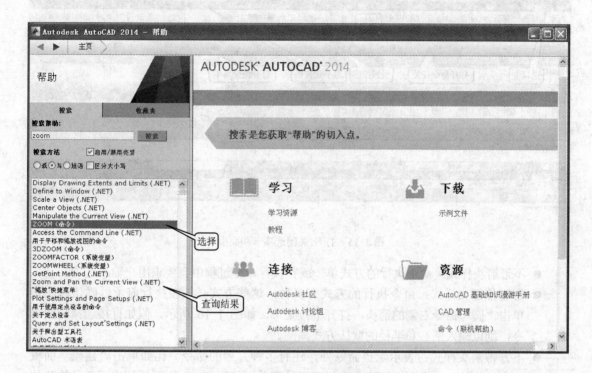

图 1-14 "AutoCAD 2014 帮助" 窗口

调用帮助命令的方式还有：
- 命令行：输入 "HELP" 或 "？"。
- 按〈F1〉键。

1.4.3 选项卡和面板

选项卡和面板是对命令按功能做的结构层次上的安排，处于标题栏下方，绘图窗口上方的显要位置。这里以"三维建模"空间为例说明。

1. 选项卡和面板的打开/关闭

单击"打开/关闭"按钮，控制面板的展开或收拢，实现面板的最小化为面板标题、最小化为选项卡和显示完整的功能区 3 种显示方式，更有利于空间的利用，如图 1-15 所示。

2. 选项卡和面板的构成

在"三维建模"空间，按工作内容分为"常用""实体""曲面""网格""渲染""参数化"等共 16 个选项卡。每个选项卡又包括若干种面板，如当前"常用"选项卡包括"建模""网格""实体编辑""绘图""修改""截面""坐标""视图""选择""图层"和"组"共 11个面板。

3. 命令调用方式

面板中的命令图标按钮有 3 种样式：不带箭头样式、右侧带箭头样式和下方带箭头样式。操作方法如下。

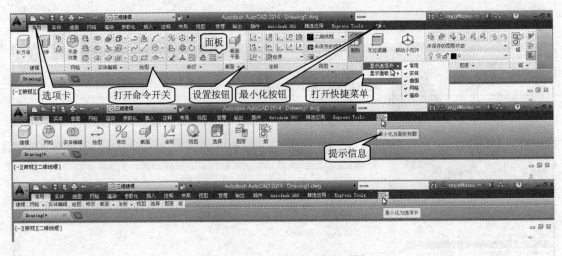

图 1-15　打开/关闭选项卡和面板

- 不带箭头样式：命令执行的方式单一或在执行命令过程中会要求用户输入选项。
- 右侧带箭头样式：命令执行的方式有多种，这些方式必须在执行前予以确认。比如单击"圆"命令右侧的箭头，打开下拉菜单，如图 1-16 所示。假如直接选择画圆命令，则以输入圆心和半径的默认方式画圆。
- 下方带箭头样式：表示除该命令外，还有多种并列的命令。比如单击"建模"面板内"长方体"命令下方的箭头，打开下拉菜单，如图 1-17 所示，列出了各种构建体素的命令。假如直接选择作长方体命令，只能作长方体。

图 1-16　"圆"的下拉菜单

图 1-17　"长方体"下拉菜单

　　面板中尚有部分命令没有展开，单击面板名称右侧"打开命令"箭头，可以展开该面板内的所有命令，如图 1-18 所示。操作命令后，自动收拢。如果想永久全部展开面板，单击面板名称左侧按钮，改为固定样式即可。

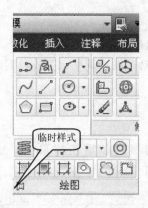 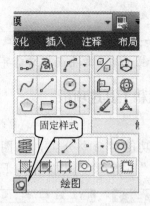

图 1-18　面板临时/固定展开

有的面板名称栏右角还有斜向下的箭头，选择后会弹出对话框，用来设置因操作该面板命令后生成对象的有关参数。单击图 1-15 中"截面"面板右角箭头，弹出"截面设置"对话框，如图 1-19 所示。在该对话框可对截面的边界线、截面内图案填充做设置。

面板在展开或在收拢状态下，调用命令的方式略有不同。

- 面板全部展开状态：首先选择选项卡，然后在该选项卡的各种面板内按上述方式找寻。
- 面板收拢为标题状态：光标移动到某个面板名称上，自动打开该面板，供选择命令，如图 1-20 所示。操作命令后自动收拢。

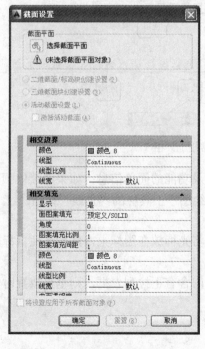

图 1-19　"截面设置"对话框

图 1-20　自动打开"建模"面板

- 无面板状态：选择选项卡，将打开该选项卡的所有面板，即面板完全展开，但操作命令后，面板将全部自动收拢。

在选项卡和面板区域打开快捷菜单，选择"选项卡"或"面板"命令，可设置隐藏/显示相应的选项卡或面板。单击面板名称并按住可拖动面板，调整位置或移到绘图窗口。

1.4.4 工具栏和工具选项板

1. 工具栏

工具栏按功能对命令分类，以图标按钮的形式显示在屏幕上，方便用户调用。"AutoCAD 经典"工作空间使用常规的工具栏如图 1-21 所示。

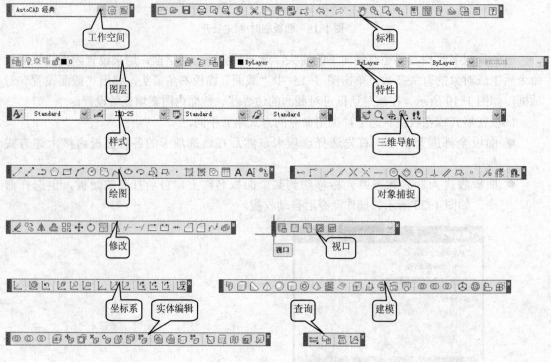

图 1-21 部分常规工具栏

光标移到图标按钮上，将显示该按钮的名称及功能的简单信息；如果继续停顿，将进一步显示其功能及操作方式。比如将光标移动到"绘图"工具栏的"直线"按钮 上，将出现两种详细程度不同的提示信息，如图 1-22 所示。

右下角带有小黑三角形的按钮为嵌套图标，将光标放在图标上，然后按住鼠标左键不放会显示弹出工具栏。

工具栏可以水平或者垂直放置，如果工具栏内含有下拉列表框，则垂直放置时，下拉列表框不能显示。

从性质上讲工具栏等同于面板，其操作方式、功能基本一致。面板是更高层次的分类编排形式。工具栏允许用户做许多灵活、实用的设置操作，而面板因为已将操作的细节考虑得比较周全，因而就不需要也不允许再做调整。比如"绘图"工具栏的"画圆"命令仅能以圆心、半径（直径）方式画圆，想按其他方式画圆，还需要输入选项；更多的方式就要选择菜单"绘图"→"圆"命令，然后才能打开画圆的各种选项，需要三步操作，对于初学者来说很容易犯难。相比之下，面板就解决得相当巧妙和完美，如图 1-16 所示。

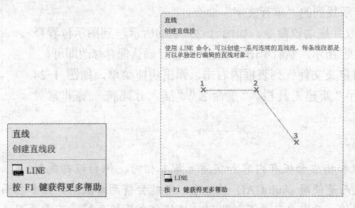

图 1-22　两种提示信息

2. 工具栏内添加命令

可增减工具栏内图标按钮。如要将"单行文字"命令添加到"绘图"工具栏内，操作方法如下。

1）在工具栏内右击，打开快捷菜单，选择"自定义"命令，弹出"自定义用户界面"窗口，如图 1-23 所示。

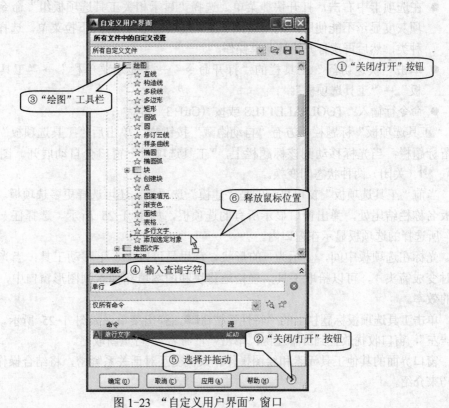

图 1-23　"自定义用户界面"窗口

2）单击"打开/关闭"按钮，如图 1-23 中①和②所示，可查看树状结构中展开的元素，列表中显示所有系统命令。打开"绘图"工具栏，如图 1-23 中③所示。

3）在"查询"文本框内输入"单行"，如图 1-23 中④所示，命令列表框内立即显示找到的"单行文字"命令。

4）光标拾取并拖动该命令，如图 1-23 中⑤所示，到图示位置释放，如图 1-23 中⑥所示，然后单击"确定"按钮，确认保存修改即可。

在"所有自定义文件"列表框内右击，弹出快捷菜单，如图 1-24 所示。可以进行"新建工具栏""重命名""插入分隔符"等非常灵活、实用的操作。

图 1-24　快捷菜单

【注意】

虽然工具栏和相应面板在内容和实质上基本相同，但面板却是新引进的概念。反而是使用 AutoCAD 的老手，可能会将两者混淆。比如在面板内打开的快捷菜单内容是不同的。开发者认为面板提供选择的命令已经足够，不需要用户再做调整，也就没有提供调整的功能。反过来在工具栏内做的调整，不影响面板的样式和内容。

3．工具选项板

工具选项板是一个非常实用的辅助设计工具，在屏幕中显示的样式如图 1-25 所示。既可以泊坞到边上，也可以浮动在绘图窗口。

标题栏上方的按钮✖用于关闭窗口。打开"工具选项板"的方法如下。

- 在选项卡中右击，打开快捷菜单，选择"显示相关工具选项板组"命令，如果该选项灰度显示不能使用，则先选择"工具选项板组"，打开下拉菜单，选择工具选项板种类，然后再次打开快捷菜单操作。
- 单击"快速访问"工具栏的"打开命令"→"显示菜单栏"→"工具"→"选项板"→"工具选项板"。
- 命令行输入：TOOLPALETTES 或按〈Ctrl+3〉键。

"工具选项板"标题栏下方有"自动隐藏"按钮，单击后"工具选项板"窗口收拢，仅留标题栏；当光标移动到该标题栏上，"工具选项板"窗口会自动展开。图标在（打开）、（关闭）两种状态间变换。

当前"工具选项板"窗口显示的是"建模"选项板，还可选择更多选项板。右击工具选项板名称栏结尾处，弹出窗口显示所有的选项板，如图 1-25 所示。选择任一项，窗口关闭，所选择的选项板显示在窗口内。

光标在选项板中间，显示为的形状，意思是可以上、下移动工具；当光标移到图案上时变成箭头，可以拾取工具，轻松地将块和图案填充插入到图形窗口中，大大提高绘图的效率。

单击工具选项板标题栏上的"特性"按钮，弹出菜单，如图 1-25 所示。如单击"锚点居左"，窗口收拢放置到屏幕左侧；单击"重命名"，可重新取名。

窗口界面的其他工具元素和绘图操作、人机交互对话关系紧密，将结合操作功能和使用技巧来介绍。

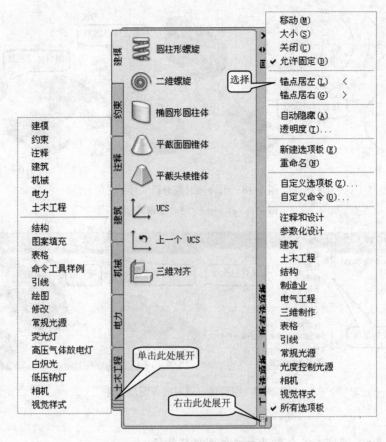

图 1-25 工具选项板及快捷菜单

1.4.5 图形选项卡

图形（文件）选项卡是 AutoCAD 2014 新增的功能，在多个文件间切换或创建新图形时非常方便。

图 1-26 所示为一组合体习题的分析过程，6 个文件同时打开查看，利用图形选项卡切换非常方便，如图 1-27 所示。

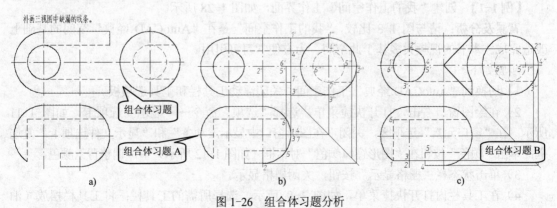

图 1-26　组合体习题分析

a) 习题　b) 解题过程 1　c) 解题过程 2

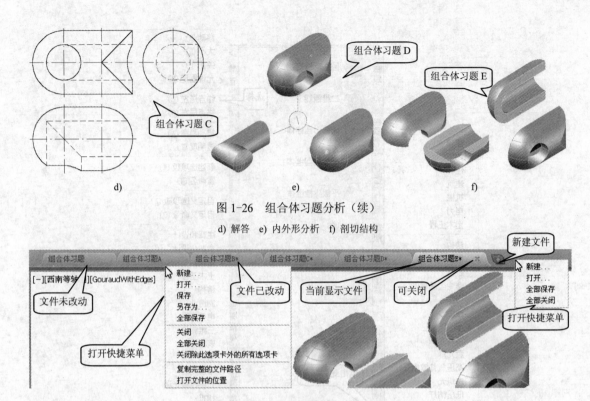

图 1-26 组合体习题分析（续）

d) 解答 e) 内外形分析 f) 剖切结构

图 1-27 组合体习题对应各图形文件

【技巧】

按〈Ctrl+Tab〉键可在多个打开的文件间循环切换。

为了使绘图窗口尽量大，可以关闭图形选项卡，方法是：打开"选项"对话框→"显示"选项卡，如图 1-11 所示，将"窗口元素"选项区域的"显示文件选项卡"复选框关闭。

1.4.6 创建"我的工作空间"实例

每个人有各自不同的工作任务和工作习惯，慢慢就形成不同的操作风格，为提高效率对界面作适当的调整是必要的。

【例 1-1】 创建"我的工作空间"工作界面，如图 1-28 所示。

背景及分析： 请与图 1-8 比较，"我的工作空间"是在"AutoCAD 经典"空间的基础上改造完成。本书的视频大多基于此空间，为方便学习可引用。

步骤如下。

1）切换到"AutoCAD 经典"工作空间，关闭浮动工具栏和工具选项板。

2）在绘图窗口右击，打开快捷菜单，选择"选项"命令→"显示"选项卡，如图 1-11 所示。在"窗口元素"选项区，关闭"在图形窗口中显示滚动条"和"显示文件选项卡"复选框；单击"颜色"按钮在"图形窗口颜色"对话框（如图 1-12 所示）中，调整背景颜色。

3）单击状态栏"栅格显示"按钮，关闭栅格显示。

4）在工具栏内打开快捷菜单，如图 1-9 所示，选择所需的工具栏；将工具栏摆放（泊坞）在周边。

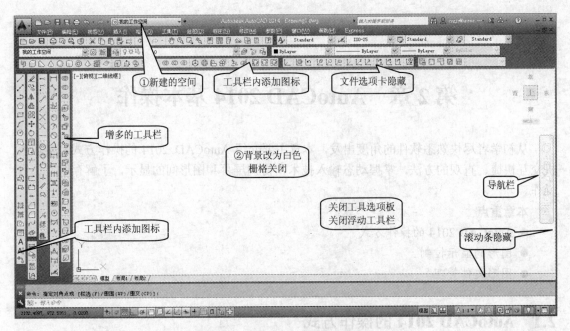

图 1-28 "我的工作空间"工作界面

5）在工具栏上右击，打开快捷菜单，选择"自定义"命令，弹出"自定义用户界面"窗口，如图 1-23 所示。在"绘图"工具栏内添加"单行文字"按钮，在建模工具栏内添加"剖切""截面""建模，设置，视图""建模，设置，图形""建模，设置，轮廓"等按钮。

6）打开快速访问工具栏的"工作空间"下拉列表框，选择"将当前工作空间另存为"选项，保存为"我的工作空间"，供以后切换使用。

【说明】

选择 Windows"开始"→"Autodesk"→"AutoCAD 2014 简体中文"→"移植自定义设置"→"从早期版本进行移植"命令，弹出"移植自定义设置"对话框，如图 1-29 所示，可移植原有的设置。

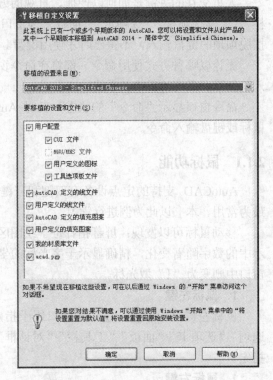

图 1-29 "移植自定义设置"对话框

第2章　AutoCAD 2014 基本操作

从初学者尽快熟悉软件的角度出发，本章主要介绍 AutoCAD 2014 的操作方式，实现人机交互快捷、直观的方法，掌握动态输入技术，协调屏幕和图形间的显示，了解存取文档等操作。

本章重点
- AutoCAD 2014 的操作方式
- 图形的显示控制
- 图形文件管理

2.1　AutoCAD 2014 的操作方式

人机交互的关键是如何以便捷、直观的方式发出指令，即如何使用命令。"菜单""工具栏""工具选项板""选项卡""面板"等窗口要素，都是为了最大程度依赖鼠标使用命令，摆脱烦琐的键盘输入，不得已时才使用键盘。

无论以哪种方式使用命令，都将在命令窗口以文本的方式显示。命令窗口可以观察到输入的指令、系统的反馈及系统的请求。

命令窗口显示"命令"的状态，表明 AutoCAD 处于准备接受命令的状态。此时可以用鼠标或键盘输入命令。

2.1.1　鼠标功能

AutoCAD 支持的定点设备有双键和三键鼠标、数字化仪游标或笔针，双键带滑轮鼠标最为常用。本书以此为例进行学习。

移动鼠标可以发现：屏幕指针位于绘图区域中，其形状为十字光标，状态栏左侧坐标显示中的数字随着变化，精确显示十字光标的坐标位置；不在绘图区域中则变为箭头；在文本窗口中则变为"I"型光标。

1. 鼠标左键

鼠标左键是拾取键，在绘图窗口用于指定点或指定编辑对象；也可以用来选择"菜单选项""选项卡""面板""工具栏""对话框"按钮和字段等。左键的功能不能被用户重新指定。

2. 鼠标右键

鼠标右键的操作取决于当前光标的位置、处于操作的阶段，下一步想作的操作。比如可以结束正在进行的命令、打开快捷菜单、显示"对象捕捉"菜单、显示"工具栏"对话框等。

使用〈Shift〉键和鼠标右键组合，系统可直接弹出"对象捕捉"快捷菜单，用于临时设置捕捉点。

可以在"选项"对话框的"用户系统配置"选项卡（如图 2-1a 所示）内"Windows 标准操作"选项区中单击"自定义右键单击"按钮，弹出"自定义右键单击"对话框（如图 2-1b 所示）。选择"打开计时右键单击"复选框，然后单击"应用并关闭"按钮，则单击右键具有按〈Enter〉键的功能。

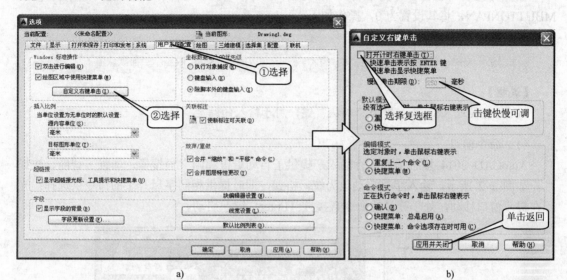

a)   b)

图 2-1   自定义右键单击的操作

a) "用户系统配置"选项卡   b) "自定义右键单击"对话框

3. 鼠标滑轮

鼠标两个按钮之间有一个小滑轮，该滑轮可以转动或按下，从而进行图形的缩放或平移，操作方法见表 2-1。

表 2-1   滑轮功能

目 的	操 作 方 法
放大或缩小	转动滑轮：向前，放大；向后，缩小
缩放到图形范围	双击滑轮按钮
平移	按住滑轮按钮并拖动鼠标
平移（操纵杆样式）	按住〈Ctrl〉键以及滑轮按钮并拖动鼠标
打开"对象捕捉"菜单	将 MBUTTONPAN 系统变量设置为 0 并单击滑轮按钮

默认情况下，每次转动滑轮都将按 10%的增量改变缩放级别。系统变量 ZOOMFACTOR 用于控制滑轮转动的增量变化，其数值越大，增量变化就越大。

【建议】

滑轮的平移功能比滚动条的实时效果更佳，隐藏滚动条可以节约窗口空间。

2.1.2 键盘功能

采用图标按钮是最直观的使用命令方法，但速度远远不如键盘输入。使用键盘可以在命令窗口或动态输入工具提示中输入命令、访问系统变量，也可以输入文本对象、数值参数、点的坐标等。功能键、组合键可用来快速启动命令。操作中键盘、鼠标的协调配合非常重要。

1. 键盘输入方式

输入英文名（字符不分大小写），然后按〈Enter〉键或〈Space〉键。如访问系统变量 MBUTTONPAN，将其设置为 0，操作如下：

命令: MBUTTONPAN✓	//本书以"✓"作为"确认"键标记
输入 MBUTTONPAN 的新值 <1>:0✓	//括号"<>"内显示当前默认值

【说明】

〈Enter〉键或〈Space〉键为"确认"键，用于输入的结尾。

（1）命令窗口

AutoCAD 2014 增强了命令行输入，提供了自动更正和同义词搜索，增强了智能、快捷性。如图 2-2 所示，输入字符自动改为统一格式，即时提供相同字母开头的命令供选择；光标在提示窗口移动，处于亮显的命令直接按〈Enter〉键即启动。

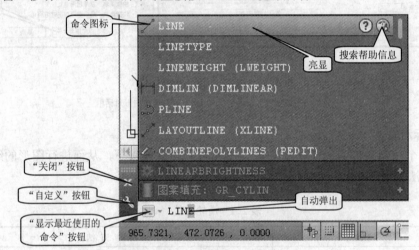

图 2-2 友好的输入方式

- ●"关闭"按钮：可将命令窗口关闭，增大绘图区域。
- ●"自定义"按钮：可以对智能输入的选项做选择，如图 2-3 所示。选择"选项"命令，弹出"输入搜索选项"对话框，如图 2-4 所示。采用过多的智能工具将会使程序运行缓慢。

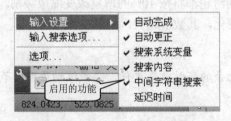

图 2-3 "自定义"设置菜单

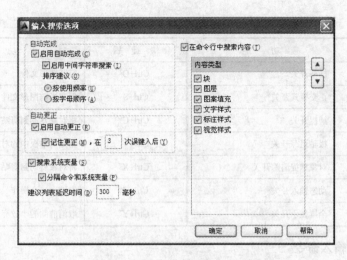

图 2-4 "输入搜索选项"对话框

- "显示最近使用的命令"按钮 ，显示最近使用的命令，供用户选择。

（2）"圆"命令执行举例

在执行命令中，一般会出现一组选项或一个对话框。例如启动"圆"命令 circle 后，显示提示如图 2-5 所示。各选项说明如下。

图 2-5 "圆"命令执行样式

- 指定圆的圆心：列于前面，不在括号"[ ]"内，为默认选项，可直接输入圆心。
- 三点（3P）：输入 3P，然后按确认键。系统将要求输入 3 个点的坐标。
- 两点（2P）：输入 2P，然后按确认键。系统将要求输入两个点的坐标。
- 切点、切点、半径（T）：输入 T，然后按确认键。系统将要求选择两个图形对象，再给出圆的半径。

2. AutoCAD 的快捷键

快捷键又称加速键，是指用于启动命令的键或键组合。例如，按〈Ctrl+O〉快捷键来打开文件，按〈Ctrl+S〉快捷键来保存文件。表 2-2 显示了部分常用快捷键的功能。

表 2-2 部分常用快捷键的功能

快 捷 键	功 能	快 捷 键	功 能
F1	显示帮助	Ctrl+1	"特性"选项板开关
F2	开关文本窗口	Ctrl+2	设计中心开关
F3（Ctrl+F）	对象捕捉开关	Ctrl+3	"工具选项板"窗口开关
F4（Ctrl+T）	数字化仪模式开关	Ctrl+8	"快速计算器"选项板开关
F5（Ctrl+E）	在等轴测平面之间循环	Ctrl+9	命令窗口开关
F6（Ctrl+D）	动态 UCS 开关	Ctrl+N	创建新图形文件

快 捷 键	功 能	快 捷 键	功 能
F7（Ctrl+G）	栅格开关	Ctrl+O	打开图形文件
F8（Ctrl+L）	正交模式开关	Ctrl+S	保存当前图形文件
F9（Ctrl+B）	捕捉开关	Ctrl+C	将对象复制到剪贴板
F10	极轴追踪开关	Ctrl+V	粘贴剪贴板中的对象
F11	对象捕捉追踪开关	Ctrl+X	将对象剪切到剪贴板
F12	动态输入开关	Ctrl+Z	撤销上一个操作
Ctrl+ 0	全屏显示开关	Ctrl+Y	取消前面的"放弃"动作

3．缩写形式输入命令

有些命令具有缩写的名称，称为命令别名。例如，启动画直线命令 LINE，可以输入 L。单击"工具"菜单→"自定义"→"编辑程序参数（acad.pgp）"，或单击"管理"选项卡→"自定义设置"面板→"编辑别名"，打开 Windows 的"记事本"窗口，可以查阅到所有系统设置的命令别名。

如果想用 LN 作为直线命令 LINE 的另一个缩写形式则可在 acad.pgp 文件中加入一行：

```
    LN,          *LINE
```

然后保存 acad.pgp 文件，重新启动 AutoCAD 系统即可生效。

4．重复、取消命令和命令的透明使用

如果要重复刚使用过的命令，则可按〈Enter〉键或〈Space〉键，也可以在命令提示下，单击鼠标右键。

一般命令执行完后，会自动结束，返回命令提示状态。有的命令除非给出终止信号，否则不会结束，如"直线"命令、"点"命令，须按〈Enter〉键或〈Space〉键方可正常结束。按〈Esc〉键可在命令执行中强制取消命令，恢复命令提示状态。

有时在执行命令的过程中希望其他命令来辅助，称为命令的透明使用，要在命令之前加单引号"'"。比如在绘制直线中，又想借助栅格来找点，操作如下。

```
    命令:_line          //单击"直线"按钮，前缀"_"为系统自动调用命令的宏命令形式
    指定第一点:          //绘图窗口拾取一点
    指定下一点或 [放弃(U)]:          //绘图窗口拾取一点
    指定下一点或 [闭合(C)/放弃(U)]:'grid          //透明使用"显示栅格"命令
    >>指定栅格间距(X) 或 [开(ON)/关(OFF)/捕捉(S)/主(M)/自适应(D)/界限(L)/跟随(F)/纵横向间距
(A)] <10.0000>:✓          //接受默认的间距 10.0000
    正在恢复执行 LINE 命令。          //系统提示
    指定下一点或 [闭合(C)/放弃(U)]:          //继续绘制直线操作……
```

可以被透明使用的命令通常是：不选择对象、不创建新对象或不结束绘图任务的命令。在透明打开的对话框中所做的修改，直到被中断的命令已经执行后才能生效。同样，透明重置系统变量时，新值在开始下一命令时才能生效。

2.1.3 点的输入样式

点是构成形体最基本的图形元素，绘图过程的绝大部分任务就是找点，即定位。方便、精确地定位是专业绘图软件必备的功能。

点不是孤立的，可能是圆心、端点、中点等，按〈Shift〉键+鼠标右键；或者在绘图过程中，打开快捷菜单→"捕捉替代"都可以打开"对象捕捉"快捷菜单，如图 2-6 所示。此菜单中包含了 AutoCAD 对点的分类。

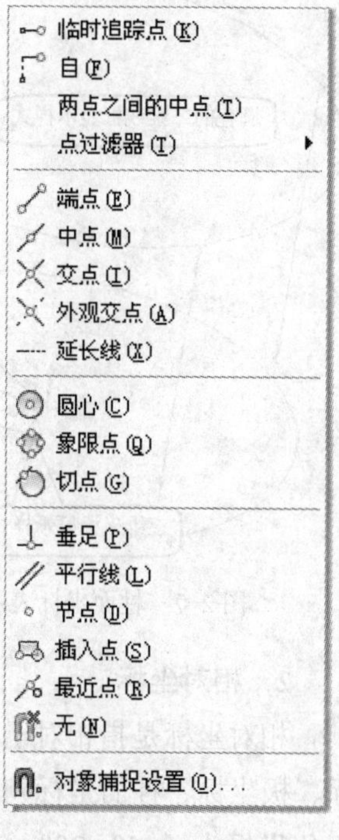

精确的数值输入离不开键盘，在命令窗口输入点的坐标有绝对坐标、相对坐标两种方式。每一种坐标方式中又有直角（笛卡儿）坐标、极坐标、柱面坐标和球坐标 4 种样式。输入点的二维坐标，用直角坐标、极坐标两种样式；三维坐标的输入，4 种样式均可使用。

图 2-6　"对象捕捉"快捷菜单

1. 绝对坐标

点的绝对坐标是指相对于当前坐标原点的坐标。有直角（笛卡儿）坐标、极坐标、柱面坐标和球面坐标 4 种形式。

（1）直角坐标样式：（X, Y, Z）

坐标值之间用逗号隔开。例如，输入一个点，其 X 坐标为 100，Y 坐标为 150，Z 坐标为 210，则在命令窗口提示输入后输入：

100,150,210↙

（2）极坐标样式：距离＜角度

极坐标用来表示当前坐标系中 XY 面上的点，为二维的形式。系统默认规定 X 轴正向为 0°；Y 轴正向为 90°。例如某点在 XY 面上，距离原点 100，该点与原点的连线相对于 X 轴正方向的夹角为 25°，输入形式为。

100＜25↙

（3）柱面坐标样式：圆柱体半径＜在 XY 面上投影的角度，到 XY 面的距离

柱面坐标是表示三维空间点的形式之一。点 A 空间位置如图 2-7 所示，处于以原点为轴心、以 100 为半径的圆柱体表面上，过点 A 向 XY 面作垂线，垂足为点 B，则点 B 被称为点 A 在 XY 面上的投影，线 OB 的角度为 45°，线 AB 长为 50。输入点 A 的样式为

100＜45,50↙

（4）球面坐标样式：距离＜在 XY 面上投影的角度＜与 XY 面的角度

球面坐标也是表示三维空间点的一种形式。点 A 空间位置如图 2-8 所示，处于以原点为球心、以 100 为半径的球体表面上，点 B 为点 A 在 XY 面上的投影，线 OB 的角度为 45°，∠AOB 为 60°。输入点 A 的样式为

100＜45＜60↙

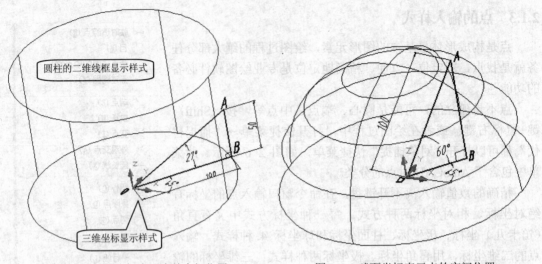

图 2-7　柱面坐标表示点的空间位置　　　　　图 2-8　球面坐标表示点的空间位置

2．相对坐标

相对坐标是指相对于当前点的坐标。相当于把当前点临时当做坐标原点，故也有直角坐标、极坐标、柱面坐标和球面坐标 4 种形式，输入时须在前面添加符号"@"。如当前点的直角坐标为（150，200，50），则输入"@100，150，210"相当于输入的绝对坐标为（250，350，260）。如仅输入："@"，相当于仍取当前点坐标即（150，200，50），相当于输入："@0，0，0"。

3．平面绘图中的点输入方式

系统规定平面绘图必须在 XY 平面中进行，该平面也称为工作平面，此时 Z 坐标为 0，不用输入。

第一个点的输入，一般采用绝对坐标或者在绘图窗口任意拾取点，也可借助"对象捕捉"功能。从第二点开始，后继点的输入方式较多采用相对极坐标方式：在极轴追踪和动态输入技术的支持下，用光标来指定方向，然后仅需输入距离。这种方法较好地把键盘和鼠标结合在一起，称为直接距离输入法。

4．状态栏中坐标显示样式

绘图中，随着光标移动，状态栏左侧坐标显示区中的数字随着变化，精确显示十字光标的坐标位置。在该区域打开快捷菜单，共有 4 个选项：相对、绝对、地理和关。

- 命令提示状态或系统等待输入第一点时，显示点的绝对坐标，仅有"关"一个选项。如果单击，则显示区灰度显示，数值不再变动。再次打开快捷菜单，可选项只有"绝对"选项，如果单击则又正常显示。
- 等待输入后继点时，光标与前一点间以相对极坐标的样式显示，"绝对"和"关"两项待选。
- 三维建模中为了使用太阳光渲染图形，会设置图形的地理位置如纬度、经度、时区、坐标和方向等参数，此时可选"地理"选项。

2.1.4 动态输入技术

动态输入是绘图过程中重要的辅助工具，在光标附近显示信息，且该信息会随着光标移动、命令的活动状态而动态更新，如显示坐标位置、命令选项、标注信息等。动态输入有 3 个组件：指针输入、标注输入和动态提示。

借助动态输入的提示功能，用户可以把注意力集中在光标附近，不必在绘图窗口和命令窗口之间来回切换，保证作图思路专注于绘图区域。

1. 开/关动态输入

- **工具栏**：单击状态栏的"动态输入"按钮![]。
- **快捷键**：按〈F12〉键。

2. 启用指针输入

使用指针输入设置可修改坐标的默认格式，并能控制指针输入工具栏提示何时显示。在状态栏"动态输入"按钮上右击，打开快捷菜单，选择"设置"命令，弹出"草图设置"对话框之"动态输入"选项卡，如图 2-9 所示。

选项卡内第一行的两个复选框用于"启用指针输入"、"可能时启用标注输入"的开关，目前状态均为打开。

在"指针输入"选项区内看到光标和工具栏提示之间的位置关系，直角坐标显示样式。单击"设置"按钮，弹出"指针输入设置"对话框，如图 2-10 所示。

"格式"选项区当前默认的设置为"极轴格式""相对坐标"，这样设置能较好地配合光标指定方向、键盘仅输入距离的直接距离输入法；"可见性"选项区当前默认的设置为"命令需要一个点时"，即只有当需要提供点的位置时，才出现提示信息，这样就能保证窗口界面简洁明了。

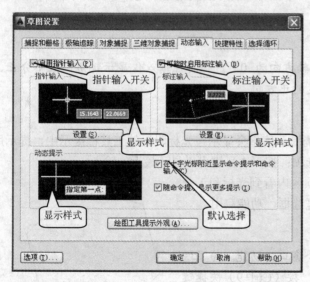

图 2-9 "草图设置"对话框之"动态输入"选项卡

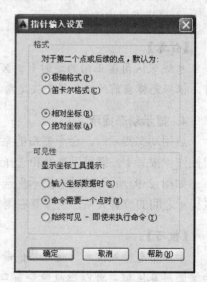

图 2-10 "指针输入设置"对话框

【注意】

在使用"动态输入"时，需要将文字输入法设置为"英语（美国）"；由于提示信息在绘图窗口自动跟踪光标，故操作时不要把光标移出绘图窗口。

由于默认设置为"相对极坐标"和"相对坐标"，故不需要输入"@"符号，系统会自动在命令行添加该符号。如果需要使用绝对坐标，则必须用"#"作前缀。例如，要将对象移到坐标原点，选好基点后，提示输入第二个点时，应输入："#0,0"。

3．启用标注输入

当同时打开指针输入和标注输入时，标注输入将取代指针输入。当命令提示输入第二点时，工具栏提示将改为显示距离和角度值。其中距离文本框中，数字部分呈浅蓝色亮显，表示该框处于激活状态，可输入数值修改；〈Tab〉键用于切换激活距离和角度文本框。

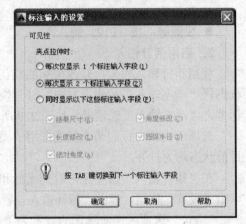

仍以图 2-9 为例，"标注输入"选项区内看到光标和工具栏提示之间的位置关系以及显示样式。单击"设置"按钮，弹出"标注输入的设置"对话框，如图 2-11 所示。系统默认设置为同时显示距离和角度。

归纳起来，使用动态输入技术，第二点及后继点的输入有几种形式。

● 直接用光标选择点。

● 输入距离，然后按〈Tab〉键，再输入角度，以相对极坐标的形式输入点。

图 2-11 "标注输入的设置"对话框

● 输入距离，然后按逗号〈,〉键，再输入距离，以相对坐标的形式输入点。

● 输入距离，然后按〈Enter〉键，表示默认角度文本框内的值；反之，则表示默认距离文本框内的值。

【注意】

系统默认角度正向为逆时针，X 轴方向为 0°。但标注输入仅显示锐角，且不分正、负，根据光标当前所在位置来决定角度的正方向。

4．显示动态提示

启用动态提示时，命令窗口的系统提示信息会显示在光标附近的工具栏提示中，提示用户操作。按〈↓〉键可以查看和选择选项；按〈↑〉键可以显示最近的输入。

如图 2-9 所示，"动态提示"选项区内看到光标和工具栏提示之间的位置关系，选择其右侧复选框，功能启用。

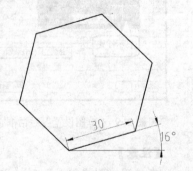

【技巧】

启用动态输入技术，就可替代命令窗口的功能。为了增加绘图屏幕区域，可以隐藏命令窗口。按〈Ctrl+9〉快捷键可以隐藏/显示命令窗口，按〈F2〉键可以以文本窗口的形式显示/隐藏操作内容。

【例 2-1】 绘制边长为 30 的斜置正六边形，如图 2-12

图 2-12 斜置的正六边形

所示。

背景及分析：倾斜形状的图形实际中遇到较多，手工绘制较烦琐，要将 16° 准确作出较困难，绘图过程需要用辅助线，借助动态输入技术，使操作轻松、便利、连贯。

操作步骤如下。

1）开启 AutoCAD 程序，在"草图与注释"工作空间，单击"默认"选项卡中"绘图"面板上的"直线"命令，然后将光标移到绘图窗口，如图 2-13 所示。光标拾取一点，即输入第一点坐标值；也可输入 X 坐标，按〈Tab〉键或逗号〈,〉键，再输入 Y 坐标。

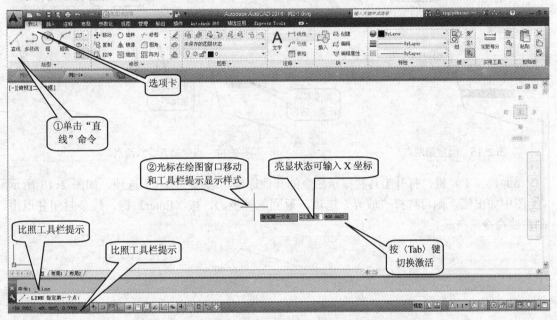

图 2-13　启动画直线命令后光标与动态显示坐标值样式

2）移动光标至需要的角度，如图 2-14 所示。仅输入距离，确定第二点。

3）输入 30，按〈Enter〉键，距离被锁定，角度数值亮显可改动，如图 2-15 所示。移动光标至需要的角度时，拾取一点，确定第三点。

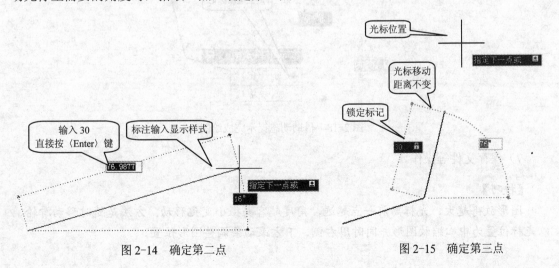

图 2-14　确定第二点　　　　　　　　　图 2-15　确定第三点

4）输入角度值 136，按〈Enter〉键，移动光标不能改变直线方向，如图 2-16 所示。输入距离，确定第四点。

5）确定第五、六两点的方法和确定第二点相同，注意角度数值不分正负、方向，以当前光标位置为准。

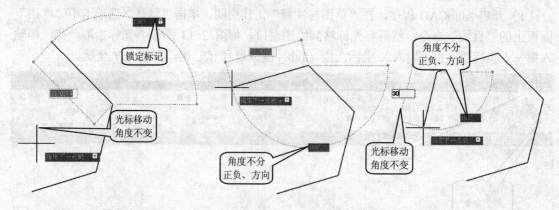

图 2-16　确定第四点　　　　　　　　　　　　图 2-17　确定第五、六两点

6）按〈↓〉键，打开工具栏提示命令的其他选项。选择"闭合"选项，如图 2-18 所示（绘图中如出错，则可选择"放弃"选项，返回前一步。），按〈Enter〉键，线条封闭并退出画直线命令。

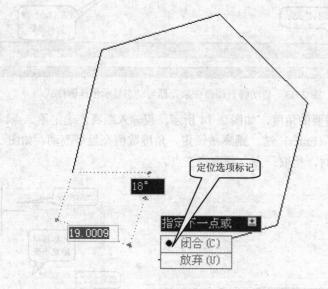

图 2-18　借助动态提示完成绘图

7）保存文件等操作。

【技巧】

图形放得越大、光标离前一点越远，角度越容易微小变化移动。方法是随时移动滑轮，以光标位置为中心缩放图形并同时用右侧、下方滚动条调整图形位置。

【说明】

本例更简单的作法是用作正多边形命令 POLYGON，作正向摆放的正六边形；再用旋转命令 ROTATE，将图形旋转 16°，具体操作见 3.2.6 节。

2.2 图形的显示控制

AutoCAD 作为辅助设计工具的一个重要特征是：设置了"模型空间"（MSPACE）和"图纸空间"（PSPACE），对应绘图窗口左下角的"模型""布局 1"和"布局 2"选项卡。在"模型空间"绘图，不受二维、三维的限制，也不受图形大小限制。当需要打印、输出时，才考虑图纸的大小、缩放比例、视图的布置等细节问题，此时应使用"布局"选项卡。

图形大小是任意的，然而绘图窗口却有一定的尺寸限制，图形的显示控制就是用来协调图形与绘图窗口之间的关系的。有了显示控制功能，绘图窗口就像相机的变焦镜头，用户相当于通过变焦镜头来观察图形，故绘图窗口又被称为"绘图区域""模型空间""视口""窗口"等。

因为图形显示的缩放与平移为等变换，不改变图形实际尺寸的大小，因此在"模型空间"绘图不必考虑比例问题，一般按 1：1 绘制，转换到图纸空间布局时才考虑缩放比例。

2.2.1 缩放

"缩放"用于在绘图窗口调整图形的显示比例，是绘图操作中使用频率非常高的命令。系统提供多种方式来启动缩放命令，也可直接选择该命令的选项。相关功能命令和按钮如图 2-19～图 2-22 所示。

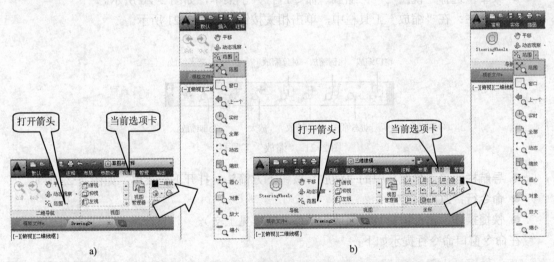

图 2-19 两种工作空间"视图"面板及下拉菜单

a)"草图与注释"工作空间 b)"三维建模"工作空间

1. 命令启动方法

● **面板**：选择"视图"选项卡→"（二维）导航"面板，单击"范围"按钮右侧箭头，打开下拉菜单，如图 2-19 所示。

● **工具栏**：在"标准"工具栏中按住"缩放"按钮，弹出工具栏，如图 2-20 所示。

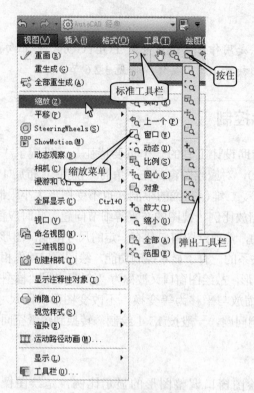

图 2-20 "缩放"菜单及弹出工具栏

- **菜单**：选择"视图"→"缩放"命令，打开子菜单，如图 2-20 所示。
- **工具栏**：在"缩放"工具栏中，单击相关按钮，如图 2-21 所示。

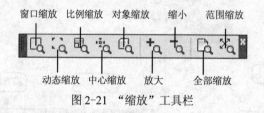

图 2-21 "缩放"工具栏

- **导航栏**：单击导航栏中的"缩放"按钮下方箭头，打开下拉菜单，如图 2-22 所示。
- **命令行**：ZOOM (Z)。
- **快捷操作**：鼠标滑轮具有缩放和平移功能（见上文）。

在命令窗口命令行提示如下：

命令:z✔   //缩写形式
指定窗口的角点，输入比例因子 （nX 或 nXP），或者//选项内容、功能和图标对应
[全部(A)/中心(C)/动态(D)/范围(E)/上一个(P)/比例(S)/窗口(W)/对象(O)] <实时>:

2. 选项功能

（1）范围缩放

以现有图形所占的空间为范围，按绘图窗口的长宽比，最大可能显示所有图形对象。这

是最常用的命令选项，可通过双击滑轮实现此功能，如图2-23所示。

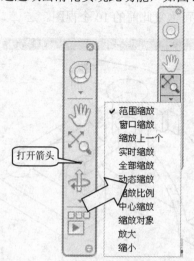

图2-22 "导航栏"启动"缩放"命令

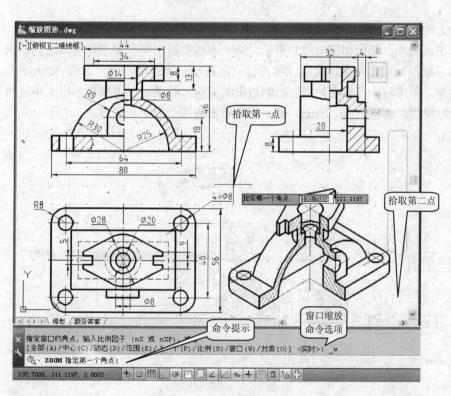

图2-23 范围缩放

（2）窗口缩放

通过指定两个对角点，确定矩形窗口大小，所选矩形区域最大程度显示。如图2-23所示，拾取一点，然后光标斜向下移动再拾取第二点，显示变化如图2-24所示。

输入ZOOM命令时，可直接拾取对角两点，作窗口缩放。

（3）上一个

缩放显示上一个视图，且最多可恢复此前的 10 个视图。

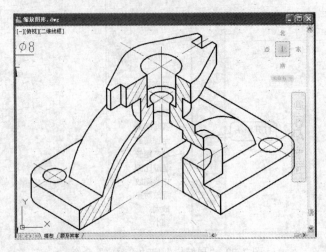

图 2-24 窗口缩放效果

（4）动态缩放

单击该选项，显示如图 2-25 所示。两个虚线框给出整张图纸和窗口之间的关系；实线框为显示框，长宽比和窗口对应，随光标一起移动；光标显示为"×"，处于中心，移动可改变位置。单击后，光标变为指向右侧边框的箭头，移动可以调整显示框大小；再次单击可切换光标样式，满意后按〈Enter〉键，即可将框内图形显示在窗口。

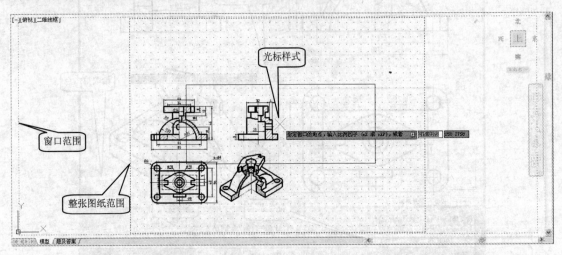

图 2-25 动态缩放模式

（5）全部缩放

以用户定义的"图形界限"显示整个图形。如图 2-25 所示，栅格点外围虚线框即图形界限。

（6）对象缩放

在图形中选择对象，将所选对象最大程度的显示在窗口。操作上，可先选择对象，然后单击"对象缩放"按钮。

（7）实时缩放

光标呈 形状，上下拖动光标连续缩放图形，松开停止。输入 ZOOM 命令时，可直接按〈Enter〉键，实施该项操作。

（8）中心缩放

确定放大图形的中心位置和放大比例（或高度）。一般用输入两点来确定高度，该高度和窗口高度的比例就是放大的比例，如图 2-26 所示。

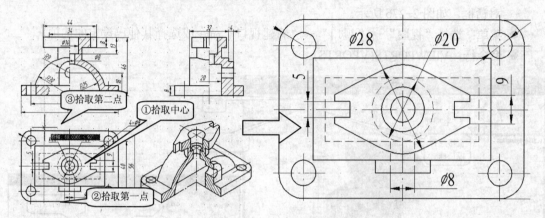

图 2-26　中心缩放

（9）放大/缩小

以当前窗口的中心为中心，缩放图形。加后缀 "X"表示按当前图形的显示来缩放，不加则按图形实际大小来缩放，默认状态以 2 X/0.5 X 的比例放大/缩小。

2.2.2　平移

平移用以重新确定图形在窗口的位置，不改变对象实际位置，也不缩放图形。

1．命令启动方法

● **面板**：选择"视图"选项卡→"导航"面板，单击"平移"按钮。

● **工具栏**：在"标准"工具栏中单击"平移"按钮。

● **导航栏**：单击导航栏中的"平移"按钮。

● **菜单**：选择"视图"→"平移"命令，打开子菜单。

● **命令行**：PAN (P)。

● **快捷键**：按住鼠标滑轮拖动。

2．选项功能

通过菜单可以选择："实时""定点""左""右""上"和"下"6 个选项，其中实时平移是最直观、最常用的。使用实时平移时，光标变为手的形状 。按住鼠标左键拖动，图形连带光标一起移动。配合滑轮前后滚动，在平移图形同时又可进行缩放。

2.2.3　平铺视口

把绘图窗口分成多个矩形区域，每个区域相当于一个相机分镜头，就可以从不同角度、以不同比例甚至不同的投影方法观察同一个形体，即平铺视口。在 AutoCAD 中，最多可同时打开 32 000 个视图。

1. 命令启动方法

- **面板**：选择"视图"选项卡→"模型视口"面板，单击"视口配置"按钮右侧箭头，打开下拉菜单，如图 2-27a 所示；或单击"命名"按钮，弹出"视口"对话框，如图 2-27b 所示，进行更细的设置。
- **工具栏**：在"视口"工具栏中，单击"显示'视口'对话框"按钮，弹出"视口"对话框，如图 2-27b 所示。
- **菜单**：选择"视图"→"视口"→"新建视口"命令或选择其他已设定的选项。
- **命令行**：VIEWPORTS(VPORTS)。

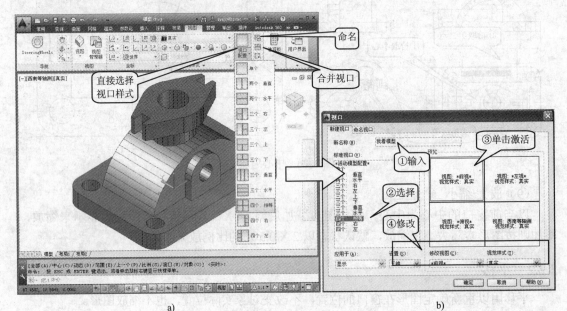

图 2-27　设置视口

a)"视口配置"下拉菜单　b)"视口"对话框

2. 功能

"视口"对话框的设置，反映视口的布置细节。"新建视口"选项卡内各项功能如下。

- "新名称"文本框：为新建的视口指定名称。如果不输入，则新建的视口配置只能应用而不保留。
- "标准视口"列表框：可选择系统设定的视口配置。
- "预览"选项区：即时显示选定视口配置的窗口分割样式，以及每个分窗口的视图、视觉样式。单击任一框可激活，利用下方三个下拉列表修改设置。
- "设置""修改视图""视觉样式"下拉列表：如果选择二维，则视口图形以当前视图来创建；如果设置为三维，可选择正交或等轴测视图。设置参数显示在预览框内。

这里参数设置如图 2-27b 所示，单击"确定"按钮退出，窗口变换样式如图 2-28 所示。外框粗线为当前激活视口，单击可切换。视口可做缩放和平移，利用视口控件还可以调整设置。

选择"模型视口"面板中的"合并视口"按钮，然后依次在右上、右下两视口内单击，然后在 ViewCube 内右击，打开快捷菜单，选择"透视"命令，显示效果如图 2-29 所示。

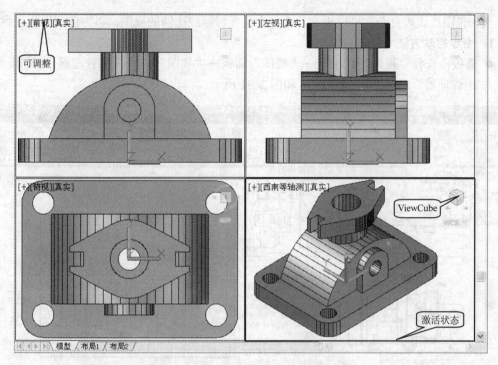

图 2-28　平铺的 4 个视口

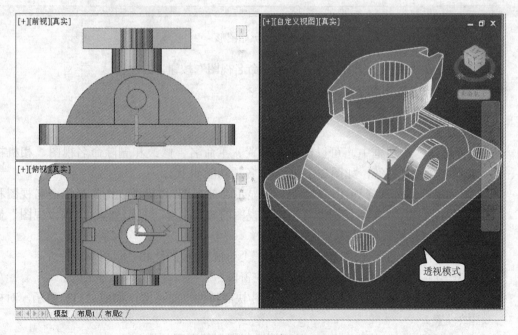

图 2-29　合并视口并调整视图模式

【注意】

模型空间两视口合并，必须保证合并后的视口仍为矩形。

2.2.4　命名视图

当一张图纸比较复杂，可以设定几个特定位置、缩放比例的视图，以方便调用、观察。

1．命令启动方法

- **面板**：选择"视图"选项卡→"视图"面板→"视图"→"视图管理器"，弹出"视图管理器"对话框，如图 2-30 和图 2-31 所示。

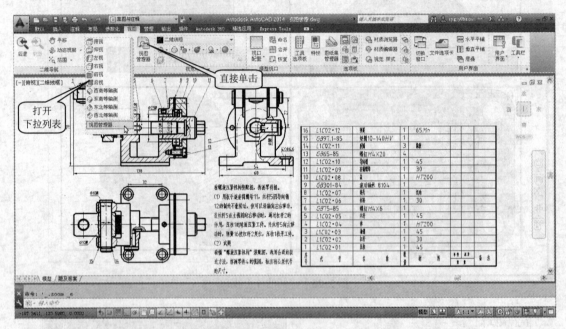

图 2-30　原始图形

- **工具栏**：在"视图"工具栏中，单击"命名视图"按钮。
- **菜单**：选择"视图"→"命名视图"命令。
- **命令行**：VIEW(V)。

2．选项功能

"视图管理器"对话框中，可以创建、设置、重命名、修改和删除命名视图、相机视图、布局视图和预设视图等，如图 2-31 所示，各项功能如下。

- **左侧列表框**：可选择视图，"当前"为显示当前视图；"模型视图"显示命名视图和相机视图列表；"布局视图"可在定义视图的布局上显示视口列表；"预设视图"显示正交和等轴测视图列表。
- **中间的特性栏**：显示选中视图的"常规""动画""视图"和"裁剪"等特性。
- **"置为当前"按钮**：可将选中视图显示在窗口。
- **"新建"按钮**：单击后，弹出"新建视图/快照特性"对话框，如图 2-32 所示，对视图做设置。
- **"更新图层"按钮**：更新与选定的视图一起保存的图层信息。
- **"编辑边界"按钮**：用拾取两对角点的方式确定视图范围。

如图 2-31 和图 2-32 所示设置好视图，将会在列表中出现供用户调用，效果如图 2-33 所示。

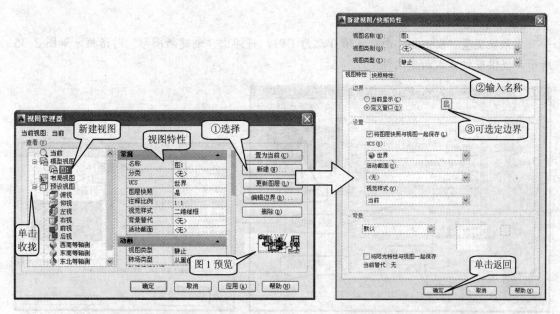

图 2-31 "视图管理器"对话框　　　　　　　图 2-32 "新建视图/快照特性"对话框

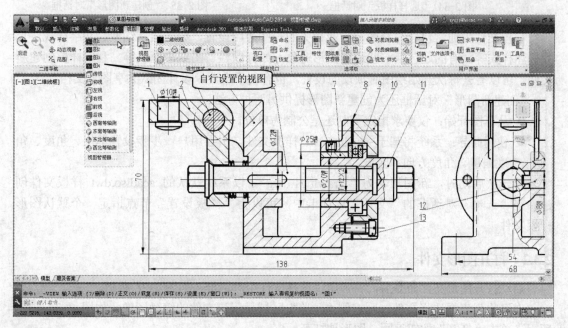

图 2-33 "图 1"视图显示的效果

2.3 图形文件管理

文件的新建、打开、保存、关闭，多文档之间的切换、对比等操作统称为文件管理。

2.3.1 创建新图形文件

启动创建新图形文件命令后，将弹出"选择样板"对话框，如图 2-34 所示。

【说明】

当系统变量"Startup"由默认值 0 改为 1 时，将弹出"创建新图形"对话框，如图 2-35 所示，提供多种方式新建文件。

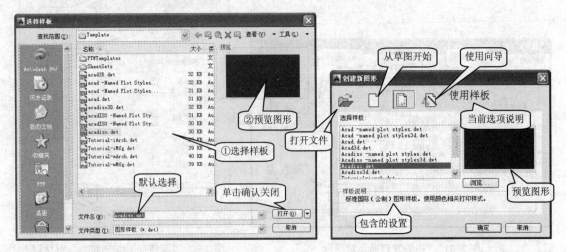

图 2-34 "选择样板"对话框　　　　图 2-35 "创建新图形"对话框

样板文件中通常包含与绘图、行业相关的一些通用设置，如图层、线型、文字样式、尺寸标注样式等。有的还包括一些通用图形对象，如标题栏、图纸边框线等。利用样板创建新文件，可以省去每次开始绘图时烦琐的设置，也有利于企业、设计团队共享图形文档。

"创建新图形"对话框还为创建新图形提供另两种方法。

● 从草图开始：仅要求指定英制还是公制为单位。

● 使用向导：系统将基于 acadiso.dwt 样板文件，引导用户一步步设置单位、角度、角度测量、角度方向和区域。

第一次启动时，新图形名为"Drawing1.dwg"，以系统默认的 acadiso.dwt 样板文件创建。在"选项"对话框的"文件"选项卡中，可以为"样板设置"节点指定一个默认图形样板文件。

2.3.2　打开图形文件

启动打开图形文件命令后，将弹出"选择文件"对话框，如图 2-36 所示。

在名称列表框选择文件，则右侧"预览"区域显示该文件的缩微图像，如图 2-36 中①所示。单击"打开"按钮返回，图形被打开。

默认状态，打开的图形文件格式为 dwg 格式，打开"文件类型"下拉列表，如图 2-36 中②所示，可调整选择文件类型。

单击"打开"按钮右侧箭头，如图 2-36 中③所示，展开下拉菜单，可选择"打开""以只读方式打开""局部打开"和"以只读方式局部打开"4 种打开文件方式。

2.3.3　保存图形文件

保存文件（SAVE）和快速保存文件（QSAVE）命令的使用方法与一般的 Windows 应用

程序相似，第一次保存，将弹出标准的保存文件对话框，如图 2-36 所示。

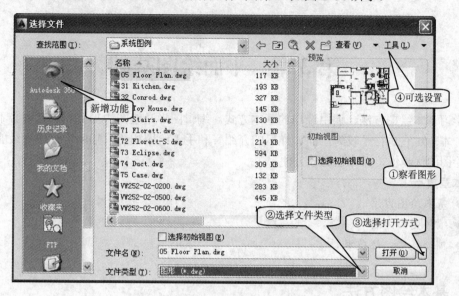

图 2-36 "选择文件"对话框

关闭文件时，对未保存过的文件，AutoCAD 将弹出警告提示，供用户选择是否保存修改。

默认情况下，文件按"AutoCAD 2013 图形（*.dwg）"格式保存，打开"文件类型"下拉列表，可选择各类文件类型。如按旧版本保存，可方便在低版本的系统中打开文件。

保存文件时可以使用密码保护功能，对文件进行加密保存。选择"工具"→"安全选项"命令，如图 2-36 中④所示，弹出"安全选项"对话框，做密码设置。如果用户通过认证授权获得数字 ID，则还能附加数字签名。

第3章 平面绘图基础

学习基本绘图方法、调用选项的基本方式。编辑图形是绘图中提高作图效率必不可少的工具，本章对它进行了较为全面、详尽的介绍。和手工绘图相比，辅助定位技术最能体现计算机绘图的优越性，操作也比较方便。

本章重点

● 基本绘图方法

● 编辑图形方法

● 辅助精确定位技术

3.1 基本绘图方法

AutoCAD 2014 提供了丰富的绘制二维图形的命令，包括绘制点、直线、构造线、射线、多线、多段线、正多边形、矩形、圆、圆弧、椭圆、椭圆弧、圆环、样条曲线、云线、面域、区域覆盖等图形对象。可以用"绘图"面板、"绘图"菜单、"绘图"工具栏、输入命令等方式调用这些命令，如图 3-1 和图 3-2 所示。

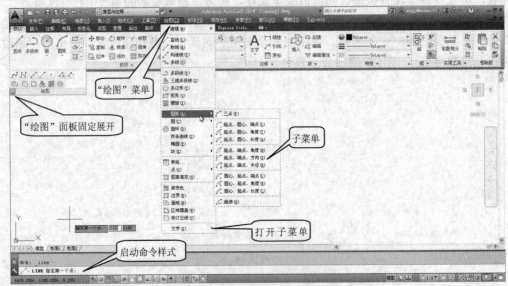

图 3-1 "绘图"面板及"绘图"菜单

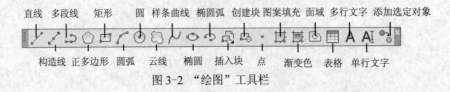

图 3-2 "绘图"工具栏

42

3.1.1 绘制点

点可以作为捕捉对象的节点或参照几何图形的点对象，对于对象捕捉和相对偏移非常有用。可以指定点的全部三维坐标，如果省略 Z 坐标值，则假定为当前标高。

1．命令启动方法
- **面板**：选择"默认"选项卡→"绘图"面板，选择"多点""定数分点"和"定距分点"命令。
- **工具栏**：在"绘图"工具栏中，单击"点"按钮，即选择"多点"命令。
- **菜单**：选择"绘图"→"点"→"单点""多点""定数分点"和"定距分点"命令。
- **命令行**：输入"POINT"，相当于选择"单点"命令。

2．选项功能
- "单点"选项：输入一个点坐标，按〈Enter〉键返回命令状态。
- "多点"选项：可以连续输入多个点，只能按〈Esc〉键返回命令状态。
- "定数分点"选项：首先要求选择对象，然后输入等分数，结果如图 3-3 所示。如果输入等分数为 N，则显示点数为 N-1。
- "定距分点"选项：首先要求选择对象，然后输入距离值，结果如图 3-3 所示。

定数分点或定距分点都可在点的位置插入块。如果该块具有可变属性，插入的块中将不包括属性；插入块与图形对象的对齐方式可选 X 轴向或对象的法线方向对齐。

定数分点或定距分点的起点随对象类型的不同而变化。对于直线或非闭合的多段线，起点是距离选择点最近的端点；对于闭合的多段线，起点是多段线的起点；对于圆，默认状态起点为右侧象限点，逆时针方向。

3．设置点样式

默认状态，屏幕中显示的点相当于栅格点，可能显示不出。为了使点有更好的可见性，可以设置点的样式和大小。选择菜单"格式"→"点样式"命令，打开"点样式"对话框，如图 3-4 所示。各选项功能如下。
- "点样式"框格：提供多种点的样式，单击亮显即为选中样式，如图 3-4 中①所示。

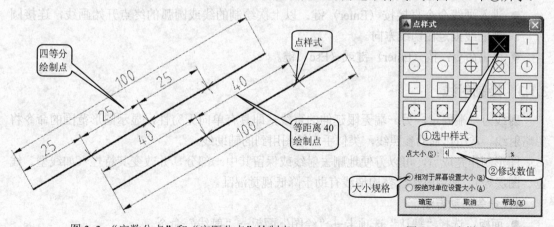

图 3-3 "定数分点"和"定距分点"绘制点   图 3-4 "点样式"对话框

- "点大小"文本框：可输入数值改变点的显示大小，如图 3-4 中②所示。

- "相对于屏幕设置大小"和"按绝对单位设置大小"单选按钮：用来控制显示点的大小的方式。

点样式设置的改动，将影响图形中所有点对象的显示。此外，在命令提示行中显示的两个变量 PEMODE 和 PDSIZE 和当前状态下点的样式对应，可以访问两个参数进行设置点样式。

3.1.2 绘制直线

工程制图中的直线其实是指线段，与 AutoCAD 中的定义相同。通过指定起点和终点，即可绘制一条直线。直线是最常用的图形对象，操作时可以用二维坐标(x, y)或三维坐标(x, y, z)来输入端点，也可混合使用二维、三维坐标。如果省略 z 坐标值，则假定为当前标高。

1. 命令启动方法
- **面板**：选择"默认"选项卡→"绘图"面板→"直线"命令。
- **工具栏**：在"绘图"工具栏中，单击"直线"按钮。
- **菜单**：选择"绘图"→"直线"命令。
- **命令行**：LINE(L)。

操作中命令行提示如下：

```
命令: _line               //系统自动启动命令方式
指定第一点:              //可用多种方式输入点，见上文
指定下一点或 [放弃(U)]:   //光标移动时，有实时拉伸效果
指定下一点或 [放弃(U)]:   //通过指定点，连续画线，直至给出退出指令
指定下一点或 [闭合(C)/放弃(U)]: ……
```

2. 选项功能
- **指定第一点**：确定画线的起点。
- **指定下一点**：确定画线的终点。除非给出退出指令，否则可通过"指定下一点"一直画线。
- **放弃(U)**：放弃前一次的操作，回到上次画线的终点。
- **闭合(C)**：连接当前点和起始点，图形封闭，并返回命令提示状态。
- **进入画线命令直接按〈Enter〉键**：以上次绘制的线或圆弧的终点开始画线，连接圆弧的线限定在切线方向。
- **退出命令**：按〈Enter〉键或〈Esc〉键。

3.1.3 绘制射线

射线为一端固定，另一端无限延伸的直线，即具有单向无穷性，显示图形范围的命令将忽略射线。常用作辅助参照线，类似手工绘图用到的辅助线。

图形制作完成后，可以方便地删去射线或保留其中一部分，并改变其特性（如线型、线宽、图层等），使用射线代替构造线有助于降低视觉混乱。

1. 命令启动方法
- **面板**：选择"默认"选项卡→"绘图"面板→"射线"命令。
- **菜单**：选择"绘图"→"射线"命令。

● 命令行：RAY。

操作中命令行提示如下：

> 命令：_ray
> 指定起点： //指定的点将作为固定的端点
> 指定通过点: //可一直通过找直线上另一点，绘制射线，如图 3-5 所示。直到给出退出指令，返回

2．选项功能

退出命令：按〈Enter〉键或〈Esc〉键。

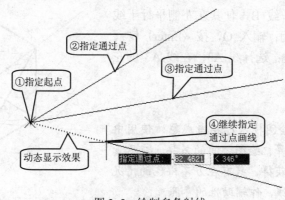

图 3-5　绘制多条射线

3.1.4　绘制构造线

构造线命令 XLINE(XL)启动方式和绘制射线命令 RAY 类似，可作为两端无限延伸的直线，显示图形范围的命令将忽略构造线。常在三维造型中用作辅助参照线。

1．命令启动方法

● **面板**：选择"默认"选项卡→"绘图"面板→"构造线"命令。
● **工具栏**：在"绘图"工具栏中，单击"构造线"按钮。
● **菜单**：选择"绘图"→"构造线"命令。
● **命令行**：XLINE(XL)。

操作中命令行提示如下：

> 命令：_xline
> 指定点或 [水平(H)/垂直(V)/角度(A)/二等分(B)/偏移(O)]: //默认为构造线上固定点
> 指定通过点: //可一直通过找直线上另一点，绘制构造线。直到给出退出指令，返回

2．选项功能

● "指定点"和"指定通过点"：默认状态，两点绘制构造线方式，和绘制射线相同。指定的第一点为构造线概念上的中点。如图 3-6 所示，通过指定三棱柱的顶点 1 和 6，绘制构造线 16。
● "水平(H)"或"垂直(V)"：绘制平行坐标轴的构造线，给出一个点即可绘制线。
● 角度(A)：创建与 X 轴成指定角度的构造线，或与参照直线成指定角度的构造线。
● 二等分(B)：创建二等分指定角的构造线，需给出顶点及两边的另一个端点。

- 偏移(O)：创建平行于指定基线的构造线。先指定偏移距离，再选择基线，然后指明作在基线的哪一侧。
- 退出命令：按〈Enter〉键或〈Esc〉键。

如图 3-6 所示，作线 C，使其与直线 26 夹角为 15°。步骤为：输入 A，按〈Enter〉键；输入 R，按〈Enter〉键；选择直线 26，并指定角度；光标连同指定方向构造线动态移动，拾取一点得到构造线 C。

如图 3-6 所示，作线 A3，使其二等分∠132。步骤为：输入 B，按〈Enter〉键；拾取顶点 3；拾取点 1、点 2，即可。

如图 3-6 所示，作线 B，使其在左侧平行于线 A3，距离为 10。步骤为：输入 O，按〈Enter〉键；输入 10，按〈Enter〉键；选择线 A3；在线 A3 的左侧任意拾取一点，即可。

【技巧】

AutoCAD 的二维绘图技术已相当成熟，使用中注意体会手工绘图和计算机绘图之间的差异，应尽量追求无中间过程、直接获得。只有在万不得已的情况下，才使用射线及构造线，作辅助性的参照。

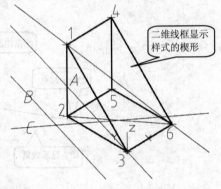

图 3-6　利用三棱柱的顶点绘制多条构造线

3.1.5　绘制矩形

矩形被系统定义为闭合的多段线，AutoCAD 可以通过命令直接生成，还可以设置其属性。

1．命令启动方法
- **面板：** 选择"默认"选项卡→"绘图"面板→"矩形"命令。
- **工具栏：** 在"绘图"工具栏中，单击"矩形"按钮。
- **菜单：** 选择"绘图"→"矩形"命令。
- **命令行：** RECTANG (REC)。

操作中命令行提示如下：

```
命令: _rectang
指定第一个角点或 [倒角(C)/标高(E)/圆角(F)/厚度(T)/宽度(W)]:
指定另一个角点或 [面积(A)/尺寸(D)/旋转(R)]:
```

2．选项功能
- **"指定第一个角点"和"指定另一个角点"：** 矩形的做法只能通过指定两个点，作为矩形的对角点来绘制，如图 3-7a 所示。其余选项为参数设置，设置完成，仍返回命令开始的提示状态。
- **倒角(C)：** 绘制带倒角的矩形，如图 3-7b 所示，需要分别输入两个倒角距离。
- **圆角(F)：** 绘制带圆角的矩形，如图 3-7c 所示，需要输入圆角半径。圆角、倒角只能设置一种。
- **宽度(W)：** 绘制指定线宽的矩形，如图 3-7d 所示，需要输入线宽，默认单位为 mm。线宽为 0 是指默认随层的线宽。

- 厚度(T)：绘制具有厚度的矩形，具有三维立体效果，如图 3-7e 所示。需要输入厚度尺寸。
- 标高(E)：矩形与 XY 平面的距离为标高数值，如图3-7f 所示。

【注意】

设置的参数将自动保存。以后执行 RECTANG 命令时，要注意查看命令行提示信息。

输入第二个角点时，选项功能如下。

- 尺寸(D)：需要输入矩形的长度、宽度尺寸。
- 面积(A)：按指定的面积绘制矩形，还需给出长度或宽度尺寸。
- 旋转(R)：可以绘制倾斜的矩形，可以输入角度或选择参考对象设置角度。

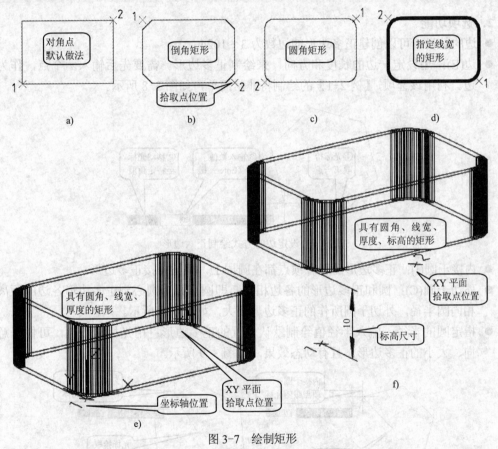

图 3-7　绘制矩形

a) 对角点　b) 倒角矩形　c) 圆角矩形　d) 指定线宽的矩形　e) 具有厚度的矩形　f) 标高

【说明】

设置完成一个参数，仍将返回，可继续设置其他参数。指定的第二个角点，仅确定矩形的方位。

3.1.6　绘制正多边形

通过命令直接生成的正多边形为闭合的多段线，还可以设置其属性。

1. 命令启动方法

● **面板**：选择"默认"选项卡→"绘图"面板→"正多边形"命令。

● **工具栏**：在"绘图"工具栏中，单击"正多边形"按钮。

● **菜单**：选择"绘图"→"正多边形"命令。

● **命令行**：POLYGON (POL)。

以绘制正六边形为例，操作中命令行提示如下：

```
命令: _polygon 输入边的数目 <4>: 6↙           //输入边数
指定正多边形的中心点或 [边(E)]:              //在窗口适当位置拾取一点
输入选项 [内接于圆(I)/外切于圆(C)] <I>: I↙    //以内接于圆的方式做正六多边形
指定圆的半径: 60↙                           //输入半径值，图形绘制在窗口并退出命令
```

2. 选项功能

● **边的数目**：可以创建正多边形的边数为 3～1024。

● **边(E)**：用设定一边的长度和方向，来绘制正多边形。需要先后输入两个点，作为一边。利用该选项，【例 2-1】的绘制将非常简单，如图 3-8 所示。

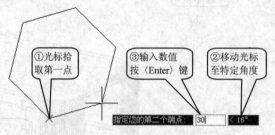

图 3-8　设定边的方式绘制正六边形

● **内接于圆(I)**：正多边形的所有顶点都在圆周上，即圆外接正多边形。

● **外切于圆(C)**：圆和正多边形的各边相切，即圆半径为圆心到正多边形各边的距离。相同圆半径，外切于圆所作的正多边形要大，如图 3-9 所示。

● **指定圆的半径**：输入半径值绘制默认位置的正多边形；用光标拾取点，可做任意方向、大小的正多边形，且有动态效果，如图 3-9 所示。

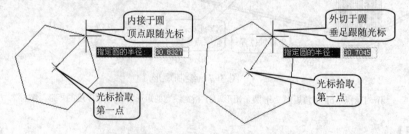

图 3-9　光标设定圆半径绘制正六边形

3.1.7　绘制圆

绘图软件通常用直线段拟合逼近圆，因此显示瑕疵不可避免，但是可用重生成命令"REGEN"改进。圆的几何参数有圆心、半径、直径、圆周上 4 个象限点等；和其他图形对

象可以相切、相交。不共线的 3 个点可决定一个圆、过两点为直径作圆等。这些因素都将影响圆的绘制。

1. 命令启动方法

- **面板**：选择"默认"选项卡→"绘图"面板→"圆"命令，或单击"圆"命令右侧的箭头，打开下拉菜单。
- **工具栏**：在"绘图"工具栏中，单击"圆"按钮。
- **菜单**：选择"绘图"→"圆"→"圆心、半径""圆心、直径""两点""三点""相切、相切、半径""相切、相切、相切"等命令。
- **命令行**：CIRCLE (C)。

操作中命令行提示如下：

> 命令: _circle
> 指定圆的圆心或 [三点(3P)/两点(2P)/相切、相切、半径(T)]:
> 指定圆的半径或 [直径(D)] <14.2578>:

2. 选项功能

- **"指定圆的圆心"和"指定圆的半径或 [直径(D)]"**：此为默认作圆选项。先输入圆心坐标；再输入圆的半径；也可两点绘制圆，如图 3-10 所示；如果想输入直径，则输入 D。
- **三点(3P)**：用指定三个点的方式绘制圆，如图 3-11 所示。如果三个点共线，系统提示"圆不存在。"并退出。
- **两点(2P)**：指定两点作为直径绘制圆，如图 3-12 所示。

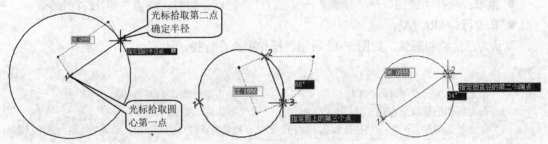

图 3-10 拾取两点绘制圆　　图 3-11 "三个点"方式绘制圆　　图 3-12 "两点"方式绘制圆

- 相切、相切、半径(T)：首先需要指定两个相切对象，可以是直线、圆、圆弧，光标移到对象附近出现"相切"标记时单击。然后输入合适的圆半径，系统将自动画圆，如图 3-13 所示。

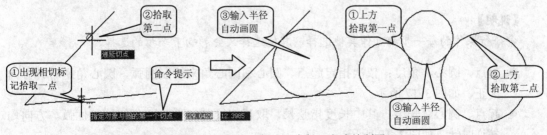

图 3-13 "相切、相切、半径"方式绘制圆

- 相切、相切、相切：需依次选择 3 个图形对象。只有通过面板、菜单才能选择该选项。绘制和 3 个图形对象同时相切的圆如图 3-14 所示。

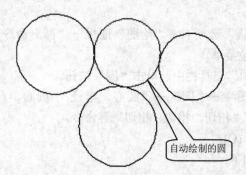

图 3-14 "相切、相切、相切"方式绘制圆

3.1.8 绘制圆弧

圆弧的几何参数有圆心、半径、直径、起点、端点（终点）、角度、弧长和弦长、起点到端点之间的旋向、象限点等。圆弧和其他图形对象可以相切、相交和相接。虽然圆弧仅为圆的一部分，几何参数却比圆更多、更复杂。

1. 命令启动方法

- **面板**：选择"默认"选项卡→"绘图"面板→"圆弧"命令，或单击"圆弧"命令右侧的箭头，打开下拉菜单。
- **工具栏**：在"绘图"工具栏中，单击"圆弧"按钮。
- **菜单**：选择"绘图"→"圆弧"→"三点""起点、圆心、端点"等 11 个命令。
- **命令行**：ARC (A)。

默认为三点绘制圆弧，如图 3-15 所示，操作中命令行提示如下：

```
命令: _arc
指定圆弧的起点或 [圆心(C)]:              //输入第一点，为圆弧的起点
指定圆弧的第二个点或 [圆心(C)/端点(E)]:      //输入圆弧中的一点
指定圆弧的端点:      //将决定圆弧的旋向、形状，确认终点时有动态效果。确认后，返回命令状态
```

2. 选项功能

- **三点**：默认选项。绘图中可调整选项，按其他方式绘制。
- **起点、圆心、端点**：依次指定起点、圆心和端点来绘制圆弧。起点到端点的方向应为逆时针（按住〈Ctrl〉键可顺时针绘制圆弧），端点用来确定终点角度，如图 3-16 所示。

【说明】
命令行操作的每一步都可作其他选择，其他选择又会影响下一步的选择。

- **起点、圆心、角度**：依次指定起点、圆心和圆心角来绘制圆弧，圆心角逆时针方向为正，如图 3-17 所示。
- **起点、圆心、长度**：其中长度指弦长，取正值绘制劣弧；取负值绘制优弧。方向均按逆时针，如图 3-18 所示。

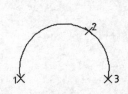

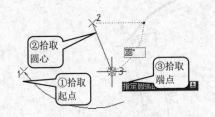

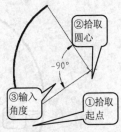

图 3-15 "三点"方式　　　图 3-16 "起点、圆心、端点"方式　　　图 3-17 "起点、圆心、角度"方式

- 起点、端点、角度：其中角度指圆弧包含的圆心角，逆时针方向为正，反之为负，如图 3-19 所示。
- 起点、端点、方向：其中方向指定起点处圆弧切线方向，如图 3-20 所示。光标上下移动可改变圆弧的凹凸。

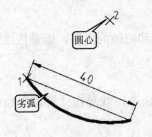

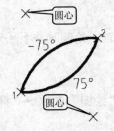

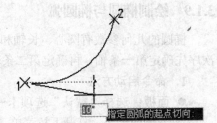

图 3-18 "起点、圆心、　　　图 3-19 "起点、端点、　　　图 3-20 "起点、端点、
　　长度"方式　　　　　　　角度"方式　　　　　　　方向"方式

- 起点、端点、半径：所作圆弧为逆时针方向，如图 3-21 所示。其中圆弧半径为正，绘制劣弧；反之，绘制优弧。
- 圆心、起点、端点：起点与端点之间按逆时针方向绘制圆弧，如图 3-22 所示。
- 圆心、起点、角度：其中角度逆时针方向为正，反之为负，如图 3-23 所示。

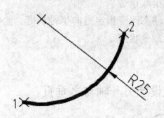

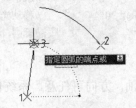

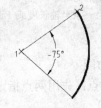

图 3-21 "起点、端点、　　　图 3-22 "圆心、起点、　　　图 3-23 "圆心、起点、
　　半径"方式　　　　　　　端点"方式　　　　　　　角度"方式

- 圆心、起点、长度：所作圆弧为逆时针方向，其中长度为正，绘制劣弧；反之，绘制优弧，如图 3-24 所示。
- 继续：启动命令时，如直接按〈Enter〉键，圆弧的起点和前一步操作的图形对象如直线、圆弧、多段线相连，且方向相切。如图 3-24 所示，用该选项右侧再作圆弧。光标在当前状态单击，相当于"起点、端点、方向"选项绘制圆弧。

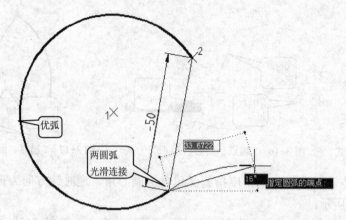

图 3-24 "圆心、起点、长度"方式及"继续"方式

3.1.9 绘制椭圆与椭圆弧

椭圆的几何参数有圆心、长轴和短轴。绘制时并不区分长轴和短轴的次序，而是按绘图次序先确定第一条轴、再确定第二条轴。

1. 命令启动方法

- **面板**：选择"默认"选项卡→"绘图"面板→"椭圆"命令，或单击"椭圆"命令右侧的箭头，打开下拉菜单。
- **工具栏**：在"绘图"工具栏中，单击"椭圆"按钮。
- **菜单**：选择"绘图"→"椭圆"→"中心点""轴、端点""圆弧"3 个命令。
- **命令行**：ELLIPSE (EL)。

默认情况，以"轴、端点"方式绘制椭圆，如图 3-25 所示，操作中命令行提示如下：

```
命令:_ellipse
指定椭圆的轴端点或 [圆弧(A)/中心点(C)]:          //光标拾取点 1
指定轴的另一个端点:                              //水平向右，拾取点 2
指定另一条半轴长度或 [旋转(R)]: 20✓             //移动光标可动态改变指定方向半轴长度。绘制
                                                //椭圆，返回命令状态
```

2. 选项功能

- **轴、端点**：先用两点指定一轴，方向可任意，系统自动设置另一轴与之垂直。

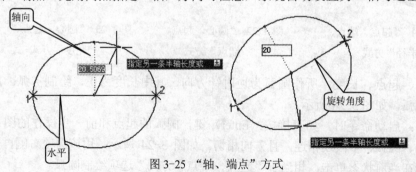

图 3-25 "轴、端点"方式

- **中心点(C)**：首先指定中心点，再指定第一条轴的端点。指定另一轴的方式和"轴、

端点"方式相同。

- 圆弧(A)：即绘制椭圆弧。系统首先绘制整个椭圆，然后再提示"指定起始角度或 [参数(P)]:"和"指定终止角度或 [参数(P)/包含角度(I)]:"。起始角度、包含角度和中心到第一条轴的端点相关。

【说明】

绘制椭圆弧命令可以看成执行绘制椭圆命令后，再选择"圆弧"选项。故椭圆弧命令既作为椭圆命令的一个选项，又可通过工具栏中的"椭圆弧"按钮直接启动命令。

3.1.10 绘制圆环

圆环是填充环或实体填充圆，即带有宽度的闭合多段线。圆环由两条圆弧多段线组成，其宽度由指定的内直径和外直径决定。如要创建实体填充圆，则将内径设置为零。

1．命令启动方法

- **面板**：选择"默认"选项卡→"绘图"面板→"圆环"命令。
- **菜单**：选择"绘图"→"圆环"命令。
- **命令行**：DONUT (DO)。

操作中命令行提示如下：

```
命令: _donut
指定圆环的内径 <10.0000>: 15
指定圆环的外径 <15.0000>: 25
指定圆环的中心点或 <退出>: //光标拾取一点，绘制一个圆环
指定圆环的中心点或 <退出>: //可连续绘制多个圆环。按〈Enter〉键或〈Esc〉键，返回命令状态
```

2．选项功能

- "圆环的内径"和"圆环的外径"：用来指定内外径，中间形成的圆环填充，如图 3-26 所示。如果将内径指定为零，则圆环将填充为圆。
- 圆环内的填充方式取决于系统变量 FILL。当 FILL 值为 ON(开)时，为实体填充，如图 3-26 所示。当 FILL 值为 OFF（关）时，为圆环空白或为线条，如图 3-27 所示。

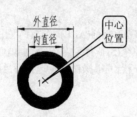

图 3-26　绘制圆环

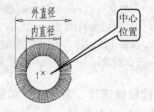

图 3-27　FILL 值为 OFF（关）

3.2　编辑图形方法

对图形进行修改、移动、复制等编辑是绘制图形不可或缺的。AutoCAD 功能的强大不仅体现在强大的绘图功能，更体现在强大的编辑功能。

AutoCAD 2014 提供了丰富的编辑二维对象的命令，通过"修改"面板、"修改"工具栏、"修改"菜单、输入命令等方式调用这些命令，如图 3-28 和图 3-29 所示。

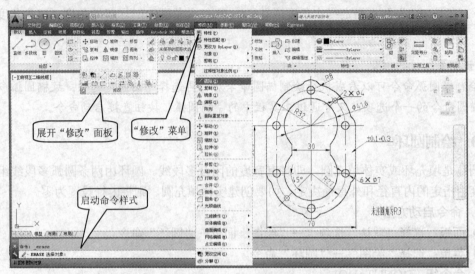

图 3-28 "修改"面板及"修改"菜单

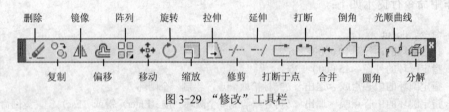

图 3-29 "修改"工具栏

3.2.1 选择对象

编辑操作的第一步是便捷、准确地选择对象，选择对象命令 Select 虽然不需单独使用，但了解该命令灵活多样的选项功能对提高选择效率是有必要的。查看选项方法如下。

```
命令: select↙
选择对象: ?↙          //查询
*无效选择*            //系统提示
需要点或窗口(W)/上一个(L)/窗交(C)/框(BOX)/全部(ALL)/栏选(F)/圈围(WP)/圈交(CP)/编组(G)/添加(A)/删除(R)/多个(M)/前一个(P)/放弃(U)/自动(AU)/单个(SI)/ 子对象(SU)/对象(O)
选择对象:            //记住选项英文代码，当编辑操作提示选择对象时，可直接使用
```

1. 拾取框选择、窗口选择和窗交选择

在提示选择对象时，光标样式为矩形框，称之为拾取框。拾取框光标放在对象上，对象将亮显，此时单击，该对象变虚表示被选中，如图 3-30 所示。

如果光标不在对象上单击，系统自动改为窗口选择。再移动光标将动态拉动出一个矩形区域覆盖屏幕。

● 从左向右拉动，矩形区域呈蓝色，再次单击将创建窗口选择，完全位于窗口内的对象才能被选中。

● 从右向左拉动，矩形区域呈绿色，再次单击将创建窗交选择，只要被窗口接触到的

54

对象都被选中。

在命令提示状态下也可以先选择对象，此时选中的对象变虚并在关键位置有蓝色小框，称为夹点，然后再选择编辑命令；如按住〈Ctrl〉键可以逐个选择复合实体的一部分或三维实体上的顶点、边和面，如图 3-31 所示。

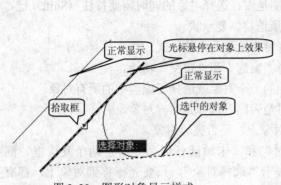

图 3-30　图形对象显示样式　　　　图 3-31　选择三维实体上的顶点、边和面

2．单选、多选与全选

默认状态下为多选，直至按〈Enter〉键结束对象的选择，进入下一步操作；如果输入 SI(SIngle)，则只能再进行一次选择操作，拾取框选择或窗口选择不限；如果在选择前，先输入 ALL，则所有的图形对象被选中。

3．删除和添加

当发现选择集中有不应被选的对象，又不想按〈Esc〉键退出命令，"删除(R)"选项非常有用；如果又想继续选择则可使用"添加(A)"选项。

4．自定义对象选择

用户还可以调整选择对象过程中的各个细节。打开"选项"对话框之"选择集"选项卡，如图 3-32 所示。

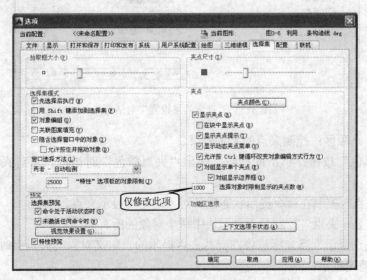

图 3-32　"选项"对话框之"选择集"选项卡

对话框选项说明如下。

1）"拾取框大小"和"夹点尺寸"滑块：拖动滚动条，可以调节框格的显示尺寸，左侧动态显示框格变化。

2）"选择集模式"选项区：控制与对象选择方法相关的设置。

- "先选择后执行"控制是否允许在启动命令前可先选择对象。
- "用 Shift 键添加到选择集"，控制是否在选择对象的同时需要按住〈Shift〉键，否则永远只能选择到当前对象而前面所选将恢复原状。
- "允许按住并拖动对象"控制选择窗口拾取两点的方式。
- "隐含选择窗口中的对象"可支持"窗选"和"窗交"功能。
- "对象编组"控制能否选择编组中的一个对象就选择了编组中的所有对象。
- "关联图案填充"控制选择填充时是否同时选择其边界对象。

3）"预览"选项区：控制光标移到对象上，是否亮显对象。

- 同时选择"命令处于活动状态时"和"未激活任何命令时"两个复选框，则不管处于命令提示状态还是命令行提示"选择对象"，只要光标移到对象上，都有亮显反应。
- 单击"视觉效果设置"按钮，弹出"视觉效果设置"对话框，如图 3-33 所示。当前为默认设置，亮显反应如图 3-30 所示。

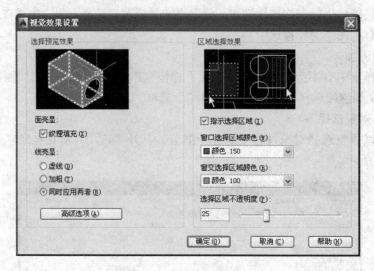

图 3-33　"视觉效果设置"对话框

4）"夹点"选项区：控制夹点的显示效果。

- "夹点颜色"按钮：单击此按钮，弹出"夹点颜色"对话框，可对夹点的颜色进行设置。
- "显示夹点"控制在命令提示状态选择对象时是否显示夹点。
- "在块中显示夹点"控制是否显示块中每个对象的所有夹点。
- "显示夹点提示"当光标悬停在支持夹点提示的自定义对象的夹点上时，控制是否显示点的特定提示。
- "选择对象时限制显示的夹点数"有效值范围 1～32 767，控制图形中显示夹点的数量，超过该值时将不显示夹点，当前由默认的 100，改为 1000。

3.2.2 删除对象

作图过程的辅助线或误操作图形对象，可以使用删除对象命令删除。

1．命令启动方法

● **面板**：选择"默认"选项卡→"修改"面板→"删除"命令。
● **工具栏**：在"修改"工具栏中，单击"删除"按钮。
● **菜单**：选择"修改"→"删除"命令。
● **命令行**：ERASE（E）。

操作中命令行提示如下：

> 命令：_erase
> 选择对象: //按前述选择方式选择对象，最终按〈Enter〉键，对象被删除，返回命令状态

2．说明

● 对象被删除后，虽然在屏幕上看不到，但在文件关闭前，仍保留在图形数据库中。可以利用"放弃"命令 UNDO 来恢复，其快捷键为〈Ctrl+Z〉，可连续多次使用该命令恢复前面多个步骤的操作。
● 命令 OOPS 可恢复最近一次删除的对象，而且仅限于最近一次。
● 命令提示状态，选择对象，呈亮显、夹点显示，直接按〈Delete〉键也可删除。

3.2.3 修剪对象

修剪对象为删除图形对象的一部分，为了实现精确性，修剪需要依靠其他对象作为边界。

1．命令启动方法

● **面板**：选择"默认"选项卡→"修改"面板→"修剪"命令。
● **工具栏**：在"修改"工具栏中，单击"修剪"按钮。
● **菜单**：选择"修改"→"修剪"命令。
● **命令行**：TRIM（TR）。

操作中命令行提示如下：

> 命令：_trim
> 当前设置:投影=UCS，边=无　　　选择剪切边...　　　　　　//系统提示信息
> 选择对象或 <全部选择>:　//选择作为修剪对象依据的边界，按〈Enter〉键进入下一步操作
> 选择要修剪的对象，或按住〈Shift〉键选择要延伸的对象，或
> [栏选(F)/窗交(C)/投影(P)/边(E)/删除(R)/放弃(U)]:　　　　//选择横跨剪切边的被修剪对象，拾取的
> 　　　　　　　　　　　　　　　　　　　　　　　　　　　//位置为删除的一侧

2．选项功能

● 命令分两步，首先选择剪切边，然后选择修剪对象。可以作为剪切边的对象有直线、圆或圆弧、椭圆或椭圆弧、多段线、样条曲线、构造线、射线和文字等。
● 按住〈Shift〉键选择要延伸的对象：在修剪命令中实施"延伸"命令，将与边界不相交的对象，延伸至与边界相交。

- "栏选(F)"和"窗交(C)"：设置选择对象方式，见下文。
- 投影(P)：可将对象投影到某个平面上执行修剪操作，主要用于三维空间中两个对象的修剪。
- 边(E)：选择该选项，命令行提示"输入隐含边延伸模式[延伸(E)/不延伸(N)] <不延伸>:"，可设置剪切边是否需要真正和修剪对象相交。
- 删除(R)：选择该选项后，再选择一次对象，该对象将被删除。
- 放弃(U)：在依次选择多个对象修剪中，取消上一次操作。

如图 3-34 所示，对边界的修剪操作说明如下。

1）启动命令后，直接按〈Enter〉键。即选择所有对象作为剪切边。

2）输入 F，采用栏选方式画线。如图所示，按〈Enter〉键，得到结果。再按〈Enter〉键，返回命令提示状态。

图 3-34 修剪图形边界

【说明】

本例说明可以互为剪切边和修剪边。TRIM 命令在绘图中使用频率很高。命令执行中分两步完成，从实现功能上看是合理的。这类逻辑上需要分多步的命令，初学者会较难理解。

3.2.4 延伸对象

延伸对象命令 EXTEND (EX)的功能和修剪对象命令 TRIM 相对，操作方法相似。在修剪命令中可以按住〈Shift〉键执行延伸操作，反过来，在延伸命令中也可以按住〈Shift〉键执行修剪操作。

1. 命令启动方法
- **面板**：选择"默认"选项卡→"修改"面板→"修剪"命令右侧箭头，打开下拉菜单，选择"延伸"命令。
- **工具栏**：在"修改"工具栏中，单击"延伸"按钮。
- **菜单**：选择"修改"→"延伸"命令。
- **命令行**：EXTEND (EX)。

操作中命令行提示如下：

```
命令: _extend
当前设置:投影=UCS，边=无    选择边界的边...    //系统提示信息
选择对象或 <全部选择>:    //选择作为延伸对象依据的边界，按〈Enter〉键进入下一步操作
选择要延伸的对象，或按住 〈Shift〉键选择要修剪的对象，或
[栏选(F)/窗交(C)/投影(P)/边(E)/放弃(U)]:    //选择未和边界相交的对象，该对象即时和边界相接
```

2．选项功能

命令分两步，首先选择边界，然后选择需要延伸的对象。

● 按住〈Shift〉键选择要延伸的对象：在延伸命令中实施"修剪"命令，可将与边界相交对象的一侧删除。

● "栏选(F)"和"窗交(C)"：设置选择对象方式。

● 投影(P)：可将对象投影到某个平面上执行延伸操作，主要用于三维空间中两个对象的延伸。

● 边(E)：选择该选项，命令行提示"输入隐含边延伸模式[延伸(E)/不延伸(N)] <不延伸>:"，可设置边界是否需要真正和延伸对象相交。

● 放弃(U)：在依次选择多个对象延伸中，取消上一次操作。

对如图 3-35 所示的延伸结果，操作说明如下：

1）延伸圆弧 12：以直线 56 及圆 A 为边界，需在偏向点 1 和偏向点 2 处拾取圆弧 12 两次。

2）延伸直线 34：以圆 A 为边界，需在偏向点 3 和偏向点 4 处拾取直线 34 两次，才能分别向左右两边和圆 A 相接。

3）延伸直线 56：以圆 A 为边界，在偏向点 6 处拾取直线 56，将和圆 A 的左侧相接；再次偏向点 6 处拾取直线 56，将和圆 A 的右侧相接。

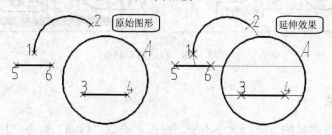

图 3-35　延伸图形边界

3.2.5　移动对象

移动对象是指对象的重定位。位置发生变化，但其方向、大小不变。移动操作一般会借助坐标输入、栅格捕捉、动态输入等辅助工具。

1．命令启动方法

● 面板：选择"默认"选项卡→"修改"面板→"移动"命令。

● 工具栏：在"修改"工具栏中，单击"移动"按钮。

● 菜单：选择"修改"→"移动"命令。

● 命令行：MOVE (M)。

操作中命令行提示如下：

命令：_move
选择对象：　　　　　　　　　　//可选择多个一起移动的对象，按〈Enter〉键进入下一步操作
指定基点或 [位移(D)] <位移>:　　　　　　//可任意拾取一点；按〈Enter〉键即选择"位
　　　　　　　　　　　　　　　　　　　　//移"选项，将以坐标原点作为基点
指定第二个点或 <使用第一个点作为位移>:　　//基点与第二个点的相对位置即移动的距离、方向

2. 选项功能

● 默认情况，移动的距离、方向由光标拾取的第一点和第二点之间的相对坐标决定。

● 使用第一个点作为位移：第一点的 X、Y 坐标值，作为对象在 X 轴、Y 轴方向上移动的距离。即坐标原点相对于该点的位置来决定移动。

对如图 3-36 所示的移动，操作说明如下：

1）选择两圆，按〈Enter〉键。

2）再次按〈Enter〉键，基点被设在坐标原点。

3）光标和原点的连线动态显示两点间的相对位置，同时对应显示图形的新、旧位置。在当前位置拾取一点，退回命令状态。

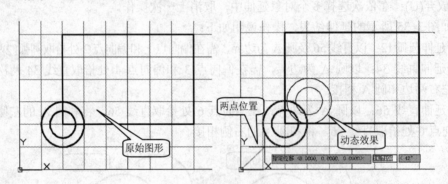

图 3-36　移动图形对象

3.2.6　旋转对象

旋转对象改变对象的方向而大小不变。操作上类似"移动"命令，按指定的基点和角度确定新的方向和位置。一般也会借助坐标输入、栅格捕捉、动态输入等辅助工具。

1. 命令启动方法

● 面板：选择"默认"选项卡→"修改"面板→"旋转"命令。

● 工具栏：在"修改"工具栏中，单击"旋转"按钮。

● 菜单：选择"修改"→"旋转"命令。

● 命令行：ROTATE (RO)。

如图 3-37 所示，旋转三连杆的左侧杆角度，操作中命令行提示如下：

> 命令：_rotate
> UCS 当前的正角方向：ANGDIR=逆时针　ANGBASE=0　　//系统提示信息，X 轴向为 0°，逆
> 　　　　　　　　　　　　　　　　　　　　　　　　　　//时针为正向
> 选择对象：//选择属于左侧连杆的所有图形对象，包括中心线、虚线。按〈Enter〉键进入下一步操作
> 指定基点：　　　　　　　　　　　　　　　//选择中心位置为基点
> 指定旋转角度，或 [复制(C)/参照(R)] <0>：　//光标移动，和基点连线的极轴角为旋转角度，
> 　　　　　　　　　　　　　　　　　　　　//同时对应显示图形的新、旧位置。当前位置拾
> 　　　　　　　　　　　　　　　　　　　　//取一点，退回命令状态

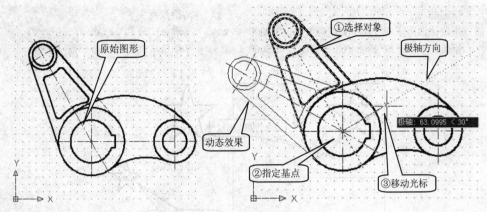

图 3-37 旋转图形对象

2. 选项功能

- 旋转角度：输入角度值或拾取一点，该点和基点之间的角度为旋转角度。
- 复制(C)：复制的方式旋转对象，即原对象不变，新位置出现一个原对象的副本。
- 参照(R)：通过输入两点来指定参照角度，系统会提示"指定新角度或 [点(P)] <161>："再输入角度，参照角度和输入角度之和为旋转角度。

3.2.7 缩放对象

缩放对象用于调整对象大小，使其按指定比例放大或缩小。如图 3-38 所示，绘制五星的第二步，就要使用该命令。设计中经常会遇到将草图改为正式图，或对正式图进行修正，经常会用到该命令。

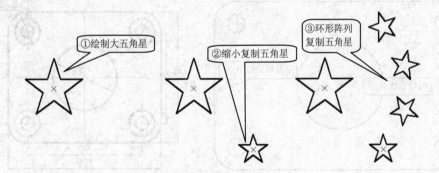

图 3-38 五角星绘制过程

1. 命令启动方法

- 面板：选择"默认"选项卡→"修改"面板→"缩放"命令。
- 工具栏：在"修改"工具栏中，单击"缩放"按钮。
- 菜单：选择"修改"→"缩放"命令。
- 命令行：SCALE (SC)。

以缩小复制五角星为例，如图 3-39 所示，操作中命令行提示如下：

```
命令: _scale
选择对象:        //选择大五角星所有对象，按〈Enter〉键进入下一步操作
```

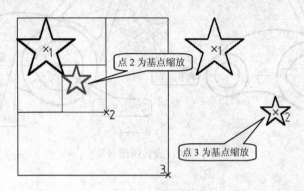

图 3-39　缩小复制五角星

2. 选项功能

- 基点:基点决定缩放后图形的位置。如图 3-39 所示,以外边框作为参照,同样的缩放比例取点 2 为基点,得到浅色图形。
- 复制(C):复制的方式缩放对象,即原对象不变,出现一个原对象经缩放的副本。
- 参照(R):选择该选项,系统会提示"指定参照长度 <100.0000>:",一般拾取原图中的两点作为参照长度,如图 3-40 所示,也可以输入数值;系统进一步提示"指定新的长度或 [点(P)] <1.0000>:",输入 120。

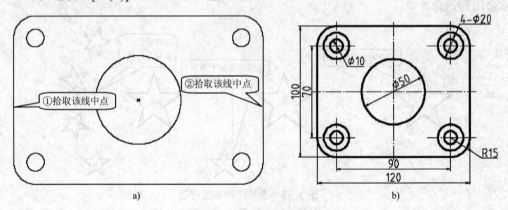

图 3-40　缩放修改草图长度

a) 草图　b) 正式图

3.2.8　拉伸对象

拉伸对象可将对象进行拉伸或移动。在拉伸中有些对象被拉长,有些对象仅仅是移动。如图 3-41 所示,是对如图 3-40 所示草图的进一步拉伸修改:侧边被拉长,而上边圆弧、小孔位移。执行命令时,必须使用窗交或圈交方式选择对象。

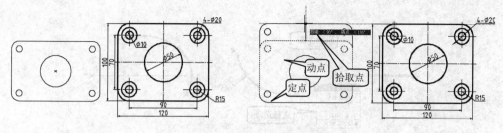

图 3-41　拉伸修改草图高度

1. 命令启动方法

- **面板**：选择"默认"选项卡→"修改"面板→"拉伸"命令。
- **工具栏**：在"修改"工具栏中，单击"拉伸"按钮。
- **菜单**：选择"修改"→"拉伸"命令。
- **命令行**：STRETCH (S)。

如图 3-41 所示操作，命令行提示如下：

```
命令：_stretch
以交叉窗口或交叉多边形选择要拉伸的对象...    //系统提示信息
选择对象：                                //交叉窗口选择对象，呈虚线如图 3-41 所示
指定基点或 [位移(D)] <位移>：              //拾取上边的中点
指定第二个点或 <使用第一个点作为位移>：     //采用极轴追踪和对象追踪方式确定位置
```

2. 说明

- 可以被拉伸的对象有直线、圆弧、椭圆和样条曲线等对象。位于窗口外的端点不动、窗口内的端点移动。拉伸时，圆弧的弦高不变，圆心改变；多段线两端宽度、切线方向以及曲线拟合信息不变。
- 对于没有端点的对象，如文本、圆等，不能拉伸，只能根据定义点或圆心是否在选择窗口内确定是否平移。

3.2.9　拉长对象

拉长对象可以修改直线的长度、圆弧和椭圆弧的包含角，对封闭对象如正多边形、圆、椭圆等不起作用。功能类似拉伸和延伸对象命令。

1. 命令启动方法

- **面板**：选择"默认"选项卡→"修改"面板→"拉长"命令。
- **菜单**：选择"修改"→"拉长"命令。
- **命令行**：lengthen (len)。

如图 3-42 所示操作，命令行提示如下：

```
命令：_lengthen
选择对象或 [增量(DE)/百分数(P)/全部(T)/动态(DY)]：DY    //选择"动态"选项
选择要修改的对象或 [放弃(U)]：    //靠近点 2 处拾取对象。系统会提示所选对象长度、包含角等信息
指定新端点：    //动态效果如图所示，拾取一点即可拉长一个对象后可继续，按〈Enter〉键返回
```

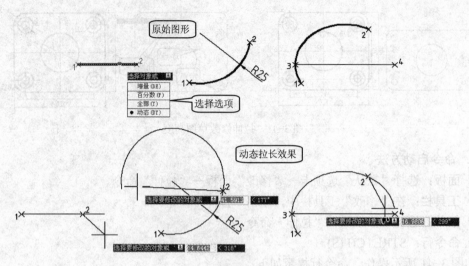

图 3-42　拉长修改图形对象

2. 选项功能

- 增量(DE)：以指定的增量修改对象的长度，正值扩展对象，负值修剪对象。增减方向以距离选择点最近的端点为准。系统又提示"输入长度增量或 [角度(A)] <-10.0000>:"，即对直线可改变长度，对弧可改变弦长或包含角度。
- 百分数(P)：以相对原长的百分比来修改直线或弧的长度。
- 全部(T)：以给出的直线新长度或弧的包含角来改变长度。
- 动态(DY)：一个端点改变长度、角度，另一个端点保持不变，动态效果类似拉伸。

3.2.10　复制对象

复制对象是相当常用的命令，该命令可以对已有对象复制一个或多个副本。操作分两步：首先选择要复制的一个或一组图形对象，然后指定基点确定副本的位移矢量。

1. 命令启动方法

- **面板**：选择"默认"选项卡→"修改"面板→"复制"命令。
- **工具栏**：在"修改"工具栏中，单击"复制"按钮。
- **菜单**：选择"修改"→"复制"命令。
- **快捷菜单**：绘图窗口打开快捷菜单，选择"复制"或"带基点复制"命令。
- **命令行**：COPY (CO 或 CP)。
- **快捷键**：Ctrl+C。

如图 3-43 所示，将左下角点的圆心圆，复制到另三个角点的操作，命令行提示如下：

```
命令: _copy
选择对象:                                    //依次选择两圆，按〈Enter〉键进入下一步操作
当前设置: 复制模式 = 多个      //系统提示信息，可连续复制，直到按〈Enter〉键返回命令状态
指定基点或 [位移(D)/模式(O)] <位移>:         //拾取点 1
指定第二个点或 <使用第一个点作为位移>:        //依次拾取点 2、3、4 即可，按〈Enter〉键返回
```

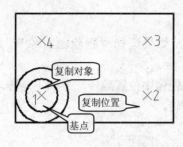 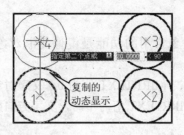

图 3-43 复制图形对象

2. 选项功能

- 模式(O)：选择该选项，系统会提示"输入复制模式选项 [单个(S)/多个(M)] <多个>:"，默认情况，可复制多个副本。
- "位移(D)"、"指定第二个点"和"使用第一个点作为位移"：副本相对复制对象之间的位置关系，和移动对象命令操作相当，选项功能类似。

3.2.11 镜像对象

镜像对象是复制对象的一种特殊情况，创建和原对象对称的镜像图形。对称的图形往往仅绘制一半，通过镜像快速绘制另一半。

1. 命令启动方法

- **面板**：选择"默认"选项卡→"修改"面板→"镜像"命令。
- **工具栏**：在"修改"工具栏中，单击"镜像"按钮。
- **菜单**：选择"修改"→"镜像"命令。
- **命令行**：MIRROR (MI)。

如图 3-44 所示，以中心线为轴，镜像复制"公共卫浴"，操作中命令行提示如下：

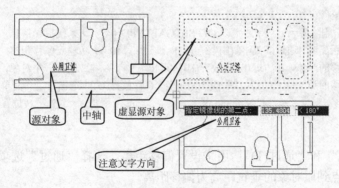

图 3-44 镜像复制图形对象

```
命令:_mirror
选择对象:                              //窗口方式选择图形，然后按〈Enter〉键
指定镜像线的第一点:                    //拾取轴的右侧端点
指定镜像线的第二点:        //轴的拉动和副本随光标移动动态显示，拾取轴的左侧端点
要删除源对象吗？[是(Y)/否(N)] <N>: ✓   //不删除源对象
```

2．说明

● 镜像对象常用的功能是镜像复制对象，如果选择"删除源对象"，则相当于翻转对象。

● 默认情况 MIRRTEXT 值为 0，文字对象镜像中位置翻转、方向不翻转，如图 3-44 所示；MIRRTEXT 值为 1 时，文字方向翻转。

3.2.12 偏移对象

偏移对象用来使复制的对象和原对象等间距，即相互平行。常用来创建平行线、同心圆、相似多边形等。如图 3-45 所示，如果原对象是由四段直线组成，则可逐一偏移复制直线；如果原对象是由多段线组成的封闭多边形，则作为整体一个对象，偏移复制。

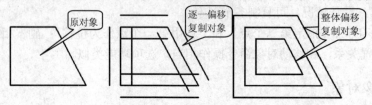

图 3-45　偏移复制图形对象

1．命令启动方法

● **面板**：选择"默认"选项卡→"修改"面板→"偏移"命令。

● **工具栏**：在"修改"工具栏中，单击"偏移"按钮。

● **菜单**：选择"修改"→"偏移"命令。

● **命令行**：OFFSET (O)。

如图 3-45 所示，偏移复制多边形的边或多边形，操作中命令行提示如下：

```
命令：_offset
当前设置：删除源=否　图层=源　OFFSETGAPTYPE=0      //系统提示信息
指定偏移距离或 [通过(T)/删除(E)/图层(L)] <通过>：  10 ✓  //输入偏移距离
选择要偏移的对象，或 [退出(E)/放弃(U)] <退出>：        //选择一个对象，即进入下一步
指定要偏移的那一侧上的点，或 [退出(E)/多个(M)/放弃(U)] <退出>：  //简单以方位定偏移复制
                                                        //位置，可连续操作
```

2．选项功能

● "偏移距离"和"通过(T)"：用来设置偏移距离。选择"通过"选项，则需要输入一个点，该点到原对象的垂直距离为偏移距离。

● 删除(E)：偏移后，将源对象删除。

● 图层(L)：图层是非常重要的概念，见 4.2 节。选择该选项，系统会提示"输入偏移对象的图层选项 [当前(C)/源(S)] <源>："，默认情况，偏移得到的对象图层不变。

● 退出(E)：返回命令提示状态。按〈Enter〉键或〈Esc〉键都可退出偏移操作命令。

● 多个(M)：默认情况，选择一个源对象，指定一侧偏移复制一次……，如此连续、循环操作。选择该选项，则可以等间距复制多次，即第二次同侧复制时，间距自动增加一倍。

● 放弃(U)：恢复前一个偏移。然后可以继续偏移操作。

可以偏移的对象有直线、圆弧、圆、椭圆和椭圆弧、二维多段线、构造线、射线和样条曲线等图形对象。其中二维多段线和样条曲线在偏移距离大于可调整的距离时将自动进行修剪；椭圆经偏移后变为样条曲线，如图3-46所示。

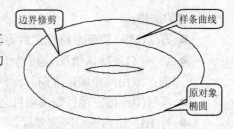

图 3-46 椭圆两次向内偏移复制

3.2.13 阵列对象

如果图形中有大量规则排列、形状相同的结构，采用阵列对象方式由一个结构一次性复制大量结构，将大大提高效率。相同结构的排列可能是矩阵式、也可能排列在圆周上，或一段线上，如图3-38和图3-43所示。

1. 命令启动方法

- **面板**：选择"默认"选项卡→"修改"面板→"阵列"→"矩形阵列""路径阵列""环形阵列"命令。
- **工具栏**：在"修改"工具栏中，单击"阵列"按钮，打开"矩形阵列""路径阵列""环形阵列"命令。
- **菜单**：选择"修改"→"阵列"→"矩形阵列""路径阵列""环形阵列"命令。
- **命令行**：ARRAY (AR)。

操作中命令行提示如下：

> 命令：_array
> 选择对象：//选择两同心圆，然后按〈Enter〉键
> 输入阵列类型 [矩形(R)/路径(PA)/极轴(PO)] <极轴>: R✓　//选择矩形阵列
> 类型 = 矩形　关联 = 是　　　　//系统提示信息，完成夹点显示的阵列，如图3-47所示
> 选择夹点以编辑阵列或 [关联(AS)/基点(B)/计数(COU)/间距(S)/列数(COL)/行数(R)/层数(L)/退出(X)] <退出>: ……//可对阵列各参数做设置，也可采用夹点操作调整(见下文)

2. "矩形阵列"选项功能

- "矩形(R)""路径(PA)"和"极轴(PO)"阵列：控制阵列方式，分别可选"矩形阵列""路径阵列"和"环形阵列"。
- 关联(AS)：默认情况，阵列对象之间相互关联，可以通过编辑特性和源对象在整个阵列中快速传递更改；否则阵列对象之间相互独立。
- 基点(B)：确定阵列的基点和基夹点的位置。如指定用于路径阵列的路径曲线的起点；矩形阵列中源对象的关键点。

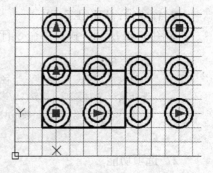

图 3-47 "矩形阵列"结果

- 计数(COU)：用于依次确定列数和行数。
- "列数(COL)"和"行数(R)"：用于确定列、行数及其间距。
- 间距(S)：用于依次确定列与行之间的间距。
- 层数(L)：用于确定三维阵列的层数和层间距。
- 退出(X)：返回命令提示状态。

3. "路径阵列"选项功能

可用的路径有直线、多段线、三维多段线、样条曲线、螺旋、圆弧、圆或椭圆，路径阵

列特定的选项：

- 方法(M)：控制沿路径定数等分还是定距等分分布项目。
- 切向(T)：默认情况，相对于路径的起始方向对齐阵列中的项目；也可采用法线方向；或用两点确定方向。
- 项目(I)：指定项目数或项目之间的距离。
- 行(R)：沿路径可阵列多行。
- 对齐项目(A)：设定每个项目与路径的方向相切。
- Z 方向(Z)：控制项目 Z 方向保持不变还是沿三维路径自然倾斜。

4."环形阵列"选项功能

环形阵列特定的选项：

- "定阵列的中心点"和"旋转轴(A)"：指定用于环形阵列的圆心或空间轴。
- 项目间角度(A)：指项目之间的角度。
- 填充角度(F)：指阵列中第一个和最后一个项目之间的角度。项目、项目间角度和填充角度只需确定两个参数，第三个参数由系统自动确定。
- "旋转项目(ROT)"：控制在排列项目时是否旋转项目朝向阵列中心还是项目之间平行。

3.2.14 修圆角

圆角和倒角用来修饰直线、圆弧等对象连接处，使其平缓、光滑或符合工艺要求。

1. 命令启动方法

- **面板**：选择"默认"选项卡→"修改"面板→"圆角"命令；或单击"倒角"按钮右侧箭头，打开下拉菜单选择"圆角"命令。
- **工具栏**：在"修改"工具栏中，单击"圆角"按钮。
- **菜单**：选择"修改"→"圆角"命令。
- **命令行**：FILLET (F)。

如图 3-48 所示，操作中命令行提示如下：

```
命令: _fillet
当前设置: 模式 = 修剪, 半径 = 0.0000                      //系统提示信息
选择第一个对象或 [放弃(U)/多段线(P)/半径(R)/修剪(T)/多个(M)]:    //拾取一个图形对象
选择第二个对象，或按〈Shift〉键选择要应用角点的对象:            //拾取另一个图形对象，两对象
                                                      //连接处圆角过渡，退出
```

2. 选项功能

- 放弃(U)：恢复在命令中执行的上一个操作。
- 多段线(P)：选择该选项，在多段线的任意位置拾取点后，多段线中每个顶点处都插入圆角弧，如图 3-48 所示；否则只在指定的多段线两条相交边处插入圆角弧。
- 半径(R)：用于设置半径的大小。选择该选项，系统会提示"指定圆角半径<0.0000>:"，可输入半径值。
- 修剪(T)：控制是否将选定的边修剪到圆角弧的端点。选择该选项，系统会提示"输入修剪模式选项 [修剪(T)/不修剪(N)] <修剪>:"，默认选项为修剪，即直线、圆弧的交点修剪，但圆不受修剪设置的影响，一律不被修剪，如图 3-48 所示。

- 多个(M)：选择该选项，则连续依次选择两个图形对象修圆，直到按〈Enter〉键才退出。
- 按住〈Shift〉键选择要应用角点的对象：用 0 值替代当前圆角半径，使两个对象相接，相当于修剪和延伸的功能非常实用，如图 3-48 所示。

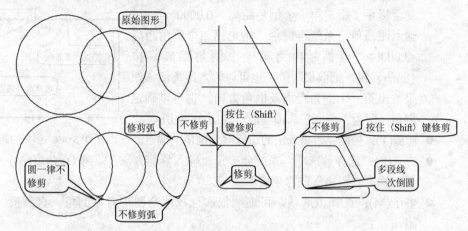

图 3-48　圆角处修剪与不修剪样式

此外，在三维造型中，选择单边倒圆，可以为两个相交面修圆角；如果选择连续相接的边（称为链选择），可以多边修圆角。

【技巧】

使用该命令可使两条平行线之间用半圆弧相连。

在圆之间和圆弧之间可以有多个圆角存在。选择对象时，位置应靠近期望的圆角处。

3.2.15　修倒角

倒角也是用来修饰两直线对象连接处，使其平缓、光滑或符合工艺要求。

1．命令启动方法

- **面板**：选择"默认"选项卡→"修改"面板→"倒角"命令；或单击"圆角"按钮右侧箭头，打开下拉菜单选择"倒角"命令。
- **工具栏**：在"修改"工具栏中，单击"倒角"按钮。
- **菜单**：选择"修改"→"倒角"命令。
- **命令行**：CHAMFER (CHA)。

操作中命令行提示如下：

```
命令：_chamfer
("修剪"模式) 当前倒角距离 1 = 1.0000，距离 2 = 1.00000　//系统提示信息
选择第一条直线或 [放弃(U)/多段线(P)/距离(D)/角度(A)/修剪(T)/方式(E)/多个(M)]: //拾取一个图形对象
选择第二条直线，或按住〈Shift〉键选择直线以应用角点或 [距离(D)/角度(A)/方法(M)]:
//拾取另一个图形对象，两对象连接处倒角过渡，退出
```

2．选项功能

- **放弃(U)**：恢复在命令中执行的上一个操作。

- 多段线(P)：选择该选项，在多段线的任意位置拾取点后，多段线中每个顶点处都插入倒角；否则只在指定的多段线两条相交边处插入倒角。
- "距离(D)"和"角度(A)"：选择"距离"选项，系统会提示"指定第一个倒角距离 <0.0000>:"，可输入距离值；系统再提示"指定第二个倒角距离 <3.0000>:"，括号内为第一个倒角距离，按〈Enter〉键，则取相同值，也可以输入距离值。如果给出第一个倒角距离及倒角方向，也可以确定倒角，即为"角度"选项功能，如图 3-49 所示。

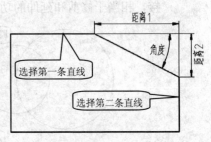

图 3-49　倒角的距离和角度

- 修剪(T)：控制是否将选定的边修剪到倒角的端点。
- 方式(E)：选择该选项，系统会提示"输入修剪方法 [距离(D)/角度(A)] <距离>:"，即首先确定"距离"或"角度"。
- 多个(M)：选择该选项，可连续依次选择两个图形对象倒角，直到按〈Enter〉键，退出。
- 按住〈Shift〉键选择直线以应用角点：用 0 值替代当前距离，使两个对象相接。相当于修剪和延伸功能，非常实用。

此外，在三维造型中，选择单边倒角，可以为两个相交面修倒角；如果选择连续相接的边（称为链选择），可以多边修倒角。

3.2.16　打断对象

打断对象用来将一个对象打断为两个对象，打断的对象之间可以有间隙，又可以没有间隙。

1. 命令启动方法
- 面板：选择"默认"选项卡→"修改"面板→"打断"、"打断于点"命令。
- 工具栏：在"修改"工具栏中，单击"打断"或"打断于点"按钮。
- 菜单：选择"修改"→"打断"命令。
- 命令行：BREAK (BR)。

操作中命令行提示如下：

```
命令: _break
选择对象:                         //在需要打断处拾取对象
指定第二个打断点 或 [第一点(F)]:    //在另一个需要打断处拾取对象
```

2. 选项功能
- 第一点(F)：选择该选项，系统会提示"指定第一个打断点:"，重新拾取第一个打断点。
- 提示"指定第二个打断点"时，如果直接输入"@"，表示第二个打断点和第一个打断点重合，相当于使用"打断于点"命令。
- 启动"打断于点"命令，系统提示"指定第一个打断点:"，指定一点即可。
- 圆、矩形、多边形等封闭图形，不能实施"打断于点"命令，但可以实施"打断"命令。对圆使用打断命令时，将沿逆时针方向把第一断点到第二断点之间圆弧删除。对矩形、多边形等封闭图形使用打断命令时，将把第一断点到第二断点之间较短的部分删除，如图 3-50 所示。

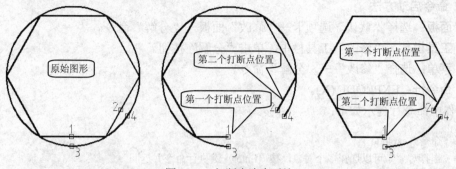

图 3-50 打断点次序对比

【技巧】

指定第二断点时，拾取的点如不在对象上，系统自动选择对象上与该点最接近的点。因此，指定第二断点更为方便。

3.2.17 合并对象

合并对象是打断对象的逆操作，可以将两个有间隙或没有间隙的对象合并成一个对象。

1. 命令启动方法

- **面板**：选择"默认"选项卡→"修改"面板→"合并"命令。
- **工具栏**：在"修改"工具栏中，单击"合并"按钮。
- **菜单**：选择"修改"→"合并"命令。
- **命令行**：JOIN (J)。

操作中命令行提示如下：

```
命令: _join
选择源对象: //选择一段直线
选择要合并到源的直线: //可以选择多条直线，这些直线必须和前一段直线共线，否则提示合并失败
```

2. 说明

- 合并的对象要求：如图 3-51 所示，直线对象间必须共线；多段线源对象和直线、圆弧之间必须首尾相接；圆弧、椭圆弧对象必须位于同一圆、椭圆上；样条曲线、螺旋线必须相接才能合并成单个对象。

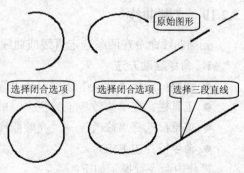

图 3-51 不同对象合并结果

- 如果源对象选择的是圆弧或椭圆弧，系统提示"选择圆弧/椭圆弧，以合并到源或进行 [闭合(L)]:"，此时选择"闭合"选项，将由圆弧/椭圆弧得到整个圆/椭圆。

3.2.18 分解对象

分解对象可以将一个组合对象，如多边形、多段线、图块、面域、立体、多行文字等分

解成单个对象。

1．命令启动方法

- **面板**：选择"默认"选项卡→"修改"面板→"分解"命令。
- **工具栏**：在"修改"工具栏中，单击"分解"按钮。
- **菜单**：选择"修改"→"分解"命令。
- **命令行**：EXPLODE (X)。

操作中命令行提示如下：

命令：_explode
选择对象：//可以选择多个对象，按〈Enter〉键执行命令并返回

2．说明

- 分解后，各个对象的颜色、线型和线宽都可能会改变。其他结果将根据分解的合成对象类型的不同而有所不同。即便看不出图形变化，但对象特性改变。
- 多段线分解为线段，不再包含线宽信息；多行文字分解成文字对象；体分解成单一表面的体、面域或曲线，每个面域又可进一步分解，如图 3-52 所示，四棱柱一次分解为 6 个面，1 个面再次分解为 4 条边；面域分解成直线、圆弧、样条曲线等。
- 命令提示状态选择对象，呈夹点显示，可看出样式的改变，即对象特性发生变化，如图 3-53 所示。

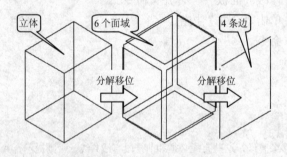

图 3-52　体的二次分解图

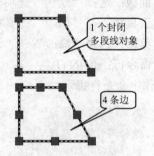

图 3-53　不同的夹点样式

3.2.19　光顺曲线

光顺曲线命令在两条选定直线或曲线之间的间隙中创建样条曲线。

1．命令启动方法

- **面板**：选择"默认"选项卡→"修改"面板→"光顺曲线"命令。
- **工具栏**：在"修改"工具栏中，单击"光顺曲线"按钮。
- **菜单**：选择"修改"→"光顺曲线"命令。
- **命令行**：BLEND。

操作中命令行提示如下：

命令：_BLEND
连续性 = 相切　　　　　　　　　　　//系统提示信息
选择第一个对象或 [连续性(CON)]：　　//如图 3-54 所示，在点 1 附近选择直线

2. 说明

● 可选的对象包括直线、圆弧、椭圆弧、螺旋、开放的多段线和开放的样条曲线。

● "连续性(CON)"：选择该选项，系统提示"输入连续性 [相切(T)/平滑(S)] <平滑>:"，默认情况，以"相切"方式创建一条 3 阶样条曲线；而"平滑"创建一条 5 阶样条曲线，精度更高，如图 3-54 所示。

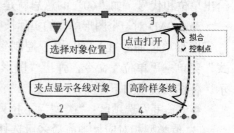

图 3-54　夹点显示两平行线与光顺曲线

3.3　AutoCAD 辅助精确定位技术

精确定位就是在绘图中如何精确找点。首先应理清认识上的一个误区：概念设计不需要精确尺寸，那么草图阶段不必在乎误差。最终为了达到精确的结果，还需要添加各种约束，此时专业性更强。精确定位和参数化设计是两个并行不悖的概念，为了保证后期工作，平面绘图应该尽可能地精确。

要到达精确绘图，方法很多。输入每个点的坐标值，显然非常烦琐。怎样充分利用鼠标并将注意力集中在绘图窗口，动态输入技术（见上文）给出了很好的解决方案。

AutoCAD 具有强大的辅助精确定位技术，本节将学习如何充分利用坐标轴（栅格与捕捉）、特殊的作图方向（正交与极轴）、根据点的特性和已有图形建立联系（对象捕捉、对象追踪）。掌握了这些技术，将大大节省制作辅助线等中间过程，作图畅快淋漓，用户可以享受到绘图的乐趣，并为三维造型做好前提准备。

3.3.1　栅格与捕捉

启动 AutoCAD，系统自动建立 Drawing1.dwg 文件，该文件是以 acadiso.dwt 为样板文件建立的，其中包含一些重要的基本参数设置。如当前为 WCS 坐标轴的 XY 面，一般不必改动。

1. 图形界限

绘图窗口引入模型空间概念，绘图的范围不受限制。设置图限，是因为栅格显示和图限有关；限制图形画得任意分散，影响显示效果；还可以控制直接由模型空间打印出图。

图形界限命令 LIMITS 用来查看和设置图形范围。命令调用：选择"格式"菜单→"图形界限"命令。

```
命令:_limits
重新设置模型空间界限:　//系统提示信息
指定左下角点或 [开(ON)/关(OFF)] <0.0000,0.0000>: ✓        //接受设置的角点坐标。"开/关"选
                                                          //项控制图线能否画到界限外
指定右上角点 <420.0000,297.0000>: ✓                       //接受设置的角点坐标
```

以上信息说明，当前图限为 420×297，这就是国标 A3 图纸的大小。

2．图形单位

工程制图采用的国标和 ISO 标准接近，为公制，长度单位为毫米（mm）。使用时一般不给出单位和代号，如"60"的意思就是 60 毫米或 60 mm。

AutoCAD 对一个图形单位的实际长度，可按要求任意设置，也可以在不同单位之间换算。

图形单位命令 UNITS 用于控制坐标和角度的显示格式和精度。命令调用：选择"格式"菜单→"单位"命令，弹出"图形单位"对话框，显示当前默认的设置，如图 3-55 所示。各选项说明如下：

- "长度"选项区："类型"下拉列表，可选择数值表示的格式。"精度"下拉列表和数值类型相对应，当前最多可选择小数点后 8 位。
- "插入时的缩放单位"选项区："用于缩放插入内容的单位"下拉列表可选择单位，控制插入的图块和图形的单位如果和目标图形的单位不同，则按两者比例缩放。选择"无单位"，将不缩放。
- "角度"选项区："类型"下拉列表，可选择角度数值表示的格式。"精度"下拉列表和角度数值类型相对应，当前最多可选择小数点后 8 位。"顺时针"复选框，可将角度的正方向由逆时针改为顺时针。
- "输出样例"选项区：显示目前设置下，点坐标的样式。
- "光源"选项区："用于指定光源强度的单位"下拉列表，可控制光源强度的测量单位。
- "方向"按钮：单击弹出"方向控制"对话框，如图 3-56 所示。默认设置，X 轴正向为 0°。如果选择"其他"单选按钮，"角度"文本框被激活，可输入任意起始角度。

图 3-55 "图形单位"对话框   图 3-56 "方向控制"对话框

3．栅格与捕捉

"捕捉"可使光标的移动由连续变为按设置的间距跳动，取到特定坐标值的点。工程制图中用坐标纸来方便徒手绘图，"栅格"功能受这种绘图方式的启发，在屏幕中显示纵横等间距的点、网格。

"草图设置"对话框如图 3-57 所示，用来设置捕捉和栅格的相关参数。调用方法：选择"工具"菜单→"草图设置"命令；单击状态栏中的"捕捉""栅格"按钮打开快捷菜单，选择"设置"选项。选项说明如下。

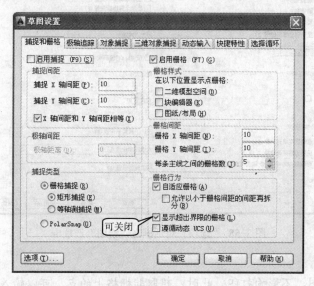

图 3-57 "草图设置"对话框之"捕捉和栅格"选项卡

- "启用捕捉"和"启用栅格"复选框：可开/关相应功能。窗口关闭后可随时使用功能键〈F7〉、〈F9〉来开/关，或单击状态栏中的"捕捉模式"和"栅格显示"按钮。

【说明】
状态栏中的按钮全为功能开/关按钮，呈蓝色显示为开启状态，灰色显示为关闭状态。

- "捕捉间距"选项区域："捕捉 X 轴间距"和"捕捉 Y 轴间距"文本框，可输入数值控制光标跳动的最小距离。"X 轴间距和 Y 轴间距相等"复选框，为默认选项。
- "栅格样式"选项区域：选择复选框可在特定的环境由网格线改为网格点。
- "捕捉类型"和"极轴间距"选项区域：默认选择"栅格捕捉"及"矩形捕捉"单选按钮，如选择"等轴测捕捉"单选按钮可用于画等轴测图（见下文）。如果选择"PolarSnap（极轴捕捉）"单选按钮，可在极轴方向上实施捕捉，此时"极轴间距"选项区域的"极轴距离"文本框被激活，可设置距离。"极轴捕捉"要和"极轴"追踪功能配合使用。
- "栅格间距"选项区域：控制网格线（点）的疏密度，一般会和捕捉间距协调，产生光标在网格线（点）上跳动的效果。
- "栅格行为"选项区域："自适应栅格"等复选框，用于控制图形缩放时栅格密度。"显示超出界限的栅格"复选框，可使图形界限以外的绘图区域显示栅格。"遵循动态"复选框，可使栅格平面跟随动态 UCS 的 XY 平面。
- 单击"选项"按钮，弹出"选项"对话框之"绘图"选项卡，如图 3-58 所示。可对捕捉、追踪的设置和标记样式进行调整。

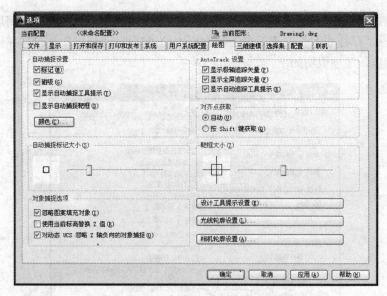

图 3-58 "选项"对话框之"绘图"选项卡

【说明】

栅格仅方便作图，不影响打印。此时，想取非栅格上的点，可以输入坐标值。

当图形缩得太小，或放得太大，栅格功能就失去意义，可调用 ZOOM 命令协调。

3.3.2 正交与极轴

"正交"与"极轴"两个功能可同时关闭，却不能同时打开，因为概念上两者正好相对。如果打开"正交"功能，"极轴"功能自动关闭，反之亦然。

1. 正交

"正交"功能可以限制光标只能水平或垂直方向上移动，对绘制水平或垂直的线条特别有效，相当于手工绘图中的丁字尺。

单击状态栏中的"正交模式"按钮，或使用功能键〈F8〉可开/关"正交"功能。按住临时替代键〈Shift〉也能使用该功能，但此时无法使用直接距离输入法。

2. 极轴

"极轴"功能可以在设置的方向上自动出现点线，称为对齐路径。光标沿此方向移动，在点线上的小"×"就是当前可以选择的点，工具提示栏显示相对极坐标。在出现对齐路径时，仅输入数值就可以确定点的位置。

"草图设置"对话框，如图 3-59 所示。调用方法：选择"工具"菜单→"草图设置"命令；单击状态栏"极轴"按钮打开快捷菜单，选择"设置"选项。各选项说明如下。

- "启用极轴追踪"复选框：可开/关该项功能。窗口关闭后可随时使用功能键〈F10〉，或单击状态栏中的"极轴"按钮，直接开/关。
- "极轴角设置"选项区域："增量角"下拉列表框，可选择增量角数值，也可以直接输入任何角度值，当光标移动的极轴角是该角度或其整数倍时，出现对齐路径。选择"附加角"复选框，可激活下方列表框，再单击"新建"按钮，可以添加最多 10 个附加角，当光标移动的极轴角和列表框内角度相等时，也出现对齐路径。

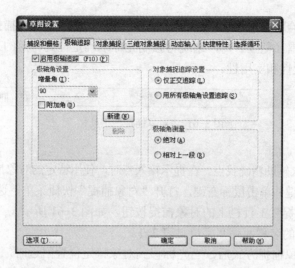

图 3-59 "草图设置"对话框之"极轴追踪"选项卡

- "对象捕捉追踪设置"选项区域：如果选择"仅正交追踪"单选按钮，那么当对象捕捉追踪开启时，仅在正交方向显示对象捕捉追踪路径；如果选择"用所有极轴角设置追踪"单选按钮，那么极轴追踪设置同时应用于对象捕捉追踪。
- "极轴角测量"选项区域：设置测量极轴追踪对齐角度的基准。"绝对"单选按钮，以当前用户坐标系为基准；"相对上一段"单选按钮，以上一个绘制线段为基准。

3. 极轴追踪和极轴捕捉

当极轴追踪和极轴捕捉连在一起使用时，形成在设置方向上按规定的间距移动，达到单击光标就能在规定方向和距离上找点、完全摆脱键盘输入的效果。

例如，绘制如图 3-60 所示矩形，只需使用光标。"草图设置"对话框中的设置如下。

1）在"捕捉和栅格"选项卡中，选中"PolarSnap（极轴捕捉）"单选按钮。

2）在"极轴追踪"选项卡中，"增量角"文本框中输入 20；选择"附加角"复选框，单击"新建"按钮，输入 110。

3）开启相关功能，单击"确认"按钮，返回绘图窗口。

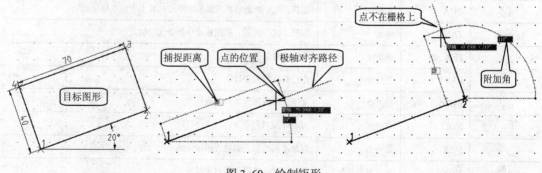

图 3-60 绘制矩形

3.3.3 对象捕捉

绘图过程中经常需要基于已有图形对象精确找点。比如以一条直线的中点为圆心画圆，仅靠光标，连在线上拾取点都不可能！如图 3-61 所示，借助"对象捕捉"工具栏，拾取点时，只要在允许的范围（靶区）内，系统将强制光标准确定位到特定的点或特定位置上，体现了 AutoCAD 的专业性和实用性。

图 3-61 "对象捕捉"工具栏

1．使用方法

对象捕捉功能用来辅助精确找点。在提示输入点时，使用特定的对象捕捉，调用方法有：

● 按住〈Shift〉键并单击鼠标右键，打开"对象捕捉"快捷菜单，选择命令。

● 单击"对象捕捉"工具栏上的对象捕捉按钮，如图 3-61 所示。

● 输入对象捕捉的名称，缩写字母见表 3-1。

选择了特定的对象捕捉方式后，当光标移到对象特定位置附近时，将显示标记和工具栏提示，此时单击即可。不过，这种方法仅一次有效，故称为临时对象捕捉。

2．对象捕捉方式

常用捕捉方式及功能说明如表 3-1 所示。

表 3-1　常用捕捉方式及功能说明

图标按钮	缩写字母	名　称	捕捉功能说明
○-○	TT	临时追踪点	创建对象捕捉所使用的临时点
⌐⸱	FROM	偏移	获取某个点相对于参照点的偏移
⟋	ENDP	端点	直线或曲线（以下称对象）的端点
⟋	MID	中点	对象的中点
✕	INT	交点	两个对象的交点，延伸才能得到的交点要明确给出哪两个对象
✕	APPINT	外观交点	两个对象的外观交点
----	EXT	延长线	直线、圆弧延伸方向线
⊙	CEN	圆心	圆弧、圆、椭圆或椭圆弧的中心点（选择曲线本身，光标定到中心）
◇	QUA	象限点	圆弧、圆、椭圆或椭圆弧的象限点，即上下左右极端点
⟲	TAN	切点	圆弧、圆、椭圆、椭圆弧或样条曲线的切点
⊥	PER	垂足	垂直于对象的点
∥	PAR	平行线	作已有直线的平行线
⟘	INS	插入点	文字、块或属性等对象的插入点
○	NOD	节点	点实体或节点
✗	NEA	最近点	对象上离光标目前位置的最近点
ⶬ	NON	无（对象捕捉）	禁止对当前选择执行对象捕捉
⋒	OSNAP	对象捕捉设置	打开对象捕捉设置对话框

【例 3-1】　如图 3-62 所示，由任意两条直线 AB、CD 及圆弧⌒EFG，按规定要求绘制圆及直线。

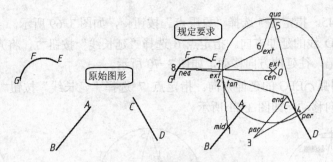

图 3-62　按规定要求绘制圆及直线

背景及分析： 看似随意的线条，却需要大量使用对象捕捉技术才可完成。和手工绘图相比，省去了大量添画辅助线或借助较多仪器的中间过程。真正做到所想即所得，值得好好体会。

操作步骤：

1）绘制圆。圆心处于两直线 AB、CD 延伸方向的交点。状态栏所有按钮可以都关闭，特别是"捕捉模式"关闭可使光标连续移动。

指定圆心时，选择"延长线"按钮，光标移到点 A 处，出现浅色小"+"标记；再移到点 C 处，同样出现标记；光标向两线延伸方向的交点位置移动，如图 3-63 所示，拾取一点即为圆心。适当位置再拾取一点，得到圆。

2）绘制直线 12。指定点 1 选择"中点"按钮；指定点 2 选择"切点"按钮。显示标记和工具栏提示如图 3-64、图 3-65 所示。

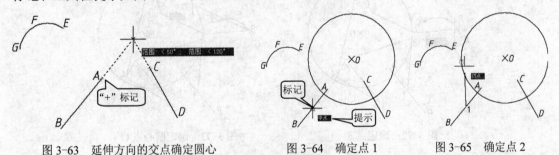

图 3-63　延伸方向的交点确定圆心　　　图 3-64　确定点 1　　　图 3-65　确定点 2

3）绘制直线 2C。指定点 C 选择"端点"按钮，如图 3-66 所示。

4）直线 C3 与 AB 线平行。指定点 3 选择"平行线"按钮，先将光标移到 AB 直线上，显示标记和工具栏提示后，向右平行方向移动，如图 3-67 所示。

5）直线 34 与 CD 线垂直。指定点 4 选择"垂足"按钮，如图 3-68 所示。

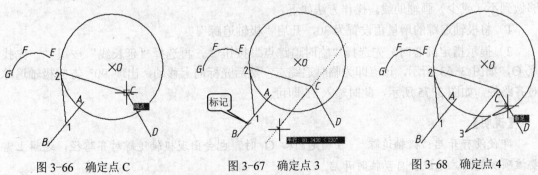

图 3-66　确定点 C　　　图 3-67　确定点 3　　　图 3-68　确定点 4

79

6）绘制直线45。指定点5选择"象限点"按钮 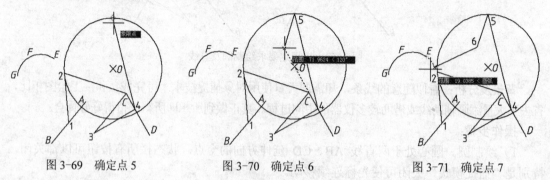 ，如图3-69所示。

7）点6在CD线的延伸方向。指定点6选择"延长线"按钮 ，将光标移到点C，出现浅色小"+"标记，往延伸方向移动，如图3-70所示。

8）点7在圆弧∩EFG的延伸方向。指定点7选择"延长线"按钮 ，将光标移到点E，往圆弧延伸方向移动，如图3-71所示。

| 图3-69 确定点5 | 图3-70 确定点6 | 图3-71 确定点7 |

9）点8在圆弧∩EFG上。指定点8选择"最近点"按钮 ，光标在圆弧∩EFG上随意移动，如图3-72所示。

10）确定圆心点O。选择"圆心"按钮 ，光标移到圆上，如图3-73所示。

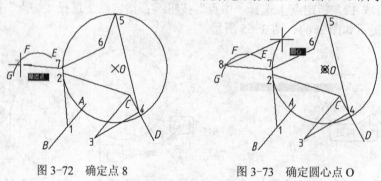

| 图3-72 确定点8 | 图3-73 确定圆心点O |

【问题】

假如圆心 O_1 如图3-74所示，在AB、CD的延伸交点垂直上方，距离为15。不借助辅助线能绘制吗？

此时，点 O_1 与线AB、CD间的关系是间接的。一般来说，只要使用得当，AutoCAD能够做到不（或少）画辅助线。操作方法如下。

1）将极轴追踪的增量角设置为30，开启"极轴追踪"。

2）提示指定圆心时，先选择"临时追踪点"按钮 ，再选择"延长线"按钮 。先找点O，如图3-63所示，该点即为临时追踪点；然后光标向上移动，出现90°方向极轴追踪对齐路径，如图3-75所示，此时输入15即可。

【说明】

即使没有开启"极轴追踪"，在确定圆心 O_1 时，也会出现极轴追踪对齐路径，逻辑上需要该项功能时，系统会自动临时开启。

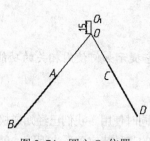

图 3-74　圆心 O_1 位置

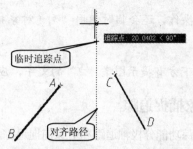

图 3-75　临时追踪点捕捉效果

3．自动对象捕捉

临时对象捕捉方式，也称为覆盖捕捉模式。这样定点，作图尚不够流畅。AutoCAD 提供了一种带有智能性、功能启动后一直起作用的自动对象捕捉功能，也称为运行捕捉模式。需要指定点时，当光标移到对象的某个特殊位置附近，就能显示标记和工具栏提示，而不再需要指定捕捉方式。这又带来了一个新问题，点的特性有很多种，有些并非我们需要，当图形稍微复杂一点，就会很凌乱。所以使用该项功能分两步：首先确定将那几种捕捉方式设置为运行捕捉模式，然后再开启"对象捕捉"。

设置特定捕捉方式为运行捕捉模式，需打开"草图设置"对话框。调用方法：选择"工具"菜单→"草图设置"命令；单击状态栏"对象捕捉"按钮打开快捷菜单，选择"设置"选项；亦可单击"对象捕捉设置"按钮⃝，弹出对话框，如图 3-76 所示。各选项说明如下：

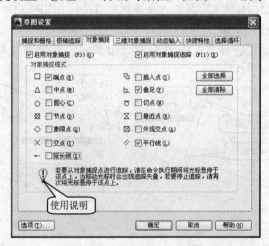

图 3-76　"草图设置"对话框之"对象捕捉"选项卡

- "启用对象捕捉"和"启用对象捕捉追踪"复选框：可开/关相关功能。窗口关闭后可使用功能键〈F3〉、〈F11〉，或单击状态栏中的"对象捕捉"和"对象追踪"按钮，直接开/关。
- "对象捕捉模式"选项区域：捕捉方式以复选框的形式出现和表 3-1 对应，带"√"标记设置为运行捕捉模式；"全部选择"和"全部清除"按钮用来快速选择或清除捕捉方式。

【提示】

如果图形较复杂，光标在绘图区域移动时，会自动识别出很多不需要的点，反而给作图带来麻烦。所以应尽量少选。偶尔用一次的捕捉功能可以用临时对象捕捉方式操作。有时为了不出现误操作，还会临时使用"无（对象捕捉）"图标．

【建议】

对话框下方有提示图案"💡"的文字，应该留意！它提示如何使用相关的功能。

3.3.4　对象捕捉追踪

自动追踪功能分极轴追踪和对象捕捉追踪两种，可以同时使用。我们已经知道极轴追踪按给定的角度增量来追踪特征点。而对象捕捉追踪则按与对象的某种特定关系来追踪。就是说，假如已知要追踪的方向，则使用极轴追踪；假如已知与其他对象的某种关系，则使用对象捕捉追踪。

作图时找点有两个目的：精确作图到一点——对象捕捉；找到一个参照点，再以该点追踪另一个点。系统的解决方案是：先自动对象捕捉激活一点，然后由"对象追踪"功能实行相对该点的追踪。故"对象捕捉"功能可以单独使用，而"对象追踪"功能要和"对象捕捉"连在一起方可起作用。

仍以绘制图 3-60 所示矩形为例。采用对象自动捕捉追踪确定点 3、点 4，操作做如下调整。

1）将极轴追踪中的"附加角"复选框关闭；"对象捕捉"选项卡中仅选择"端点""垂足"和"平行"3 种捕捉方式，开启"对象捕捉""对象追踪"功能。

2）确定点 3。将光标移到 12 线上，然后再向垂直方向移动，出现对象追踪对齐路径如图 3-77a 所示时，输入 40。

3）确定点 4。将光标移到 12 线上；再移到点 1，识别出端点后，向垂直方向移动，出现两条对象追踪对齐路径，如图 3-77b 所示时，拾取一点即可。

操作中也可能出现另两种样式，如图 3-77c、d 所示，对确定点 4 位置都是等效的。

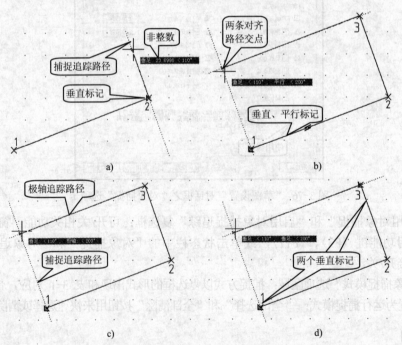

图 3-77　对象自动捕捉追踪绘制矩形

a) 确定点 3　b) 垂直、平行确定点 4　c) 捕捉追踪路径确定点 4　d) 垂直确定点 4

第4章 标准化制图

专业绘图就是规范绘图，即标准化制图。在工程绘图中，良好的图形组织是提高效率的关键。国家、行业、企事业、工作团队甚至任何个人，从事计算机绘图时，应该对任何一个细节都有规范化的考虑。具体来说有：组织文件夹、组织图层、线型、色彩、统一字体、统一标注风格、统一 DWT 图纸样板、集中创建并共享图块库等。标准化制图贯穿始终，内容将穿插在各个章节展开。本章着重讨论文字和图表输入、图层管理、尺寸标注、对象特性、设计中心等和规范、高效绘图密切相关的知识。

本章重点
● 设置工程汉字及字符样式
● 创建表格样式和表格
● 设置图线的线型、粗细、颜色
● 图层的管理
● 尺寸标注的管理

4.1 国标的 AutoCAD 实现

启动 AutoCAD，就面临标准的选择。比如系统自动建立 Drawing1.dwg 文件是以 acadiso.dwt 为样板文件建立的，该样板文件为标准国际图形样板，公制单位，使用颜色相关打印样式，都和我国国家标准中对"技术制图"与"机械制图"的要求一致。

4.1.1 标准化制图的重要性

技术制图规定了各种各样的标准制图方法，只有这样才能实现图纸的互通性，所有这些约定俗成的制图方法叫标准化制图规范。

在现代制造阶段，制造活动需要信息化，即利用计算机和网络等先进的信息获取、传递、处理、存储、转换、控制、管理等技术，来提升产品的功能、性能和价值。为保持信息反映、表达以及对信息理解的一致性，标准化是必不可少的。AutoCAD 制图中，涉及大量的国家标准（简称"国标"，代号"GB"），还需要了解国际标准化组织（International Standardization Organization，ISO）、美国国家标准化组织（American National Standards Institute，ANSI）等标准。

CAD 制图技术越来越被广大工程技术人员所掌握，并运用于生产实际，在人力、物力、财力上带来巨大的效益。我国建立的 CAD 工程制图标准为 GB/T 18229—2000《CAD 工程制图规则》。

4.1.2 设置工程汉字及字符样式

字体的国家标准为 GB/T 14691—1993《技术制图 字体》，其中汉字采用长仿宋体，如

图 4-1 所示。AutoCAD 允许用户选择多种文字样式，文字处理的方法和一般的文字处理软件类似，还可使用专业制图字符，输出效果如图 4-2 所示。

字体工整 笔画清楚 间隔均匀 排列整齐　字体工整 笔画清楚 间隔均匀 排列整齐

横平竖直 结构均匀 注意起落 添满方格　　　横平竖直 结构均匀 注意起落 填满方格

技术制图机械电子汽车航空船舶　　　　　　技术制图机械电子汽车航空船舶

土木建筑矿山港口纺织服装井坑　　　　　　土木建筑矿山港口纺织服装井坑

　　图 4-1　长仿宋体汉字样例　　　　　　　　图 4-2　文字样式输出效果

1. "文字样式"对话框调用方法

- **面板**：选择"默认"选项卡→"注释"面板→"文字样式"；或选择"注释"选项卡→"文字"面板，单击面板名称栏右侧斜向下的箭头，弹出"文字样式"对话框，如图 4-3 所示。
- **工具栏**：单击"样式"或"文字"工具栏中"文字样式"图标按钮。
- **菜单**：选择"格式"→"文字样式"命令。
- **命令行**：STYLE (ST)。

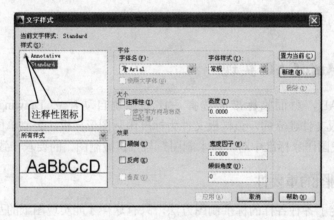

图 4-3　"文字样式"对话框

2. 选项功能

- 左侧"样式"选项区：列表框显示图形中设置的所有文字样式，双击可将选择的样式置为当前；在样式名上右击，打开快捷菜单，可选择"置为当前"、"重命名"、"删除"等命令。打开"所有样式"下拉列表，可选择列表框以何种方式显示。下方为预览窗口。
- "字体"选项区："字体名"下拉列表用于选择 TrueType 字体和所有编译的形（SHX）字体。"字体样式"下拉列表可指定字体格式。"使用大字体"复选框是针对使用方块字体的亚洲国家。
- "大小"选项区：用来设置字高和注释性。如果"高度"文本框内为 0，则输入文字时会提示"指定高度<3.5000>:"。"注释性"复选框可以指定文字为注释性，在打印出图时设置缩放；选择该复选框后，将激活"使文字方向与布局匹配"复选框。

- "效果"选项区：用来设置文字的颠倒、反向、垂直等显示效果。"宽度因子"文本框控制文字的宽窄；"倾斜角度"文本框控制倾斜的角度，角度向右倾斜为正；向左倾斜为负，西文字符应倾斜15°，如图4-4所示。

ABCDEFGHIGKLMNOPQRSTUVWXYZ
abcdefghijklmnopqrstuvwxyz
1234567890
I Ⅱ ⅢⅣ V ⅥⅦⅧⅨ X ⅪⅫ

图4-4　西文字符效果

3. 设置工程汉字及字符样式

在"文字样式"对话框中操作如下。

1）单击"新建"按钮，弹出"新建文字样式"对话框，在"样式名"文本框中输入"工程汉字"，单击"确定"按钮，返回。

2）在"字体名"下拉列表中选择"gbenor.shx"；此时"使用大字体"复选框被激活，选中；在"字体样式"下拉列表中选择"gbcbig.shx"。然后单击"置为当前"或"关闭"按钮。

【说明】

1）"工程汉字"的特点是采用形编码的矢量化文件，占用资源较少，运算速度快；单线有利于打印出图。

2）gbenor.shx、gbeitc.shx 及 gbcbig.shx 是 3 个符合国际标准的中文和西文字库。选择bigfont.shx，则可以输入日文。

3）阿拉伯数字、罗马数字、拉丁字母和希腊字母按国标规定有直体和斜体之分。斜体字字头向右倾斜，与水平线约呈75°。所以"倾斜角度"文本框中输入15。

4.1.3　创建与编辑单行文字

文字对象是工程图样中标注说明的重要组成要素。"单行文字"每次只能输入一行文字，可以连续输入多行，但每一行都为独立对象。

1. 命令启动方法

- **面板**：选择"默认"选项卡→"注释"面板，单击"多行文字"下方箭头，打开下拉菜单，选择"单行文字"命令；也可选择"注释"选项卡→"文字"面板。
- **工具栏**：在"文字"工具栏中，单击"单行文字"按钮。
- **菜单**：选择"绘图"→"文字"→"单行文字"命令。
- **命令行**：DTEXT (DT)。

操作中命令行提示如下：

```
命令: _dtext
当前文字样式: "工程汉字"  文字高度: 3.5000 注释性: 否  //系统提示信息
```

指定文字的起点或 [对正(J)/样式(S)]:　　　//光标拾取一点
指定高度 <3.5000>:　　　　　　　　　//可重新输入，调整字高
指定文字的旋转角度 <0>://可调整整行文字的旋转角度。按〈Enter〉键后输入字符，按〈Enter〉键换行

2．选项功能

- 对正（J）：当字符的布置位置有特殊要求时，输入该选项，可选择对齐方式。
- 样式（S）：输入该选项，系统提示"输入样式名或 [?] <工程汉字>:"，可输入在文件中已建立的其他文字样式。
- 文字的旋转角度：指整行文字的旋转角度，和文字的"倾斜角度"是两个不同的概念。
- 退出命令：连续按两次按〈Enter〉键；按〈Esc〉键，当前行不保留，退出。

单行文字完全依靠键盘输入，一些特殊符号无法直接输入。AutoCAD 提供了相应的 ASCII 控制符，如表 4-1 所示。

表 4-1　AutoCAD 常用 ASCII 控制符

符　号	功　能	符　号	功　能
%%C	标注直径（φ）符号	%%P	标注正负公差（±）符号
%%D	标注度（°）符号	%%U	打开/关闭文字下划线
%%O	打开/关闭文字上画线	%%%	%

3．编辑方法

调用"编辑"命令 DDEDIT：选择"修改"菜单→"对象"→"文字"→"编辑""比例"和"对正"命令；也可以单击"文字"工具栏相关按钮。

启动"编辑"命令后，拾取文字对象，该对象处于激活状态，可修改输入。按〈Enter〉键确认后，可以再选择文字对象，连续进行编辑。

【技巧】

将光标移到文字对象上，亮显时双击可以直接激活进入编辑，且可连续进行编辑，如图 4-5 所示。

图 4-5　修改单行文字

4.1.4　创建与编辑多行文字

多行文字可以实施中西文混排，可创建较为复杂的文字说明，且为一个整体对象。

1．命令启动方法

- 面板：选择"默认"选项卡→"注释"面板→"多行文字"命令；也可选择"注释"选项卡→"文字"面板。
- 工具栏：在"绘图（或文字）"工具栏中，单击"多行文字"按钮。

- **菜单**：选择"绘图"→"文字"→"多行文字"命令。
- **命令行**：MTEXT (MT 或 T)。

操作中命令行提示如下：

```
命令: _mtext
当前文字样式: "工程汉字" 文字高度: 3.5 注释性: 否        //系统提示信息
指定第一角点:                                    //光标拾取一点
指定对角点或 [高度(H)/对正(J)/行距(L)/旋转(R)/样式(S)/宽度(W)/栏(C)]: //光标再拾取一点，弹出
                                                //"在位文字编辑器"
```

2. "在位文字编辑器"选项功能

- 在"在位文字编辑器"（如图 4-6 所示）内右击，打开快捷菜单，从中可选择"编辑器设置"→"显示工具栏""显示标尺"等命令，可控制显示内容；"始终显示为WYSIWYG"命令可控制所见即所得，帮助设置文字合适大小。
- "文字格式"工具栏：控制多行文字对象的文字样式和选定文字的字符格式和段落格式，如图 4-6 所示。常规操作方式为先选择文字，再选择工具栏相关按钮命令。"符号"按钮用于输入符号和特殊字符，在下拉菜单中选择"其他"命令，打开"字符映射表"对话框，如图 4-7 所示，经复制、粘贴到编辑器中；"堆叠"按钮用于创建堆叠文字（例如分数），堆叠字符有插入符（^）、正向斜杠（/）和磅符号（#）3 种，先选择文字，再单击"堆叠"按钮，堆叠效果如图 4-8 所示。

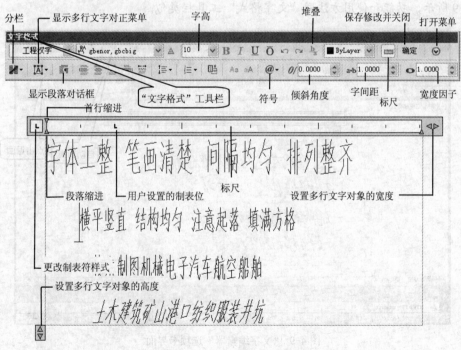

图 4-6 在位文字编辑器

- **标尺**：用于设置制表符、调整段落和行距与对齐，创建和修改列。

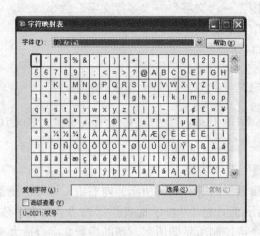

图 4-7 "字符映射表"对话框

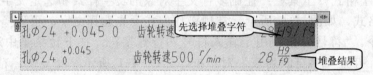

图 4-8 堆叠效果

【说明】

在使用面板的空间，启动"多行文字"命令后界面自动切换为"文字编辑器"选项卡，如图 4-9 所示，功能和使用方法同"文字格式"工具栏类似。

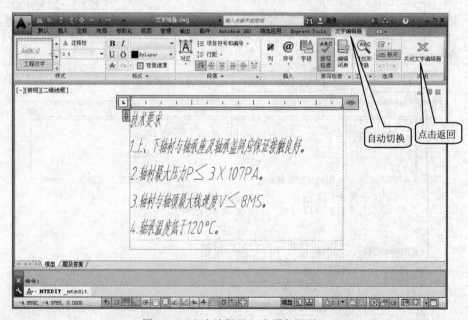

图 4-9 "文字编辑器"选项卡界面

3. 编辑方法

编辑修改多行文字使用的命令、命令的启动方法和单行文字的编辑方法相同。启动后重新打开"在位文字编辑器"。

【例4-1】 如图4-10所示，原始文档按自行设置的工程汉字建立，如图4-10a所示。重新设置，使中西文、特殊符号、文字高度等都按要求显示，如图4-10b所示。

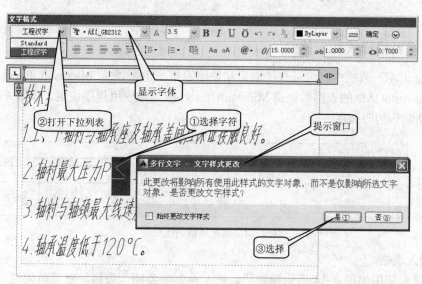

技术要求

1.上、下轴衬与轴承座及轴承盖间应保证接触良好。

2.轴衬最大压力P≤3×10⁷Pa。

3.轴衬与轴颈最大线速度V≤8m/s。

4.轴承温度低于120℃。

a)   b)

图4-10　调整设置文字

a) 原始文档　b) 调整设置后的文档

背景及分析： 工程制图中需要输入文字说明，且经常中西文字符混排。通过本例学习如何使用"文字格式"工具栏、标尺等工具，在"在位文字编辑器"中设置字符。

操作步骤：

1）光标移到文字对象上双击，打开"在位文字编辑器"。打开"文字样式"下拉列表，选择"工程汉字"，弹出提示窗口，如图4-11所示，单击"是"按钮。

图4-11　将所有字符设置为"工程汉字"样式

2）设置题头。先选择文字，依次设置字高、倾斜角度、首行缩进等参数或位置，如图4-12所示。

自行设置其他中文包括中文标点的倾斜角度，结果如图4-12所示。

3）公式符号设置。将"A"改为"a"，先选择该字符，再单击"小写"按钮；将"7"改为上标，需输入堆叠符号，输入"不间断空格"字符，再单击"堆叠"按钮；将"MS"改为"m/s"，如图4-13所示。

4）适当调整文字宽度。拖动标尺右侧"设置多行文字对象的宽度"按钮，单击"确定"按钮返回，结果如图4-10b所示。

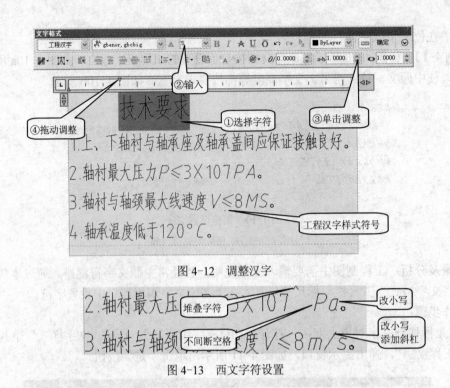

图 4-12 调整汉字

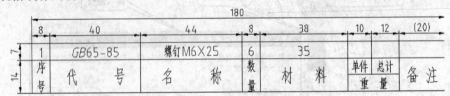

图 4-13 西文字符设置

4.1.5 创建表格样式和表格

在 AutoCAD 系统中，可以直接创建和使用表格，也可以从 Microsoft Excel 中链接数据，或输出 AutoCAD 的表格数据供 Microsoft Excel 或其他应用程序使用。如图 4-14 所示为按国标规格制作的明细栏。

序号	代号	名称	数量	材料	单件	总计	备注
1	GB65-85	螺钉M6×25	6	35	重	量	

图 4-14 国标规格的明细栏

1. 插入表格

以创建和使用如图 4-14 所示明细栏为例，首先需要插入表格，然后再做进一步设置和输入数据。

（1）命令启动方法

- **面板**：选择"默认"选项卡→"注释"面板→"表格"命令。弹出"插入表格"对话框如图 4-15 所示。
- **工具栏**：在"绘图"工具栏中单击"表格"按钮。
- **菜单**：选择"绘图"→"表格"命令。

（2）选项功能

1）"表格样式"选项区：下拉列表中显示当前图形中已有的表格样式，单击右侧按钮可以打开"表格样式"对话框（见下文）。

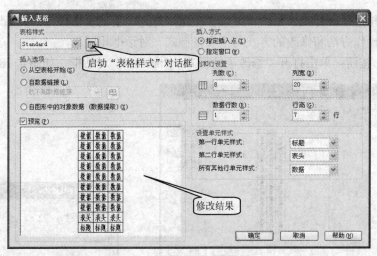

图 4-15 "插入表格"对话框

2)"插入选项"选项区：控制以何种方式来获得数据，共有 3 个单选按钮。

● "从空表格开始"按钮：直接在图形中输入数据。

● "自数据链接"按钮：可从 Microsoft Excel 等外部电子表格中的数据创建表格，此时对话框中大部分选项将变灰。

● "自图形中的对象数据（数据提取）"按钮：将启动"数据提取"向导，根据图形中现有对象的特性来创建表格。

3)"插入方式"选项区：控制表格大小、行列。

● 选择"指定插入点"单选按钮，下方"列和行设置"选项区需自行设置；

● 选择"指定窗口"单选按钮，直接指定表格大小，故下方"列和行设置"选项区只需设置行列数。现指定列数为 8，列宽 20；数据行数为 1，行高 7；

4)"设置单元样式"选项区：可对表中第一、第二和其余各行作设置。

5)"预览"窗口：显示经调整后的表格图示样例。

2."表格样式"对话框

"表格样式"对话框如图 4-16 所示，用于控制影响表格外观的众多参数。

（1）命令启动方法

● 面板：选择"注释"选项卡→"表格"面板名称栏右角箭头。

● 工具栏：单击"样式"工具栏的"表格"按钮，单击"插入表格"对话框中"启动'表格样式'对话框"按钮。

● 菜单：选择"格式"→"表格样式"命令。

（2）"表格样式"对话框选项功能

● 当前表格样式：显示当前表格样式的名称。

● "样式"窗口：列出图形中所有表格样式，右击，打开快捷菜单，可选择"置为当前""重命名"和"删除"等命令。

● "预览"窗口：显示"样式"窗口中选定表格的图示样例。

● "置为当前"按钮：将"样式"窗口中选定的表格样式设置为当前样式。

● "新建"按钮：单击打开"创建新的表格样式"对话框，如图 4-17 所示。可输入样式名并指定基础样式，单击"继续"按钮，打开"新建表格样式：Standard 副本"对话框，操作方法和修改的方式与"表格样式"对话框相同。

● "修改"按钮：单击打开"修改表格样式：Standard"对话框，如图 4-18 所示。

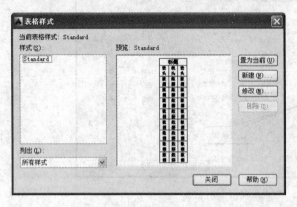

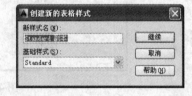

图 4-16 "表格样式"对话框　　　　图 4-17 "创建新的表格样式"对话框

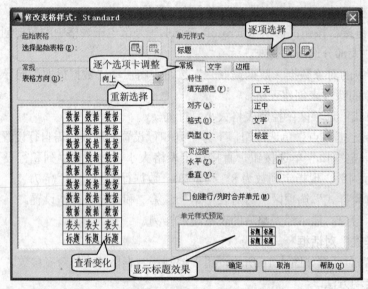

图 4-18 "修改表格样式：Standard"对话框

3．"修改（新建）表格样式"对话框选项功能

● "起始表格"选项区：单击"选择表格"按钮可返回，选择已有表格作为起始表格；"删除表格"按钮用于删除起始表格。

● "常规"选项区：打开"表格方向"下拉列表，可选择"向上"和"向下"选项，下方预览窗口显示标题、表头和数据之间的上下关系，这里选择"向上"选项。

● "单元样式"选项区：先打开第一行下拉列表，可选择"标题""表头"和"数据"等选项，每个选项又可在下方"常规""文字"和"边框"选项卡中设置各种细节。如图 4-18 所示，先选择"标题"，然后在"常规"选项卡设置"正中"对齐，"水平"和"垂直"页边距设置为 0；在"文字"选项卡中设置"工程汉字"文字样式、文字高度取 5，下方预览窗口可查看标题显示效果。"表头"和"数据"可作相同设置。

4. 调整插入表格

完成"修改表格样式"对话框的设置，单击"确定"按钮将返回"表格样式"对话框，单击"关闭"按钮将返回"插入表格"对话框，再单击"确定"按钮将返回绘图窗口，光标连同表格一起移动，在适当位置单击一点，完成表格的插入，并自动打开"在位文字编辑器"，从左下角单元格开始作输入操作，现单击"文字格式"工具栏中"确定"按钮退出。

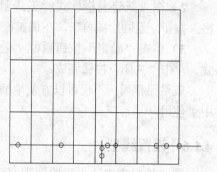

图 4-19　插入表格与基准线

插入表格规格和图 4-14 所示明细栏有出入，可绘制基准线和点用于拉伸调整，如图 4-19 所示。

在单元格内单击一点，使该小格呈夹点显示并出现行列标尺，再在右侧行标尺上单击选中整行，如图 4-20 所示。单击上方夹点，拉伸和节点对齐，如图 4-21 所示时单击。

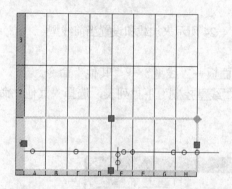

图 4-20　由选择一个单元格到选择整行

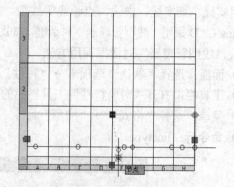

图 4-21　拉伸夹点和节点对准

用相同的夹点拉伸方式，完成行列调整，结果如图 4-22 所示。

图 4-22　选择两个单元格进行合并操作

拾取左下角单元格，按住〈Shift〉键拾取上方单元格，可同时选中上下两个单元格，选择"表格"工具栏中的"合并单元"按钮下的"全部"命令，两单元格合并；双击该单元格，光标呈输入文字样式，"在位文字编辑器"打开，可输入文字。其余单元格按明细栏样式作类似操作，结果如图 4-23 所示。

序号	代　　号	名　　称	数量	材　　料	单件 总计 重量	备注

图 4-23　调整明细栏及输入表头文字效果

5．保存明细栏表格

1）打开"表格样式"对话框，单击"新建"按钮，弹出"创建新的表格样式"对话框，在"新样式名"文本框中输入"正式明细栏"，并单击"继续"按钮。

2）在"新建表格样式：正式明细栏"对话框中，单击"起始表格"区域的"选择表格"按钮，返回绘图窗口，在调整好的表格上（如图4-23所示），拾取一点即返回。

3）单击"确定"按钮返回"表格样式"对话框，列表窗口中出现"正式明细栏"样式。单击"关闭"按钮完成。

表格保存后，不仅可以方便地插入到图形中，还可以通过"设计中心"移植到其他图形中供使用。

4.1.6 设置线型

图线是用来表达、说明图形最为重要的元素。图线的国家标准为 GB/T 4457.4—2002《机械制图 图样画法 图线》和 GB/T 17450—1998《技术制图 图线》。工程制图中应用最多的是粗实线、细实线、虚线、点画线等线型。

AutoCAD 采用"线型管理器"对话框，如图4-24所示来加载和设置当前线型。

1．"线型管理器"对话框调用方法

● **面板**：选择"默认"选项卡→"特性"面板→"线型"→"其他"命令。

● **工具栏**：打开"对象特性"工具栏中的"线型控制"下拉列表，选择"其他"命令。

● **菜单**：选择"格式"→"线型"命令。

● **命令行**：linetype。

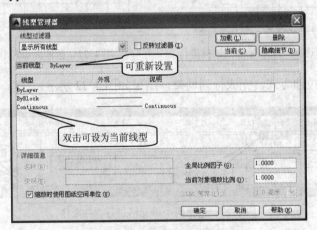

图4-24 "线型管理器"对话框

2．选项功能

1）"线型过滤器"选项区：确定在线型列表中显示哪些线型。"反转过滤器"复选框，控制以过滤的相反方式显示线型。

2）"加载"按钮：单击可打开"加载或重载线型"对话框，用于加载线型。

3）"删除"按钮：在列表中选择未使用的线型，单击该按钮即可删除。

4）"当前"按钮：可将选中的线型设置为当前线型。

5）"显示细节"/"隐藏细节"按钮：控制"详细信息"选项区域是否显示。

6）"详细信息"选项区：可以修改线型相关特性。

- "名称"文本框，显示选定线型的名称，可以编辑。
- "说明"文本框，显示选定线型的说明，可以编辑。
- "缩放时使用图纸空间单位"复选框，可按相同的比例在图纸空间和模型空间缩放线型。当使用多个视口时，该选项很有用。
- "全局比例因子"文本框，用于设置所有线型的全局缩放比例因子。
- "当前对象缩放比例"文本框，用于设置所选线型的线型比例，该线型比例与全局比例因子的乘积为实际的比例。

【注意】

比例设置会影响非连续性线条，如图 4-25 所示。按国标规定点画线必须长划与长划相交，因此只有"比例因子为 0.8"和"比例因子为 1.0"两种样式符合标准。使用时，应适当调整比例因子。

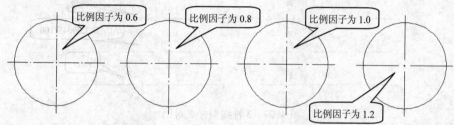

图 4-25　比例因子对非连续性线条的影响

3. 加载线型

为了减少图形文件的冗余，新建的图形文件中只有 Continuous（实线又名连续线）线型，想使用其他线型需要加载。针对公制或英制，AutoCAD 提供两个线型库文件 acadiso.lin 和 acad.lin。单击"线型管理器"对话框中的"加载"按钮，弹出"加载或重载线型"对话框，如图 4-26 所示。

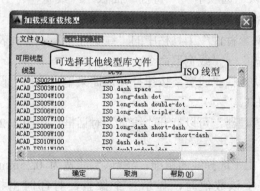

图 4-26　"加载或重载线型"对话框

4. 创建线型

AutoCAD 线型库提供了大量符合 ISO、ANSI 标准及各国标准的线型。用户按需要还可以创建特定线型。但是点画线选用 Center 或 ACAD_ISO04W100 线型都不符合新的国家标准。最好自行创建"点画线"线型。命令行输入如下：

命令: -linetype	//注意命令前需加前缀 "-"
当前线型: "Continuous "	//系统提示
输入选项 [?/创建(C)/加载(L)/设置(S)]: c✓	//选择"创建"线型选项
输入要创建的线型名: 点画线✓	//弹出"创建或附加线型文件"对话框，将新建
	//线型附加到 acadiso.lin
请稍候，正在检查线型是否已定义...	//系统提示
说明文字： 国家新标准____.____.____.____	//输入的信息将在线型列表框的说明栏显示
输入线型图案 (下一行):	
A,24,-3,1,-3	//下画线部分为输入内容。正数为画线长度，负数为间隔长度
新线型定义已保存到文件。	//系统提示，然后按〈Enter〉键退出命令

再次打开"加载或重载线型"对话框，就可以看到新创建的线型。使用 3 种不同线型绘制线条，显示样式对比如图 4-27 所示。

读者可自行创建更加符合新国标的双点画线。

图 4-27　3 种线型样式对比

4.1.7　设置图线的粗细

线宽设置就是改变线条的粗细，制图中规定粗实线表示形体的可见轮廓线；细实线为联系线起辅助作用，也可作为辅助说明的线，比如尺寸标注的线条对象。

1.　"线宽设置"对话框调用方法

● **面板**：选择"默认"选项卡→"特性"面板→"线宽"→"线宽设置"命令，弹出"线宽设置"对话框如图 4-28 所示。

● **工具栏**：打开"对象特性"工具栏中的"线宽控制"下拉列表，仅可设置线宽。

● **菜单**：选择"格式"→"线宽"命令。

● **快捷菜单**：单击状态栏"线宽"按钮打开快捷菜单，选择"设置"命令。

● **命令行**：LWEIGHT。

● 通过"图层特性管理器"可以打开"线宽"对话框，如图 4-29 所示。

2.　选项功能

● "线宽"列表框：用于选择线的粗细。"默认"线宽为 0.25mm 即 0.01 英寸，当设置的线宽小于或等于该数值时，显示一个像素，打印时由打印机的分辨率决定；ByLayer（随层）、ByBlock（随块）具有特殊用途，见下文。

● "列出单位"选项区："毫米"和"英寸"单选按钮，用于设置公制还是英制。

● "显示线宽"复选框：控制是否按照实际线宽显示，通过单击状态栏的"线宽"按钮也可以显示或关闭线宽显示。该功能对系统运行速度有影响。

● "调整显示比例"选项区：拖动滚动条可以调节线条的显示效果。

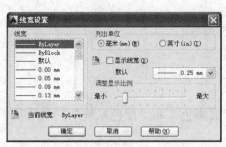

图 4-28 "线宽设置"对话框   图 4-29 "线宽"对话框

4.1.8 设置图线的颜色

设置图线的颜色可以直观地将图形对象编组,有助于区分图形中相似的元素。特别是通过图层指定颜色可以在图形中轻易地识别每个图层,为绘制和查看图形带来极大的方便。一般我们采用的样板文件为颜色相关打印样式,比如 acadiso.dwt 样板文件,在打印时,可为每一种颜色的线条设置粗细。

1. "选择颜色"对话框调用方法

● **面板**:选择"默认"选项卡→"特性"面板→"对象颜色"→"选择颜色"命令,
弹出"选择颜色"对话框,其各个选项卡如图 4-30～图 4-32 所示。

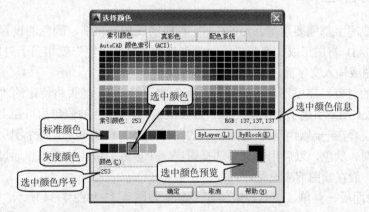

图 4-30 "选择颜色"对话框之"索引颜色"选项卡

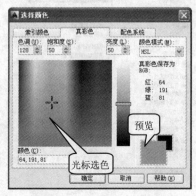

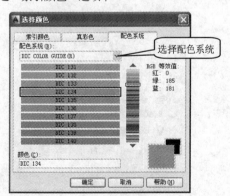

图 4-31 "真彩色"选项卡   图 4-32 "配色系统"选项卡

- **工具栏**：打开"对象特性"工具栏中的"颜色控制"下拉列表，选择"选择颜色"命令，弹出"选择颜色"对话框。
- **菜单**：选择"格式"菜单→"颜色"命令。
- **命令行**：COLOR。
- 通过"图层特性管理器"（详见下文）也可以打开。

2. 选项功能

"选择颜色"对话框有"索引颜色""真彩色"和"配色系统"3 个选项卡，"索引颜色"选项卡最为常用，如图 4-30 所示。

- "AutoCAD 颜色索引"调色板：包含 240 种颜色的颜色表，单击某个色块，列表下方显示其序号、RGB 值。预览区域放大显示选中色块。
- "标准颜色"和"灰度颜色"选项组：可选择标准颜色及 6 种灰度级的颜色，作为首选。
- "颜色"文本框：显示选中颜色的序号或颜色名称。
- "真彩色"选项卡：使用 24 位颜色定义显示 16M 色，拖动滚动条可以调节线条的显示效果。使用 RGB 或 HSL 颜色模式设置。
- "配色系统"选项卡：提供标准 Pantone 配色系统、DIC 颜色指南、RAL 颜色集等，也可以输入其他配色系统。

4.2 图层的管理

无论绘图或写字都需要用笔，AutoCAD 对线的线型、粗细、颜色的设置，其实就相当于选笔。AutoCAD 将图形或文字都当做对象来处理，那么"笔"就相当于对象的特性。"选笔"就是在绘图或输入文字前，先设置对象特性。

绘制不同的对象，需要不同的线型，从而频繁"换笔"，能否将特定的"笔"打包，方便设置呢？AutoCAD 引进了"图层"这一重要概念。"图层"被假想为可在上面画线条的透明面，许多图层叠在一起则可以表达出完整的图形效果。只要事先为每个图层设置好所用线条的线型、粗细、颜色，以后用时只要选择图层一个参数即可。这项工作通过"图层特性管理器"完成，一般在绘图前应设置好。

"图层"的面板、菜单、工具栏中的相关命令如图 4-33 和图 4-34 所示。

图 4-33 "图层"面板及"图层"菜单

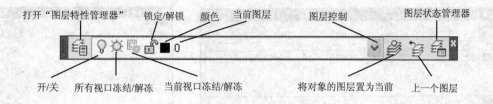

图 4-34 "图层"工具栏

4.2.1 设置图层

工程制图中，如果用图层来分类管理，将会给绘制、编辑、观察带来极大的便利。

1. "图层特性管理器"选项板调用方法

- **面板**：选择"默认"选项卡→"特性"面板→"图层特性"命令，弹出选项板如图 4-35 所示。
- **工具栏**：单击"图层"工具栏中的"图层特性管理器"按钮。
- **菜单**：选择"格式"菜单→"图层"命令。
- **命令行**：layer(la)。

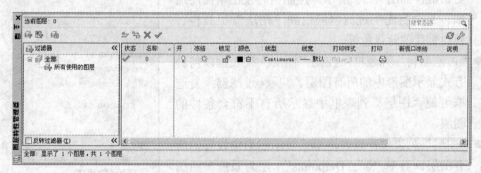

图 4-35 "图层特性管理器"选项板

2. 选项功能

- 当前图层：表示可在该图层绘制图形。在列表框中，该图层的"状态"栏有"√"标记。
- "搜索图层"文本框：输入名称可快速过滤"图层"列表。
- "新建特性过滤器"按钮：单击此按钮，可打开"图层过滤器特性"对话框，如图 4-36 所示。通过设置图层特性来快速选择所需图层。
- "新组过滤器"按钮：单击此按钮，在"过滤器树"列表框中出现"组过滤器 1"文件夹，可以选择图层并拖到该文件夹，为以后调用、查看带来便利。
- "图层状态管理"按钮：单击此按钮，可打开"图层状态管理器"对话框，如图 4-37 所示。将图层的当前特性保存到一个命名图层状态中，待以后恢复设置。
- "新建图层"按钮：单击后"图层"列表框中出现命名为"图层 1"的新图层。
- "新建冻结图层"按钮：可创建在所有视口中都被冻结的新图层。
- "删除图层"按钮：可将"图层"列表框中亮显的图层删除。其中参照图层、已建立图形对象的图层不能被删除。

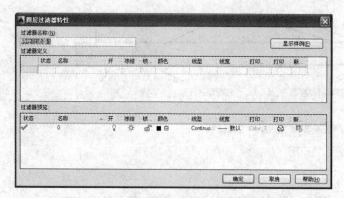

图 4-36 "图层过滤器特性"对话框 　　　　图 4-37 "图层状态管理器"对话框

- "置为当前"按钮：可将选定的图层置为当前图层，以便在该图层上操作。
- "刷新"按钮：通过扫描图形中的所有图元，刷新图层使用信息。
- "设置图层"按钮：单击此按钮打开"图层设置"对话框，如图 4-38 所示。控制何时发出新图层通知、是否将图层过滤器应用到"图层"工具栏、视口替代的背景色等。
- "过滤器树"列表框：控制"图层"列表框以何种方式显示图形中的所有图层。"反转过滤器"复选框可使"图层"列表框中显示所有不符合条件的图层。
- "图层"列表框：以表格形式显示图形中设置的所有图层。其中"0""Defpoints" 层为系统参照图层，各栏说明见下文。

【例 4-2】 查看和操作 3D House.dwg 图形文件的图层。

背景及分析：本例取自以前版本的样例。学习"图层特性管理器"的操作方法，对规范、高效制图很有助益。

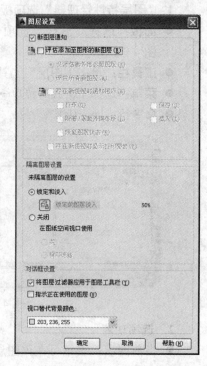

图 4-38 "图层设置"对话框

操作步骤：

1）打开文件并打开"图层特性管理器"选项板。在"搜索图层"文本框中输入"F"，列表框中显示 5 个图层，如图 4-39 所示。

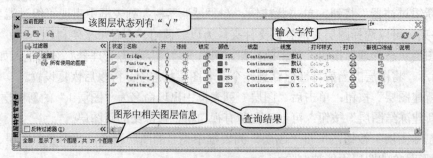

图 4-39 搜索图层

2）单击"新建特性过滤器"按钮，弹出"图层过滤器特性"对话框，设置如图 4-40 所示。单击"确定"按钮返回"图层特性管理器"选项板，下方提示信息为"特性过滤器 1:显示了 14 个图层，共 37 个图层"。

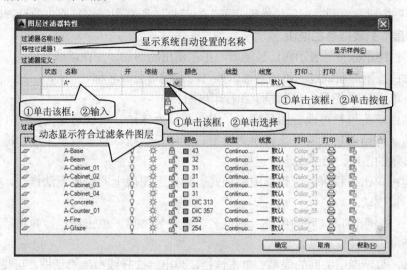

图 4-40　设置过滤特性

如果选择"反转过滤器"复选框，则"图层"列表框显示其余图层，下方提示信息为"特性过滤器 1:显示了 23 个图层，共 37 个图层"。

3）单击"新组过滤器"按钮，在"过滤器树"列表框中出现"组过滤器 1"文件夹。单击"全部"或"所有使用的图层"节点，"图层"列表框中显示所有图层，此时可以类似Windows 中"资源管理器"的操作，把选中的图层拖入文件夹；再次打开该文件夹可看到选中的图层。

4）单击"图层状态管理"按钮，打开"图层状态管理器"对话框（如图 4-37 所示）。单击"新建"按钮，弹出"要保存的新图层状态"对话框，具体设置如图 4-41 所示；单击"确定"按钮返回"图层状态管理器"对话框，结果如图 4-42 所示。

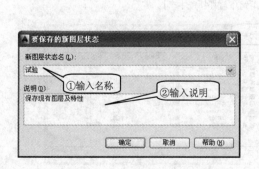

图 4-41　"要保存的新图层状态"对话框

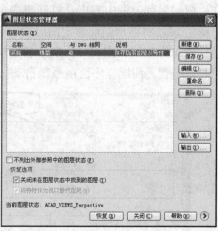

图 4-42　新建"试验"图层状态

读者可自行在"图层"列表框中随意改变图层的设置，比如单击"开/关"栏图标，就能改变图层中对象的显示/隐藏；单击"锁定"栏图标，就能改变图层中对象的锁定/解锁状态。然后再次打开"图层状态管理器"对话框，选择"试验"图层状态，如图 4-42 所示；单击"恢复"按钮，返回"图层特性管理器"对话框，所有图层恢复原先的设置。

3．"图层"列表框各栏说明

- 状态：用图标符号表示图层过滤器、正在使用的图层、空图层或当前图层。
- 名称：显示图层或过滤器的名称。按〈F2〉键可更改名称。
- 开：单击开/关图层，控制显示和打印出图。
- 冻结：单击该栏可改变图标样式。雪花图标为冻结，可使选定的图层在所有视口中冻结。冻结图层上的对象将不会显示、打印、消隐、渲染或重生成。冻结长时间不用显示的图层，可提高运行速度。
- 锁定：单击该栏可改变锁形图标样式。被锁定图层上的对象无法修改，保证重要内容不被改动。
- 颜色：显示图层关联的色块、颜色名、序号等信息。单击该栏，弹出"选择颜色"对话框，可设置颜色。
- 线型：显示图层关联的线型。单击该栏，弹出"选择线型"对话框，可设置线型。
- 线宽：显示图层关联的线的粗细样式、线宽数值。单击该栏，弹出"线宽"对话框，可设置线宽。
- 打印样式：显示图层关联的打印样式。单击该栏，弹出"选择打印样式"对话框，可设置打印线宽。如果使用颜色相关打印样式，则无法更改与图层关联的打印样式。
- 打印：单击该栏可改变图标样式，控制是否打印选定图层，图层上的对象仍将显示。如果图层被关闭或冻结，则"打印"设置无效。
- 新视口冻结：控制在新布局视口中冻结选定图层，有选择地控制显示内容。
- 说明：单击激活该栏，可输入必要的文字说明信息。

4．创建图层

创建图层的方法：单击"新建图层"按钮；单击某一图层的名称栏，然后按〈Enter〉键；在"图层"列表框中右击，打开快捷菜单，选择"新建图层"命令。创建的新图层默认名为"图层 1"，将继承当前选定图层的所有特性，单击各栏特性可作调整。

请读者自行创建如图 4-43 所示各图层并设置特性。其中"0""Defpoints"层为参考图层，用户可不管。图层排序已由系统自动按汉语拼音顺序排列。

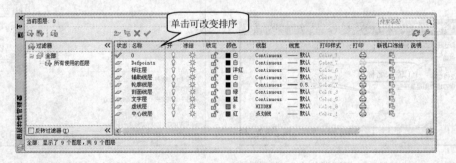

图 4-43　创建图层

【说明】

读者可以按如图 4-43 所示建立图层，打印时再为每种颜色的线条设置粗细。考虑印刷效果，一般采用黑（白）色。

4.2.2 "特性"选项板

"图层"工具栏与"对象特性"工具栏都可以设置对象的颜色、线型、线宽。图层可对多个特性"打包"，从而方便设置，而且可以对图形中所有对象实施有效的分类管理，条件是这些特性都必须选择"ByLayer（随层）"。当图层中的某个对象仅需做略微调整时，可以用"对象特性"工具栏做设置改动，改动会一直生效，直到重新设置为"ByLayer"。

使用"特性"选项板也可以对图形对象做设置修改，如图 4-44 所示。"对象特性"是一个更广泛的概念，既包括图层、颜色、线型、线宽等通用特性，也包括各种几何信息，还包括与具体对象相关的附加信息，如文字和标注的内容、样式等。在"特性"选项板中显示选择对象的所有特性和特性值，当选择多个对象时将显示它们的共有特性。集中地提供浏览、修改对象的特性，同时满足应用程序接口标准的第三方应用程序对象。

1. "特性"选项板调用方法

● **面板**：选择"默认"选项卡→"特性"面板，单击面板名称栏右角斜向下的箭头。
● **工具栏**：选择"标准"工具栏中的"特性"按钮。
● **菜单**：选择"工具"菜单→"选项板"→"特性"命令。
● **快捷菜单**：选择图形对象，右击，打开快捷菜单，选择"特性"命令。
● **命令行**：properties（CH 或 MO、PROPS、DDCHPROP、DDMODIFY）。

2. 选项使用

选择对象后，该对象的相关特性就会显示在"特性"选项板中，单击激活选项，然后进行设置。

系统还提供"快捷特性"面板，当选择对象时，自动弹出此面板，如图 4-45 所示。单击状态栏中"快捷特性"按钮，可开/关该项功能。

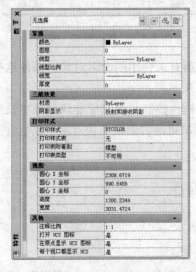

图 4-44 "特性"选项板

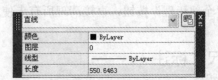

图 4-45 "快捷特性"面板

4.2.3 清理图形中未使用的项目

清理命令用于减少图形文件的冗余、尽可能地压缩文件。该命令可删除未使用的命名对象或项目，包括块定义、标注样式、图层、线型和文字样式。

1．命令启动方法

- 菜单浏览器按钮：选择"图形实用工具"→"清理"命令，弹出"清理"对话框，如图 4-46 所示。
- 菜单：选择"文件"→"图形实用工具"→"清理"命令。
- 命令行：purge（pu）。

2．选项功能

- "查看能清理的项目"和"查看不能清理的项目"单选按钮：切换树状图，显示图形中可以/不可以清理的命名对象的概要，对应列表框显示图形中未/已使用的项目。
- "确认要清理的每个项目"复选框：清理项目前确认是否显示"确认清理"对话框，如图 4-47 所示。

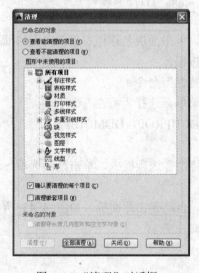

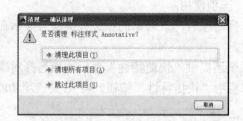

图 4-46 "清理"对话框　　　　　　　图 4-47 "确认清理"对话框

- "清理嵌套项目"复选框：可从图形中删除所有未使用的命名对象，即使这些对象包含在其他未使用的命名对象中或被这些对象所参照。
- "清理零长度几何图形和空文字对象"复选框：控制是否删除非块对象中长度为零的几何图形，如直线、圆弧、多段线等，还可决定是否删除非块对象中仅包含空格的多行文字或文字。
- "清理"按钮：可将选定的项目删除。
- "全部清理"按钮：直接清理所有未使用的项目。

4.3 尺寸标注

尺寸标注是向图形中添加测量注释，AutoCAD 提供"标注样式管理器"，支持自行设置标注样式，以创建符合各个国家、各个行业或项目标准的标注样式。

一般先标注尺寸，再进行调整。AutoCAD 提供多种方式来修改、替代、调整尺寸，非常灵活、方便。将三维建模和尺寸标注联系起来，有助于更好理解组合体尺寸标注内容。

4.3.1 尺寸标注基本概念

正确标注尺寸要求严格遵守我国国家标准 GB/T 4458.4—2003《机械制图 尺寸注法》和 GB/T16675.2—2012《技术制图 简化表示法 第 2 部分：尺寸注法》中的一系列规定。

1. 尺寸标注的元素及变量

尺寸标注一般包括尺寸数字（文字）、尺寸线、尺寸界线和终端（箭头），如图 4-48 所示。虽然 AutoCAD 做了很多融通工作，但是国与国、行业与行业之间标准难免有冲突。这就为标注操作和设置工作带来很大困扰，初学者应逐步熟悉。

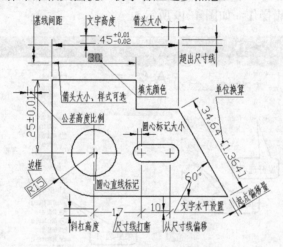

图 4-48 标注元素及变量设置

（1）标注文字

标注文字是尺寸标注中最重要的元素。可以采用系统自动测量的数值或指定数值，并可增加字符说明；文字的字体、字高、颜色可以设置，相对尺寸线的偏移距离、对齐方式、位置也可调整，还可以设置文字的边框、填充颜色等。

（2）尺寸线

尺寸线用于表明标注的范围，通常放置在测量区域中，也可能被文字打断。如果空间不够，则可能移到测量区域的外部，还可以根据需要对尺寸线单边或全部进行隐藏处理。如圆弧、角度类标注，尺寸线是一段圆弧。

（3）尺寸线终端

尺寸线终端（箭头）用于表明测量的起始位置，默认情况使用实心闭合符号即箭头。终端的大小、符号都可以设置，也可以创建自定义符号。尺寸线终端依附于尺寸线，当尺寸线单边或全部隐藏时，箭头也被隐藏。

（4）尺寸延伸线

尺寸延伸线（界线）从标注起始点引出的表明标注范围的直线，一般从轮廓线、轴线、对称线引出。如果直接用上述线作为尺寸界线，则可省略。

尺寸界线和光标拾取点之间的偏移距离可指定，如可指定为 0；超出尺寸线的距离也可指定。

（5）圆心标记

圆心标记用于标记圆或圆弧的圆心。可以使用直线标记、圆心标记等。

2．尺寸标注的类型

（1）命令启动方法

- **面板**：选择"默认"选项卡→"注释"面板，单击"线性"按钮右侧箭头，打开下拉菜单，选择各种常用尺寸标注命令；单击"多重引线"按钮右侧箭头，打开下拉菜单，选择各种引线方式。

- **面板**：选择"注释"选项卡→"标注"面板，单击"线性"按钮下方箭头，打开下拉菜单，或直接单击按钮选择标注方式；单击面板名称右侧展开箭头，可打开更多按钮命令作编辑操作，如图 4-49 所示。

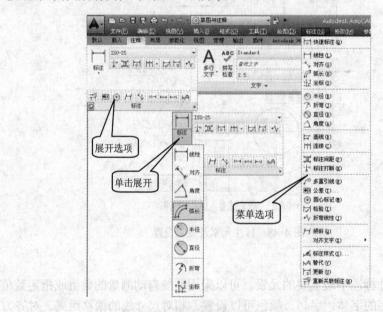

图 4-49　"标注"面板及菜单栏

- **菜单**：选择"标注"菜单，可选择各种标注选项命令，如图 4-49 所示。

- **工具栏**："标注"工具栏中包含标注相关命令，包括修改和创建标注样式，如图 4-50 所示。

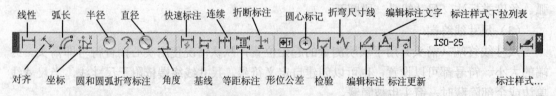

图 4-50　"标注"工具栏

- **命令行**：相关命令英文形式，建议不用。

（2）标注命令说明及分类

标注命令涵盖各种对象的标注，还提供编辑、修改已有尺寸标注对象的工具，命令说明如表4-2所示。

表4-2　标注命令说明

按　钮	名　称	命令英文名	说　明
⊢⊣	线性	DIMLINEAR	测量两点间距离，可以创建水平、垂直和旋转线性标注
↖	对齐	DIMALIGNED	创建与指定位置或对象平行的标注，尺寸线平行于尺寸延伸线原点连成的直线
⌒	弧长	DIMARC	测量圆弧或多段线弧线段上的距离，数值前有圆弧符号
⋈	坐标	DIMORDINATE	测量给定点到原点的 X 或 Y 坐标
⊘	半径	DIMRADIUS	创建圆和圆弧的半径标注
⌒	圆和圆弧折弯标注	DIMJOGGED	当圆弧或圆的中心位于布局之外并且无法在其实际位置显示时，创建折弯半径标注
⊘	直径	DIMDIAMETER	创建圆和圆弧的直径标注
⊿	角度	DIMANGULAR	创建角度标注，可以是两条直线或 3 个点之间的角度、圆的两条半径之间的角度、圆弧的角度
⊦⊣	快速标注	QDIM	快速创建或编辑一系列标注。创建一系列连续、并列、基线、坐标、半径、直径和基准点等标注
⊢⊣	基线	DIMBASELINE	从上一个标注或选定标注的基线处创建线性标注、角度标注或坐标标注，是自同一基线处测量的多个标注
⊩⊩	连续	DIMCONTINUE	从上一个标注或选定标注的第二条尺寸界线处创建线性标注、角度标注或坐标标注，是首尾相连的多个标注
⊫	等距标注	DIMSPACE	对平行线性标注和角度标注之间的间距做同样的调整
⊥	折断标注	DIMBREAK	标注元素和其他图线重叠时，添加或删除标注打断
⊞	形位公差	TOLERANCE	创建带有或不带引线的形位公差，在"形位公差"对话框中可选择几何特征符号
⊕	圆心标记	DIMCENTER	创建圆和圆弧的圆心标记或中心线
⊠	检验	DIMINSPECT	任何类型的标注对象可以添加检验标注。检验标注用于指定测试部件的频率，在"检验标注"对话框中设置检验标签、检验率和边框
⋀	折弯尺寸线	DIMJOGLINE	在线性标注中添加或删除折弯线
⌁	编辑标注	DIMEDIT	编辑标注对象的文字和尺寸界线的位置、方向或者替换为新文字
⌁A	编辑标注文字	DIMTEDIT	移动和旋转标注文字的位置和方向或者替换为新文字
⊡	标注更新	-DIMSTYLE 的"应用（A）"选项	将当前尺寸标注系统变量设置应用到选定标注对象，永久替代应用于这些对象的任何现有标注样式
⌁	标注样式...	DIMSTYLE	打开"标注样式管理器"对话框，可以创建新样式、设置当前样式、修改样式、设置当前样式的替代以及比较样式

【说明】

形位公差标注和引线标注与后面章节内容相关，将在10.3节进行详细介绍。

（3）标注命令基本操作方式

AutoCAD标注尺寸带有一定的智能性，操作直接、便捷，以图4-51为例，说明如下。

1）标注尺寸"30"。单击"线性"按钮，依次拾取端点 1、2，移动光标适当位置单击点 3 即可。

2）标注尺寸"45"。单击"基线"按钮，仅需再单击端点 4 即可。

3）标注尺寸"25"，方法和标注尺寸"30"相同。

4）标注尺寸"34.64"。单击"对齐"按钮，依次拾取端点4、5，再拾取点6即可。

5）标注尺寸"17"和"10"。先标注尺寸"17"，方法和标注尺寸"30"相同，注意要先拾取左侧点，然后单击"连续"按钮，仅需再单击端点7即可。

6）标注尺寸"R15"和"ϕ16"。分别单击"半径"和"直径"按钮，在圆弧上任意单击一点，然后在合适位置单击点8、点9即可。

7）作圆心标记。单击"圆心标记"按钮，在圆或圆弧上任意单击一点即可。

8）标注角度"60°"。单击"角度"按钮，分别在角的两边各拾取一点即可。

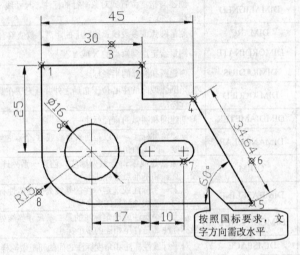

图 4-51　尺寸标注操作样例

4.3.2　标注样式管理器

单击"标注样式"按钮，启动标注样式命令 DIMSTYLE，打开"标注样式管理器"对话框，如图 4-52 所示。

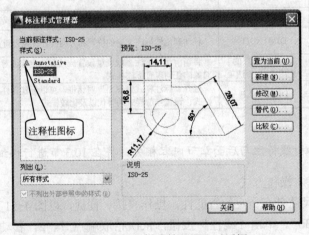

图 4-52　"标注样式管理器"对话框

使用该对话框可以控制标注的格式和外观，建立强制执行图形的绘图标准，并方便对标注格式及用途进行修改。选项功能如下。

- 当前标注样式：显示当前标注样式的名称。ISO-25 即 ISO（国际标准化组织）样板标注样式，可基于该样式创建新的标注样式。
- "样式"窗口：列出图形中所有标注样式，在列表中右击，打开快捷菜单，可用于设置当前标注样式、重命名样式和删除样式。
- "列出"下拉列表：控制样式显示。
- "预览"窗口：显示"样式"窗口中选定样式的图示样例。
- "置为当前"按钮：将"样式"窗口中选定的标注样式设置为当前标注样式。
- "新建"按钮：打开"创建新标注样式"对话框，单击"继续"按钮打开"新建标注样式"对话框，从中可以定义新的标注样式。
- "修改"按钮：打开"修改标注样式"对话框，修改标注样式。该对话框选项与"新建标注样式"对话框中的选项相同。
- "替代"按钮：打开"替代当前样式"对话框，设置标注样式的临时替代。该对话框选项与"新建标注样式"对话框中的选项相同。替代将作为未保存的更改结果显示在"样式"窗口中的标注样式下。
- "比较"按钮：打开"比较标注样式"对话框，比较两个标注样式或列出一个标注样式的所有特性。
- "说明"窗口：显示当前标注样式相关信息，如果单击"样式"窗口中其他标注样式，将显示和当前标注样式的比较信息。

1．新建标注样式

在"标注样式管理器"对话框中单击"新建"按钮，打开"创建新标注样式"对话框，如图 4-53 所示。各选项功能及操作如下。

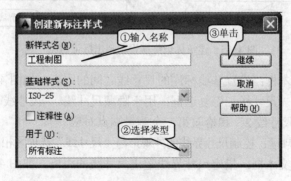

图 4-53 "创建新标注样式"对话框

- "新样式名"文本框：为新创建的标注样式命名，如输入"工程制图"。
- "基础样式"下拉列表：可以选择一种基础样式，新样式将基于该样式修改。
- "注释性"复选框：可以指定标注样式为注释性，在图纸打印和显示时设置比例。
- "用于"下拉列表：指定新样式的适用范围。

完成设置后，单击"继续"按钮，将打开"新建标注样式"对话框，如图 4-54 所示。该对话框包括"线""符号和箭头""文字""调整""主单位""换算单位"和"公差"选项卡，内容和"修改标注样式"对话框、"替代当前样式"对话框相同。

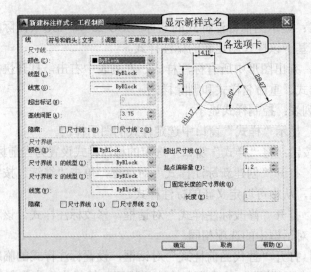

图 4-54 "新建标注样式"对话框之"线"选项卡

2. "线"选项卡

"线"选项卡用来设置尺寸线、尺寸界线格式与位置，如图 4-54 所示。各选项功能如下。

1)"尺寸线"选项区：设置尺寸线的特性。

- "颜色"、"线型"和"线宽"下拉列表：设置尺寸线的对象特性，默认设置为随块。
- "超出标记"文本框：当终端使用倾斜、建筑标记、积分和无标记时，可以指定尺寸线超过尺寸界线的距离，如图 4-55 所示。

图 4-55 建筑标记终端设置超出标记对比

- "基线间距"文本框：设置基线标注的尺寸线之间的距离，如图 4-51 所示。
- "尺寸线 1"和"尺寸线 2"复选框：用于隐藏尺寸线。"尺寸线 1"和拾取第一个测量端点对应，"尺寸线 2"和拾取第二个测量端点对应。

2)"尺寸界线"选项区：控制尺寸界线的外观，与"尺寸线"选项区相同的细节不再赘述。

- "超出尺寸线"文本框：指定尺寸界线超出尺寸线的距离，如图 4-56 所示。

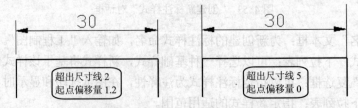

图 4-56 超出尺寸线和起点偏移量对比

- "起点偏移量"文本框：设置自图形中定义标注的点到尺寸界线的偏移距离，如图 4-56 所示。

- "固定长度的尺寸界线"复选框：可启用固定长度的尺寸界线。尺寸线的位置不同，而尺寸界线的长度固定，则起点偏移量改变。

3）"预览"窗口：标注样例图像，显示标注样式所做更改的图示效果。

3."符号和箭头"选项卡

"符号和箭头"选项卡用于设置箭头、圆心标记、弧长符号和折弯半径标注的格式和位置，如图4-57所示。各选项功能如下。

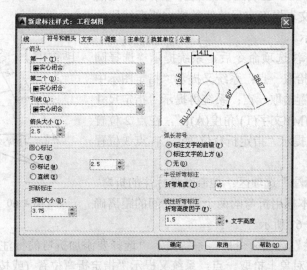

图4-57 "符号和箭头"选项卡

1）"箭头"选项区：设置标注箭头的外观。

- "第一个""第二个"和"引线"下拉列表：可选择多种箭头样式。如果选择"用户箭头"，则弹出"选择自定义箭头块"对话框，可以使用已经在图形中定义的箭头块，（参见图4-48所示）。
- "箭头大小"文本框：设置箭头的大小，（参见图4-48所示）。

2）"圆心标记"选项区：控制直径标注和半径标注的圆心标记和中心线的外观。有"无""标记"和"直线"3个单选按钮。修改文本框内数值可控制圆心标记的大小，如图4-58所示。

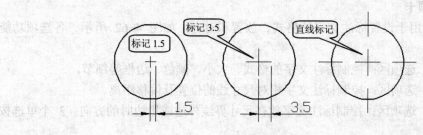

图4-58 圆心标记

3）"折断标注"选项区："折断大小"文本框内数值决定折断标注的间距大小。

4）"弧长符号"选项区：控制弧长标注中圆弧符号的显示。有"标注文字的前缀""标注文字的上方"和"无"3个单选按钮，如图4-59所示。

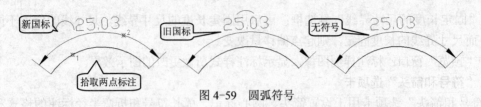

图 4-59　圆弧符号

5)"半径折弯标注"选项区:控制折弯半径标注的显示。"折弯角度"文本框确定尺寸线的横向折弯线段的角度,如图 4-60 所示。

启动"折弯"标注选项命令后,系统提示"选择圆弧或圆:",在圆弧上拾取一点;系统又提示"指定图示中心位置:",在点 1 位置拾取一点;系统再提示"指定尺寸线位置或 [多行文字(M)/文字(T)/角度(A)]:",在点 2 位置拾取一点;最后系统提示"指定折弯位置:",在点 3 位置拾取一点即可。

6)"线性折弯标注"选项区:控制线性标注的折弯。"折弯高度因子"文本框用折弯的两个顶点之间的距离确定折弯高度,如图 4-61 所示。

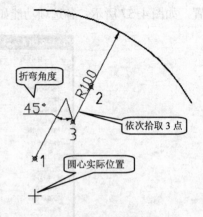

图 4-60　半径折弯标注

启动"折弯线性"选项命令后,系统提示"选择要添加折弯的标注或 [删除(R)]:",在需要线性折弯的标注对象上拾取一点;系统又提示"指定折弯位置 (或按 ENTER 键):",在点 1 位置拾取一点即可。

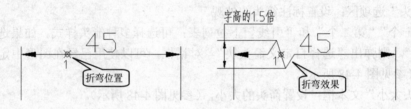

图 4-61　线性折弯标注

7)"预览"窗口:标注样例图像,显示对标注样式设置所做更改的效果。

4."文字"选项卡

"文字"选项卡用于设置标注文字的格式、放置和对齐,如图 4-62 所示。各选项功能如下。

1)"文字外观"选项区:控制标注文字的格式、大小、颜色、边框等细节。

2)"文字位置"选项区:控制标注文字相对尺寸线的位置及偏移距离。

3)"文字对齐"选项区:控制标注文字放在尺寸界线外边或里边时的方向。3 个单选按钮的功能很实用。

● 选择"水平",文字一律水平放置。

● 选择"与尺寸线对齐",文字与尺寸线对齐。

● 选择"ISO 标准",则当文字在尺寸界线内时,文字与尺寸线对齐,在尺寸界线外时,将水平排列。

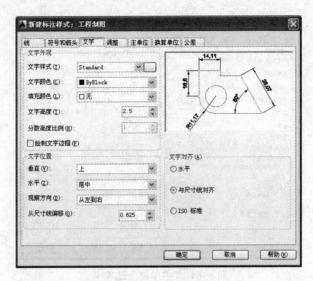

图 4-62 "文字"选项卡

【注意】

按国家标准，角度尺寸的标注文字一律水平，一般选择"水平"单选按钮。

4)"预览"窗口：标注样例图像，显示对标注样式设置所做更改的效果。

5."调整"选项卡

"调整"选项卡用于控制标注文字、箭头、引线和尺寸线的布局，合理安排相互间位置，如图 4-63 所示。

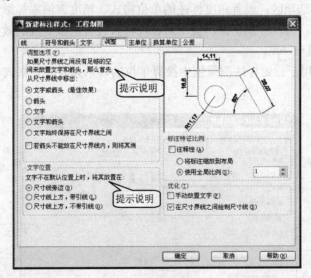

图 4-63 "调整"选项卡

6."主单位"选项卡

"主单位"选项卡用于设置主标注单位的格式和精度，并设置标注文字的前缀和后缀，如图 4-64 所示。各选项功能如下。

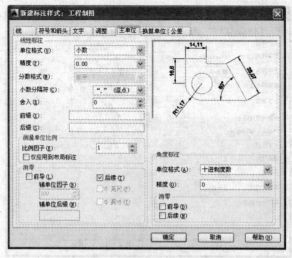

图 4-64 "主单位"选项卡

● "线性标注"选项区:设置线性标注的文字格式包括单位格式、精度、小数点符号、前后缀、测量比例、消零等细节。加前后缀的效果,如图 4-65 所示。

图 4-65 带前缀和后缀的标注文字

● "角度标注"选项区:设置角度标注的单位格式、精度、消零等细节。
● "预览"窗口:标注样例图像,显示对标注样式设置所做更改的效果。

7. "换算"选项卡

"换算"选项卡用于指定标注测量值中换算单位的显示并设置其格式和精度,如图 4-66 所示。

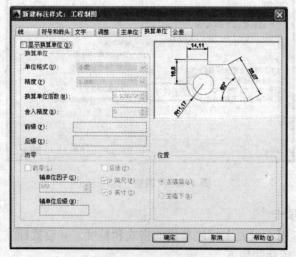

图 4-66 "换算"选项卡

通过换算单位，可以在标注中同时显示公制标注和等效的英制标注，这两种常用的标注单位，如图 4-48 所示。

8. "公差"选项卡

"公差"选项卡用于控制标注文字中公差的格式及显示，如图 4-67 所示，各选项功能如下。

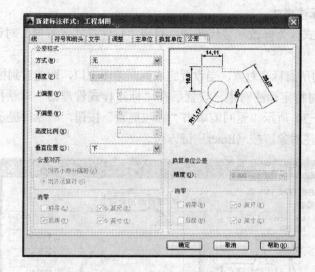

图 4-67 "公差"选项卡

1）"公差格式"选项区：控制公差格式。
- "方式"下拉列表：设置计算公差的方法，包括"无""对称""极限偏差""极限尺寸"和"基本尺寸" 5 个选项，标注效果如图 4-68 所示。

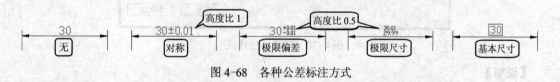

图 4-68 各种公差标注方式

- "精度"下拉列表和"上偏差""下偏差"文本框："精度"下拉列表用于设置小数位数，"上偏差"和"下偏差"文本框用于设置最大、最小公差或上下偏差，相互匹配。
- "高度比例"文本框：设置相对主标注文字的公差文字高度，如图 4-68 所示。
- "垂直位置"下拉列表：控制公差的文字对正，包括"上""中"和"下" 3 个选项，效果如图 4-69 所示。

图 4-69 公差标注的垂直位置

2）"公差对齐"选项区：堆叠时，控制上偏差值和下偏差值的对齐方式。
3）"消零"选项区：控制不输出前导零和后续零以及零英尺和零英寸部分。

4)"预览"窗口：标注样例图像，显示对标注样式设置所做更改的效果。

4.3.3 尺寸标注调整方式

已标注的尺寸标注对象其文字、位置、各元素参数可能不符合标准或习惯，也可能不够完美，AutoCAD 提供了调整和修改的多种方式。

1. 修改与替代标注样式

尺寸标注调整方式分为修改和替代两种，对应"标注样式管理器"对话框的"修改"和"替代"按钮。

"修改"方式针对所有标注对象，当设置完成返回绘图窗口，即能看到标注对象的改动。

"替代"方式针对特定标注对象，设置后在"标注样式管理器"对话框中出现临时性的"样式替代"，如图 4-70 所示。返回需单击"标注更新"按钮，命令行提示"选择对象:"，选择需要做改动的标注对象，按〈Enter〉键方可。

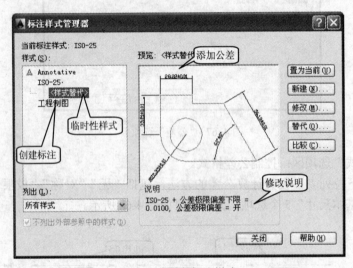

图 4-70　替代标注样式

【说明】

替代样式为临时性样式，在"样式"窗口中双击其他标注样式，系统弹出警示窗口，如图 4-71 所示，单击"确定"按钮后替代样式将消失。

2. "特性"选项板修改标注样式

在命令提示状态，单击标注对象使之呈夹点显示，然后打开快捷菜单，选择"特性"命令，打开"特性"选项板，如图 4-72 所示。选项板中包含的项目相当于"修改标注样式"对话框中各选项卡，单击右侧展开箭头，可对各栏作设置。

【技巧】

如果想将某个标注对象调整为和图形中其他标注对象相同的样式，则可直接使用特性匹配命令 MATCHPROP。

3. "夹点"方式调整标注对象

在命令提示状态，单击标注对象使之呈夹点显示，将光标移到夹点上右击，打开快捷菜单，也可在任意位置右击打开快捷菜单，如图 4-73 所示。在文字夹点上选择"随尺寸线移动"选项命令，移动光标，尺寸线和文字出现动态变动效果，如图 4-74 所示。

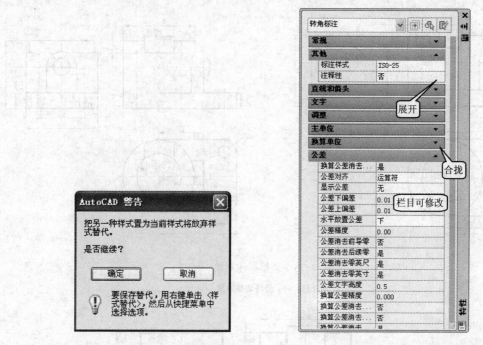

图 4-71 "AutoCAD 警告"窗口　　　　图 4-72 "特性"选项板可修改标注对象

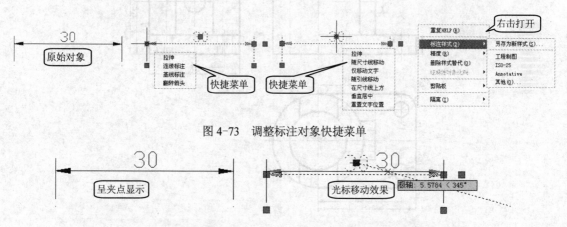

图 4-73 调整标注对象快捷菜单

图 4-74 夹点操作尺寸线和文字移动效果

【例 4-3】 如图 4-75 所示，修改按默认的"ISO-25"样式标注的尺寸。

背景及分析：本例是典型的组合体尺寸标注习题，采用 AutoCAD 完全可以标注得相当完美且符合国家标准，关键是掌握各种对已有标注对象进行调整的操作方法。

操作步骤：

1）打开图形文件"例 4-3.dwg"，单击"标注样式"按钮，打开"标注样式管理器"对话框；单击"修改"按钮，打开"修改标注样式"对话框，在"线"选项卡中将"起点偏移量"设置为 0；在"文字"选项卡中将"文字样式"改为"工程汉字"，"文字高度"设置为

5；在"符合和箭头"选项卡中将"箭头大小"改为 3.5。返回绘图窗口，调整后效果如图 4-76 所示。

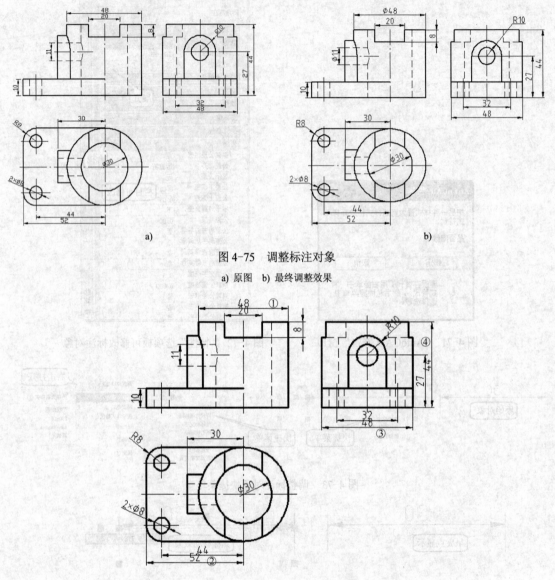

图 4-75 调整标注对象

a) 原图   b) 最终调整效果

图 4-76 标注样式调整后效果

2）采用夹点操作，调整在图 4-76 所示中①、②、③和④处平行尺寸之间的距离。单击尺寸 48 使之呈夹点显示，光标移到文字夹点上右击，打开快捷菜单，选择"随尺寸线移到"命令，向上移动至图 4-77 所示时输入 3。其余 3 处进行类似操作，结果如图 4-78 所示。

3）添加直径符号。单击尺寸 11、48，使之呈夹点显示，右击，打开快捷菜单，选择"特性"命令，打开"特性"选项板。展开"文字"项目，在"文字替代"栏中输入"%%c<>"，依次按〈Enter〉键和〈Esc〉键退出，结果如图 4-78 所示。

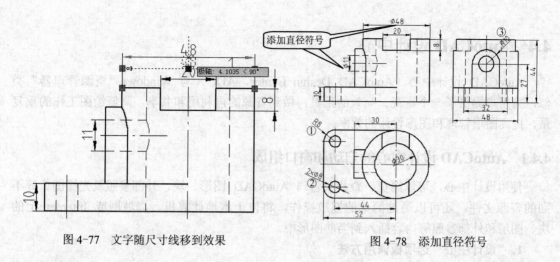

图 4-77　文字随尺寸线移到效果

图 4-78　添加直径符号

【说明】

尺寸值是系统自动测量的，即按尺寸关联模式建立。当尺寸界线相对位置改变，尺寸值会自动调整，上文中符号"<>"表示替代时保持尺寸值关联性。

4）使用快捷菜单的"仅移动文字"选项，移动光标动态效果如图 4-79 所示，拾取一点即可。

5）用替代方式将图 4-78 中①、②处尺寸改为水平。打开"标注样式管理器"对话框；单击"替代"按钮，选择"文字"选项卡；在"文字对齐"选项区，单击"水平"单选按钮，然后返回绘图窗口。

单击"标注更新"按钮，选择图 4-78 中③处尺寸对象并按〈Enter〉键，结果如图 4-80 所示。

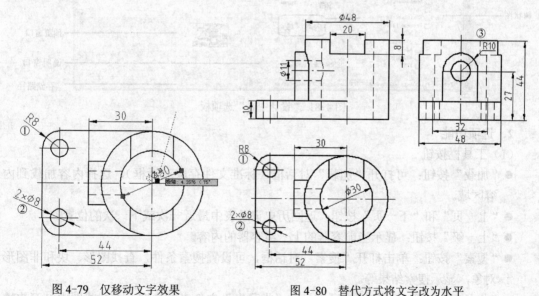

图 4-79　仅移动文字效果

图 4-80　替代方式将文字改为水平

6）使用快捷菜单中"翻转箭头"选项，将图 4-80 中③处的箭头反转，再使用"随尺寸线移动"选项移动位置，结果如图 4-75 所示。

4.4　AutoCAD 设计中心

AutoCAD 设计中心（AutoCAD Design Center，ADC）与 Windows "资源管理器" 类似，为用户提供了一个直观、高效的工具，做到资源的再利用和共享，降低绘图工作的重复量，提高图形管理和图形设计的效率。

4.4.1　AutoCAD 设计中心的启动和窗口组成

使用设计中心，可以浏览、查找和管理 AutoCAD 图形、块、外部参照及光栅图像等不同的资源文件，还可以通过简单的拖放操作，将位于本地计算机、局域网或 Internet 上的块、图层和外部参照等内容插入到当前图形中。

1. "设计中心" 选项板调用方法

- **工具栏**：单击 "标准" 工具栏中的 "设计中心" 按钮，弹出 "设计中心" 选项板如图 4-81 所示。
- **菜单**：选择 "工具" 菜单→ "选项板" → "设计中心" 命令。
- **命令行**：adcenter（adc）。
- **快捷键**：Ctrl+2。

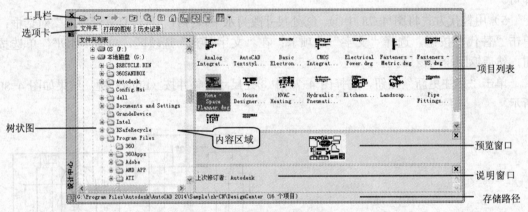

图 4-81　"设计中心" 选项板

2. 选项功能

（1）工具栏按钮

- "加载" 按钮：可打开 "加载" 对话框（标准文件存取对话框），选择内容加载到内容区域。
- "上一页" 和 "下一页" 按钮：返回历史记录表中最近一次或下一次的位置。
- "上一级" 按钮：显示当前容器的上一级容器的内容。
- "搜索" 按钮：单击打开 "搜索" 对话框，可设置搜索条件，查找图形、块和非图形对象，显示搜索结果等。
- "收藏夹" 按钮：可在内容区域显示 "收藏夹" 文件夹的内容。在树状图中打开快捷菜单，选择 "添加到收藏夹" 命令，可将常用的文件夹添加进来，方便调用。
- "主页" 按钮：可将设计中心返回到默认文件夹，如图 4-81 所示。在树状图中右击，打开快捷菜单，选择"设置为主页"命令，可更改默认文件夹。

- "树状图切换"、"预览"和"说明"按钮：是否显示相关区域，以节省更多的空间。
- "视图"按钮：可改变窗口各元素显示样式。

（2）选项卡功能

- "文件夹"选项卡：显示计算机或网络驱动器中文件和文件夹的层次结构。
- "打开的图形"选项卡：显示当前工作任务中打开的所有图形，包括最小化的图形。
- "历史记录"选项卡：显示最近在设计中心打开的文件的列表，方便查找文件。在选定文件上打开快捷菜单，可进行更多命令选择，比如单击"删除"命令，可将该文件从"历史记录"列表中删除。

4.4.2 利用 AutoCAD 设计中心编辑图形

通常使用设计中心管理图形文件、插入块、外部参照和填充图案等内容。

1. 使用方法

1）将项目列表中的图形文件拖放到绘图窗口后，命令行提示如下：

指定插入点或 [基点(B)/比例(S)/X/Y/Z/旋转(R)]:	//在绘图窗口拾取一点
输入 X 比例因子，指定对角点，或 [角点(C)/XYZ(XYZ)] <1>: ✓	//可设置 X 轴向缩放
输入 Y 比例因子或 <使用 X 比例因子>: ✓	//可设置 Y 轴向缩放
指定旋转角度 <0>: ✓	//图形文件插入当前绘图窗口，返回设计中心

2）在项目列表中选定图形文件，打开快捷菜单可选择更多命令，比如选择"复制"命令，然后在绘图窗口打开快捷菜单选择"粘贴"命令，同样达到拖放图形文件的功能；选择"在应用程序窗口中打开"命令，相当于调用"打开"文件命令。

3）在项目列表中双击图形文件，可打开该文件包含的所有 12 个项目；双击项目名可打开该项目包含的项目，再次双击或拖放可将项目移植到当前图形文件中。

4）当工具选项板打开时，可将图形、块、图案填充拖放到工具选项板中，如图 4-82 所示，作为工具方便调用。

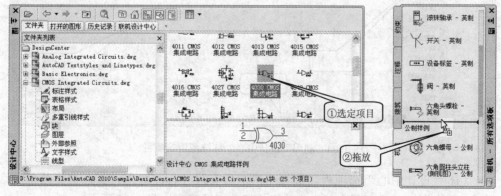

图 4-82 项目从"设计中心"拖放到"工具"选项板

2. 编辑对象特性

将"设计中心""图层特性管理器""特性"选项板以及"对象特性"工具栏合理搭配，可极大提高图形文件的绘图效率和制定规范统一的制图格式。

【例4-4】 如图4-83所示，编辑原图形文件。

背景及分析： 经编辑后的图形不仅线型、线宽、文字样式等符合国标，且图形对象的管理更加规范，有利于该文件被设计团队共享，为后期工作带来便利。

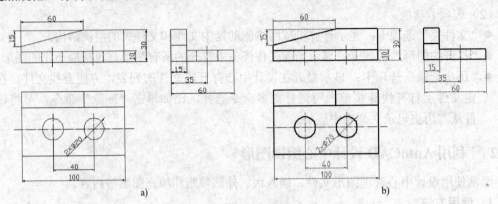

图4-83　编辑图形

a) 原始图形　b) 编辑效果

操作步骤：

1）打开图形文件"例 4-4.dwg"及"设计中心"选项板。在设计中心查找到"模板文件.dwg"并打开图层项目下的所有图层，如图 4-84 所示。双击任一图层项目，即可把该图层移植到当前文件中。

用同样方式，可将"文字样式""标注样式"和"线型"项目下的内容移植进来。

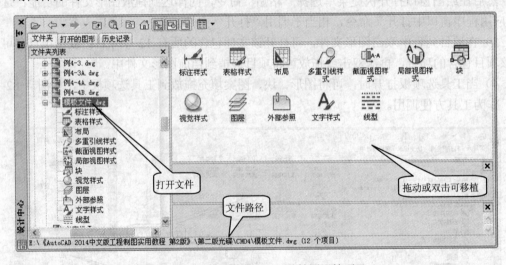

图4-84　利用"设计中心"移植图层等项目

2）关闭"设计中心"选项板。选择图形中所有尺寸标注对象，打开快捷菜单，选择"特性"，打开"特性"选项板，单击相关栏就可重新设置，如图4-85所示。

3）选择所有的中心线对象，单击状态栏"快捷特性"按钮，"快捷特性"选项板打开，选择"中心线层"图层和"ByLayer"线型，如图4-86所示。

也可以通过"图层"和"特性"工具栏下拉列表进行同样的设置，如图4-87所示。

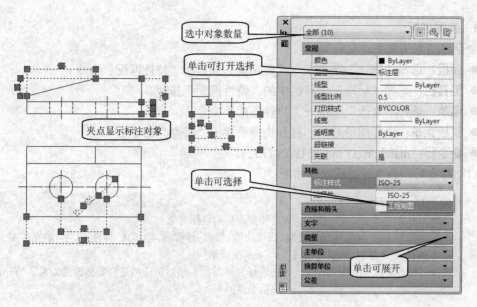

图 4-85　标注对象夹点显示样式及"特性"选项板

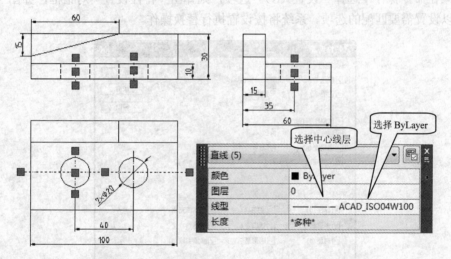

图 4-86　中心线对象显示样式及"快捷特性"选项板

图 4-87　"图层"和"特性"工具栏下拉列表中设置

4）虚线虽然线型正确，但也应该实施管理。自行改为"虚线层"图层，线型也应改为"ByLayer"线型。

5）将其他图线改到"轮廓线层"图层。为方便选择对象，可临时将其他图层关闭，打开"图层"工具栏的下拉列表，单击"开/关"，即可关闭选定图层。最终结果如图 4-83 所示。

3．特性匹配

命令启动方法如下。

- **面板**：选择"默认"选项卡→"剪贴板"面板→"特性匹配"命令。
- **工具栏**：选择"标准"工具栏中的"特性匹配"按钮。
- **菜单**：选择"修改"菜单→"特性匹配"命令。
- **快捷菜单**：选择图形对象，打开快捷菜单→"特性"命令。
- **命令行**：matchprop（ma 或 PAINTER）。

启动命令后，命令行提示操作如下：

```
命令:'_matchprop
选择源对象:                    //选择修改后的目标对象
当前活动设置: 颜色 图层 线型 线型比例 线宽 厚度 打印样式 标注 文字 填充图案 多段线
视 口 表格材质 阴影显示 多重引线      //系统提示信息
选择目标对象或 [设置(S)]:       //先选择目标对象，然后可连续选择需修改的对象，直至输入退
                              //出指令返回
```

如果在命令操作中选择"设置（S）"选项，则弹出"特性设置"对话框，如图 4-88 所示。可以设置需要匹配的选项。系统将按设置执行替换操作。

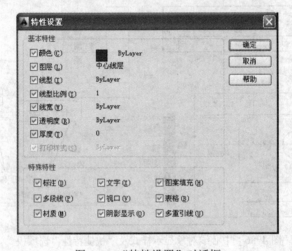

图 4-88 "特性设置"对话框

4.5 自定义绘图环境

为了提高个人绘图的效率，充分了解、掌握 AutoCAD 的功能，建立符合专业要求的作图规范，以及逐步形成个人操作风格是有必要的。

4.5.1 建立样板文件

可将颜色、图层、线型、线型比例、线宽、打印样式、标注样式、文字样式、填充图案、视口、表格和材质等基本设置打包成样板文件，以方便今后新建图形文件时，作为样板文件调用。

创建样板文件和保存普通的图形文件操作相似。操作步骤如下。

1）在图形文件中设置好各个项目，然后单击"保存"按钮，打开标准的文件存取对话框。

2）打开"文件类型"下拉列表，选择"AutoCAD图形样板（*.dwt）"。

3）在"文件名"文本框内输入文件名，单击"保存"按钮，弹出"样板选项"对话框，如图4-89所示。

在"说明"文本框中可输入必要的信息，这些信息将在"创建新图形"对话框的"样板说明"中显示。

4）单击"确定"按钮，返回。

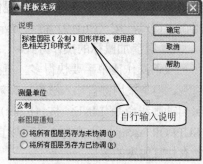

图4-89 "样板选项"对话框

4.5.2 选项设置

"选项"对话框非常重要，所做修改影响 AutoCAD 接口和图形环境的许多细节设置。在绘图窗口中右击，打开快捷菜单，选择"选项"命令，弹出"选项"对话框，如图4-90所示。

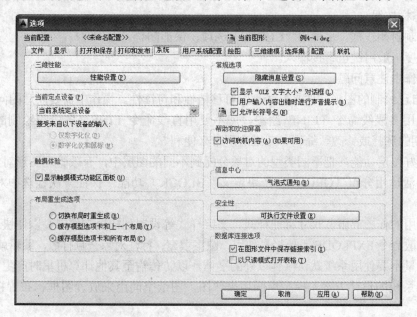

图4-90 "选项"对话框之"系统"选项卡

"选项"对话框包括"文件""显示""打开和保存""打印和发布""系统""用户系统配置""绘图""三维建模""选择集""配置"和"联机"11个选项卡。合理调整使用这些命令会给我们带来莫大的便利，读者在不断的使用中会慢慢熟悉。

4.5.3 培养良好的操作习惯

AutoCAD 使用者中有些人经常出现作图效率低下、精确度不够等问题。下面总结了几条使用 CAD 软件的经验与技巧，帮助读者养成良好的操作习惯。

1．优化绘图区域

除绘图区域外，屏幕空间中还有菜单栏、选项卡、面板、工具栏、状态栏、命令窗口等窗口元素。初学者建议使用系统提供的各种空间。老用户如果能采用动态输入技术，则可不用命令窗口，按〈Ctrl+9〉键可显示/隐藏。

2．键盘加鼠标的操作方式

双手操作比单手要快得多，直接距离输入法就是相当实用的操作方式。用鼠标单击虽然直观，但是采用键盘输入法更加高效，且大量采用命令的缩写形式或快捷键。比如输入 L，即可启动画线命令 LINE；按〈Enter〉、空格键可重复命令。通过编辑\Program Files\AutoCAD\SUPPORT\acad.pgp 文件，还可以自己设置常用命令的缩写形式。只要读者适应一段时间，便能有快打如飞的效果。

3．精确绘图

精确绘图是一个重要的规范，对以后进行标注、打印输出、图像调入/调出和与他人分享都非常重要。根据编者的经验，需要注意以下几点：

1）绘图时严格按 1:1 比例，在最后打印输出时再调整比例。

2）灵活、合理运用点捕捉功能、自动追踪等辅助定位技术，使用好正交模式、栅格与捕捉等状态栏按钮。

3）绘制封闭线框，尽量用"CLOSE"选项，保证闭合。

4）长度一般用键盘直接输入。

4．操作中注意问题

为使自己绘制的图形文件具有较高的可移植性和可读性。操作中需要注意的问题如下。

1）能用多段线命令 PLINE 绘图，就不要用直线命令 LINE。多段线绘制的是一个对象，为后期的选择或修改、编辑、三维造型带来便利。

2）用好图层功能，把不同类型的对象分配到不同的图层中，有效管理图形对象。

3）灵活运用分组（GROUP）及块定义（BLOCK）功能，保证一次性选中对象且没有遗漏。

4）常用的作图界限、尺寸标注样式、文字样式等设置到样板文件中，以便快速调用。

5）打散命令 EXPLODE 不要轻易使用。图案填充、标注对象一旦打散，编辑就很麻烦。

6）尽量不要使用系统默认字体以外的字体，以防传输至其他计算机里时产生乱码。

7）按系统的设计方案，模型空间用来作图，图纸空间用来放置图框、布置视图、添加文字说明。

AutoCAD 2014 是一款比较人性化的软件，操作方式灵活、多样、直观。只要想法符合逻辑，就算某个命令、某种操作方式从未使用过，按照提示一步一步做下去，通常也能成功。只要观念正确、操作得当、用心绘图，AutoCAD 就能成为 CAD 设计者的好帮手。

第 5 章 高级平面绘图

全面、熟练地掌握平面绘图、编辑技能，会对几何造型带来很大的帮助。多线、多段线、样条曲线、徒手线、修订云线等特殊线条的绘制和编辑，可以满足工程技术制图中的各种实际要求。边界、面域、图案填充、面域布尔运算等复杂图形对象及其运算既能满足绘图中常用表达方法的实现，也为三维造型提供了必备的前提技术支持。夹点操作模式是更为常用、更为直观的图形编辑方式。

本章重点
- 平面绘图及编辑提高
- 边界、面域的创建和应用
- 使用图案填充
- 夹点编辑操作
- 平面图形绘制实例

5.1 绘制与编辑多段线

所谓多段线，顾名思义就是由各种线条（直线、圆弧）组成的一个组合对象。如图 5-1 所示，在剖视图中用于表示剖切位置与展开方向的标记一般采用多段线绘制。

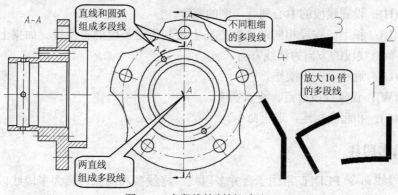

图 5-1 多段线绘制剖切标记

5.1.1 绘制多段线

1. 命令启动方法
- **面板**：选择"默认"选项卡→"绘图"面板→"多段线"命令。
- **工具栏**：在"绘图"工具栏中，单击"多段线"按钮。
- **菜单**：选择"绘图"→"多段线"命令。

- 命令行：PLINE (PL)。

如图 5-1 所示，以绘制放大箭头标记为例，操作中命令行提示如下：

```
命令: _pline
指定起点:                          //拾取点 1
当前线宽为 0.0000                    //系统提示信息
指定下一个点或 [圆弧(A)/半宽(H)/长度(L)/放弃(U)/宽度(W)]: w↙     //设置线宽
指定起点宽度 <0.0000>: 0.5↙
指定端点宽度 <0.5000>:↙      //设置终点线宽，接受默认值
指定下一个点或 [圆弧(A)/半宽(H)/长度(L)/放弃(U)/宽度(W)]: 5↙       //显示极轴角为 90°时，
                                                            //输入。画线 12
指定下一点或 [圆弧(A)/闭合(C)/半宽(H)/长度(L)/放弃(U)/宽度(W)]: w↙
指定起点宽度 <0.5000>: 0↙      //线宽为 0，表示线宽为 ByLayer
指定端点宽度 <0.0000>: ↙
指定下一点或 [圆弧(A)/闭合(C)/半宽(H)/长度(L)/放弃(U)/宽度(W)]: 5↙      //显示极轴角为 180°时，
                                                            //输入。画线 23
指定下一点或 [圆弧(A)/闭合(C)/半宽(H)/长度(L)/放弃(U)/宽度(W)]: w↙
指定起点宽度 <0.0000>: 0.5↙
指定端点宽度 <0.5000>: 0↙
指定下一点或 [圆弧(A)/闭合(C)/半宽(H)/长度(L)/放弃(U)/宽度(W)]: 5↙      //显示极轴角为 180°时，
                                                            //输入。退出
```

2. 选项功能

- 圆弧(A)：在多段线中添加圆弧线段。系统会提示"[角度(A)/圆心(CE)/闭合(CL)/方向(D)/半宽(H)/直线(L)/半径(R)/第二个点(S)/放弃(U)/宽度(W)]:"，圆弧参数的设置方式类似画圆弧命令。
- 半宽(H)：设置线段的中心到其一侧的宽度。
- 长度(L)：和上一线段相同的角度方向上绘制指定长度的直线段。如果上一线段是圆弧，新直线段的方向为切线方向。
- 放弃(U)：返回上一步操作。
- 宽度(W)：设置线段起点、终点宽度。
- 闭合(C)：和起点相连，退出命令。

5.1.2 编辑多段线

编辑多段线命令 PEDIT 常用于合并多段线、将线条和圆弧转换为多段线以及将多段线转换为近似 B 样条曲线的曲线，如图 5-2 所示。

1. 命令启动方法

- 面板：选择"默认"选项卡→"修改"面板→"编辑多段线"命令。
- 工具栏：在"修改Ⅱ"工具栏中，单击"编辑多段线"按钮。
- 菜单：选择"修改"→"对象"→"多段线"命令。
- 快捷菜单：选择要编辑的多段线，右击，打开快捷菜单，选择"编辑多段线"命令。
- 命令行：PEDIT (PE)。

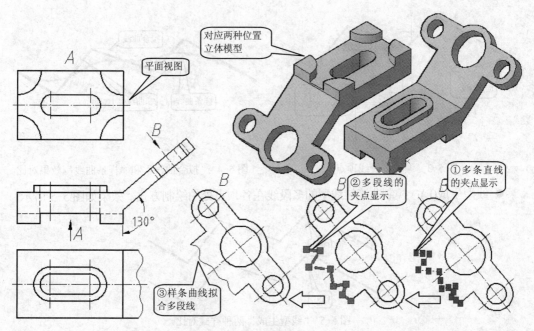

图 5-2　编辑多段线

如图 5-2 中①②③所示，由直线段改为多段线，再改为样条曲线，操作中命令行提示如下：

命令: _pedit
选择多段线或 [多条(M)]: //拾取一段直线
选定的对象不是多段线 //系统提示信息
是否将其转换为多段线?<Y> ∠ //转换为多段线。转换后夹点显示样式不同
输入选项 [闭合(C)/合并(J)/宽度(W)/编辑顶点(E)/拟合(F)/样条曲线(S)/非曲线化(D)/线型生成(L)/放弃(U)]: J∠
　　选择对象: //选择其余各段直线，然后连续按〈Enter〉键退出
　　命令: PEDIT //按〈Enter〉键重新进入命令
　　选择多段线或 [多条(M)]: //选择新修改好的多段线
　　输入选项 [闭合(C)/合并(J)/宽度(W)/编辑顶点(E)/拟合(F)/样条曲线(S)/非曲线化(D)/线型生成(L)/放弃(U)]: S∠

2. 选项功能

● 闭合(C)：自动画线使多段线首尾相连。如果前一段为直线，则画直线；反之画光滑过渡的圆弧。如果本身已闭合，则只会出现"打开"选项。

● 合并(J)：将相连的直线、圆弧或者多段线组合成一个多段线对象。

● 宽度(W)：统一设置所编辑的整个多段线的宽度。

● 编辑顶点(E)：可编辑多段线的顶点，如图 5-3 所示。

● 拟合(F)：采用双圆弧曲线拟合多段线的拐角，如图 5-4 所示。

● 样条曲线(S)：使用选定多段线的顶点作为近似 B 样条曲线的曲线控制点或控制框架，如图 5-4 所示。

● 非曲线化(D)：删除由拟合曲线或样条曲线插入的多余顶点，拉直多段线的所有线段；保留指定给多段线顶点的切向信息。

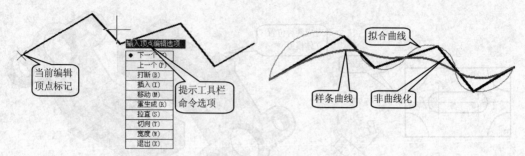

图 5-3 编辑多段线顶点   图 5-4 "拟合曲线"和"样条曲线"效果对比

- 线型生成(L)：控制非连续线型的多段线在各顶点处的绘制方式，效果如图 5-5 所示。

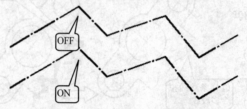

图 5-5 "线型生成"两种样式对比

- 放弃(U)：取消上一次操作。

5.2 绘制与编辑样条曲线

AutoCAD 使用的样条曲线为非一致有理 B 样条曲线，在指定的公差范围内将一系列的点用光滑曲线拟合。可以用样条曲线绘制相贯线、截交线或特殊的曲线。如图 5-6 所示为用样条曲线绘制的圆柱渐开线。

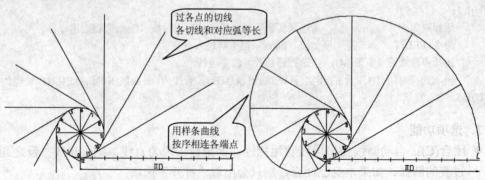

图 5-6 用样条曲线绘制的圆柱渐开线

5.2.1 绘制样条曲线

1. 命令启动方法

- **面板**：选择"默认"选项卡→"绘图"面板→"样条曲线"命令。
- **工具栏**：在"绘图"工具栏中，单击"样条曲线"按钮。
- **菜单**：选择"绘图"→"样条曲线"命令。
- **命令行**：SPLINE（SPL）。

如图 5-6 所示，以绘制圆柱渐开线为例，操作中命令行提示如下：

> 命令: _spline
> 指定第一个点或 [对象(O)]:   //拾取点 0
> 指定下一点: //拾取切线 1 的终点
> 指定下一点或 [闭合(C)/拟合公差(F)] <起点切向>: //依次拾取各切线的终点，然后按〈Enter〉键
> 指定起点切向: //点 0 和光标间出现动态变化的直线，曲线形状也随之变化。垂直向上拾取一点
> 指定端点切向: //终点 L 垂直向下，拾取一点。绘制完成并退出

2．选项功能

- "指定第一个点"和"指定下一点"：可连续输入点，增加曲线线段。输入点越多，拟合精度越高，按〈Enter〉键后进入确定起点进行切向操作。
- 对象(O)：可将由二维或三维多段线拟合生成的样条曲线转换为等效的样条曲线。此时，虽然曲线形状没有变化，但性质却已不同。
- 闭合(C)：将最后一点定义为与起点一致，再指定起点切向，完成封闭曲线。
- 拟合公差(F)：控制曲线与输入点之间所允许的最大偏移距离。默认值为 0，曲线通过输入点；给定公差后，除起点和终点外，曲线不一定通过输入点，如图 5-7 所示。

图 5-7 拟合公差对比

- 起点切向和端点切向：光标间动态显示直线及跟随变化的曲线，方便用户指定切向。

5.2.2 编辑样条曲线

编辑样条曲线命令 SPLINEDIT 用于编辑样条曲线或样条曲线拟合的多段线。如图 5-8 所示为将开放的样条曲线闭合。

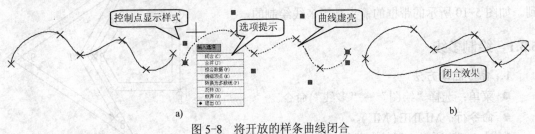

图 5-8 将开放的样条曲线闭合
a) 编辑样条曲线 b) 闭合效果

1．命令启动方法

- **面板**：选择"默认"选项卡→"修改"面板→"编辑样条曲线"命令。
- **工具栏**：在"修改Ⅱ"工具栏中，单击"编辑样条曲线"按钮。
- **菜单**：选择"修改"→"对象"→"样条曲线"命令。
- **快捷菜单**：选择要编辑的样条曲线，右击，打开快捷菜单，选择"样条曲线"命令。
- **命令行**：SPLINEDIT（SPE）。

闭合曲线操作命令行提示如下：

命令: _splinedit
选择样条曲线: //拾取曲线对象，虚线亮显，如图 5-8 所示
输入选项 [拟合数据(F)/闭合(C)/移动顶点(M)/精度(R)/反转(E)/放弃(U)]: c↙   //曲线闭合，按
                                                                        //〈Enter〉键退出

2．选项功能

- 选择样条曲线：选中后曲线虚亮，控制点出现夹点，工具提示栏显示进一步操作选项，如图 5-8a 所示。
- 拟合数据(F)：控制拟合点、拟合公差和与样条曲线关联的切线等参数。如图 5-9 所示，选择"添加(A)"选项添加的点。

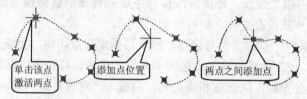

单击该点激活两点　　添加点位置　　两点之间添加点

图 5-9　添加点操作

- "闭合(C)""打开(O)"和"移动顶点(M)"：选项功能和"拟合数据"中相关选项相同。
- 精度(R)：可精密调整样条曲线，然后再返回主选项。
- 反转(E)：反转样条曲线的方向。此选项主要适用于第三方应用程序。
- 放弃(U)：取消上一次编辑操作。

5.3　绘制与编辑多线

多线是一种由多条平行线组成的组合对象，在土木、建筑、桥梁工程中用处很大，化工、电气中的管线也会用到。如图 5-10 所示的带框的箭头是用多线绘制的。

5.3.1　绘制多线

1．命令启动方法

- **菜单**：选择"绘图"→"多线"命令。
- **命令行**：MLINE（ML）。

如图 5-10 所示，以绘制带框的箭头为例，操作中命令行提示如下：

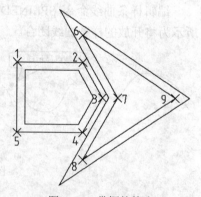

图 5-10　带框的箭头

命令: _mline
当前设置: 对正 = 上，比例 = 20.00，样式 = STANDARD   //系统提示信息
指定起点或 [对正(J)/比例(S)/样式(ST)]: s↙   //设置两线宽度
输入多线比例 <20.00>: 6↙
指定起点或 [对正(J)/比例(S)/样式(ST)]:   //任意拾取点 1
指定下一点: 50↙   //极轴对齐路径显示 0°时输入，画多线 12

指定下一点或 [放弃(U)]:	30✓	//极轴对齐路径显示 300°时输入，画多线 23
指定下一点或 [闭合(C)/放弃(U)]:		//另两点相对极坐标为 4(@30<240）、5(@50<180)
...... //重新启动多线命令，绘制 6789 线，起点 6 在点 2 上方 20，点 7、点 9 和点 3 共线		

2. 选项功能

- "指定第一个点"和"指定下一点"：操作类似绘制直线命令，按〈Enter〉键结束。
- 对正(J)：确定输入点和绘制的多线之间相对位置关系，如"上对正"效果如图 5-11 所示。

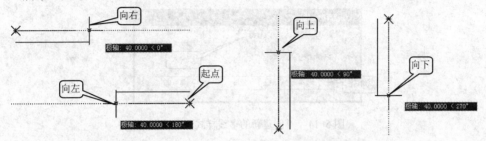

图 5-11 "上对正"时光标与多线之间相对位置

- 比例(S)：控制多线之间的全局宽度，该比例基于在多线样式定义中建立的宽度，如果设置为 2，则实际宽度是样式定义的宽度的两倍；设置为负，将翻转偏移线的次序；设置为 0，将使多线变为单一的直线。
- 样式(ST)：指定或加载多线样式。

5.3.2 设置多线样式

使用"多线样式"对话框，可以定制、修改、保存和加载多线样式，还可以控制背景色和每条多线的端点封口。改变样式后的箭头如图 5-12 所示。

1. 命令启动方法

- 菜单：选择"格式"→"多线样式"命令，弹出"多线样式"对话框如图 5-13 所示。

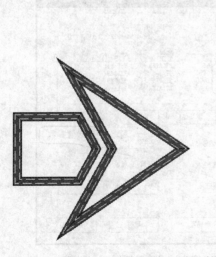

图 5-12 多线样式不同的箭头 (为体现效果，图比较大)　　　图 5-13 "多线样式"对话框

- 命令行：MLSTYLE。

2. 选项功能

- "样式"列表框：显示图形文件中已有的多线样式。
- "说明"选项区：显示选定多线样式的说明。
- "预览"窗口：显示选定多线样式的名称和线条样式。
- "置为当前"按钮：将"样式"列表框中选择的多线样式设置为当前绘图样式。
- "新建"按钮：单击打开"创建新的多线样式"对话框，如图 5-14 所示。

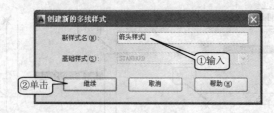

图 5-14 "创建新的多线样式"对话框

- "修改"按钮：单击打开"修改多线样式"对话框，可对已有多线样式进行调整。
- "重命名"按钮：将"样式"列表框中选择的多线样式重新取名，"STANDARD"样式名不能改。
- "删除"按钮：将"样式"列表框中选择的多线样式删除。
- "加载"按钮：单击打开"加载多线样式"对话框，可从中指定 MLN 文件加载多线样式，比如 acad.mln 文件中有"STANDARD"多线样式。
- "保存"按钮：单击打开"保存多线样式"对话框，将当前多线样式保存为 MLN 文件。

3. 创建多线样式

设置多线样式的特征和元素，从而创建新的多线样式。在"创建新的多线样式"对话框中的"新样式名"文本框中输入"箭头样式"，然后单击"继续"按钮，弹出"新建多线样式：箭头样式"对话框，如图 5-15 所示。

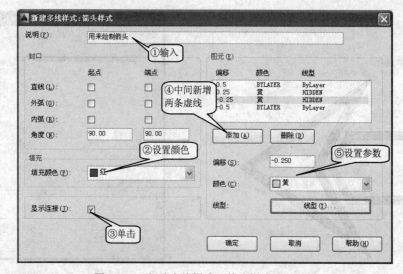

图 5-15 "新建多线样式：箭头样式"对话框

以绘制如图 5-12 所示箭头为例，各选项功能如下：

● "说明"文本框：可以为创建的多线样式添加说明。输入如图所示。

● "封口"选项区：控制多线起点和端点的封口。各种封口样式显示效果，如图 5-16 所示。

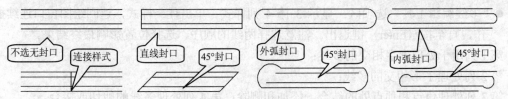

图 5-16　"多线样式"对话框中"预览"窗口显示"封口"样式

● "填充"选项区：打开"填充颜色"下拉列表，可设置多线内的背景填充。

● "显示连接"复选框：多线相交处用线连接，即接头斜接，如图 5-16 所示。

● "图元"选项区：添加或修改多线元素，包括偏移、颜色和线型。列表框内各线按偏移值降序排列；以中间位置为 0，±0.5 偏移为两外边线距离；选中列表框内一线，激活下方窗口元素作设置；"添加"按钮可创建并设置好新线添加到多线样式中。

● "确定"按钮：单击返回如图 5-13 所示的"多线样式"对话框，预览窗口内显示效果。

【注意】

不能通过特性设置改变图形中已有的多线对象。要想按某种样式绘制多线，必须首先创建该样式。

5.3.3　编辑多线

可以通过添加或删除顶点，控制角点接头的显示来编辑多线；可以使用多种方式使多线相交；也可以编辑多线样式来改变单个直线元素的特性，或改变多线的末端封口和背景填充。

1．命令启动方法

● **菜单**：选择"修改"→"对象"→"多线"命令，弹出"多线编辑工具"对话框，如图 5-17 所示。

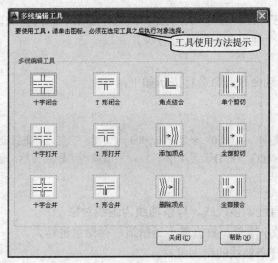

图 5-17　"多线编辑工具"对话框

- 快捷方式：双击多线对象。
- 命令行：MLEDIT。

2．选项功能

- "多线编辑工具"选项区：显示 3 排 4 列样式。单击任一样式，返回绘图窗口连续操作，直至按〈Enter〉键退出。注意选择两线的顺序、选择位置影响最终结果。

第 1 列用于处理十字相交的多线；

第 2 列处理 T 形相交的多线；

第 3 列处理角点和顶点处的结合、添加和删除；第 4 列处理多线的剪切或接合。

请读者自行完成编辑多线的图形修改操作，如图 5-18 所示。

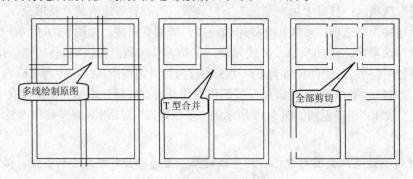

图 5-18 编辑多线相交样式

5.4 绘制徒手线、修订云线和创建 Wipeout 对象

在图形文件中绘制个性化、特殊需求的线条或创建覆盖图形对象的区域。使得绘制的图形更具专业化、个性化，增加图形的可读性。

5.4.1 绘制徒手线

徒手画线命令 SKETCH，相当于用鼠标作画笔，画出一系列直线或多段线，方便绘制二维不规则边界、曲线、个性签名、特殊符号等。

1．命令启动方法

以输入命令方式启动命令，命令行提示如下：

```
命令: _sketch↙
类型 = 直线   增量 = 1.0000   公差 = 0.5000      //提示信息，可重新设置
指定草图或 [类型(T)/增量(I)/公差(L)]:              //单击光标落/提笔，移动光标画线
```

2．选项功能

- 类型(T)：选择直线、多段线、样条曲线为画线对象。
- 增量(I)：设置最小增量，数值越小越精细，存储量也越大。
- 公差(L)：控制样条曲线的精密度。

操作说明详见表 5-1。

表 5-1   徒手画线命令操作说明

输入字符	说　　明
P	单击控制提笔和落笔状态。笔落才能画线，笔提可以定位
X	记录及报告临时徒手画线段数并结束命令。按〈Enter〉键效果相同
Q	放弃从开始调用 SKETCH 命令或上一次使用"记录"选项时所有徒手画临时线段，并结束命令
R	永久记录临时线段且不改变画笔的位置。命令行会报告线段的数量
E	删除临时线段，可以用光标从最后绘制的线段开始向前逐步删除任何部分。如果画笔已落下则提笔
C	从上次所画线段的终点或上次删除线段的终点开始画线
。(句号)	落笔，从上次所画的直线的端点到画笔的当前位置绘制一条直线，然后提笔

5.4.2　修订云线

修订云线命令 revcloud 是由连续圆弧组成的多段线，对图形中需要提请注意的部分可采用修订云线标记，如图 5-19 所示。

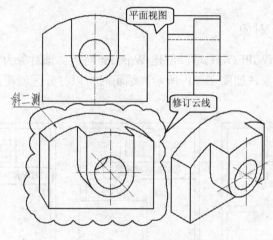

图 5-19　修订云线修饰效果

1．命令启动方法

● **面板**：选择"默认"选项卡→"绘图"面板→"修订云线"命令。

● **工具栏**：在"绘图"工具栏中，单击"修订云线"按钮。

● **菜单**：选择"绘图"→"修订云线"命令。

● **命令行**：REVCLOUD。

如图 5-19 所示，用修订云线圈围斜二测图为例，操作中命令行提示如下：

```
命令: _revcloud
最小弧长: 15    最大弧长: 15    样式: 普通        //系统提示信息
指定起点或 [弧长(A)/对象(O)/样式(S)] <对象>:    //光标拾取一点，然后移动光标画线
沿云线路径引导十字光标...    //系统提示操作方法。和起点相连，修订云线完成，自动退出
```

2．选项功能

● **弧长(A)**：设置云线中弧线的最小、最大长度。最大弧长不能大于最小弧长的 3 倍。

- 对象(O)：选择圆、椭圆或闭合多段线等，转换为云线对象。还可设置是否反转，效果如图 5-20b 和 c 所示。

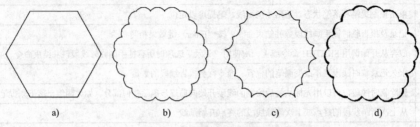

图 5-20　对象转换反转效果

a) 原始图形　b) 不反转　c) 反转效果　d) 手绘效果

- 样式(S)：指定修订云线的样式，系统会提示"选择圆弧样式 [普通(N)/手绘(C)] <普通>:"，如果选择手绘样式，绘制的修订云线看起来像用画笔绘制而成，如图 5-20d 所示。

5.4.3　创建 Wipeout 对象

使用区域覆盖命令 WIPEOUT 可以创建 Wipeout 对象。该对象为一个空白区域，用当前背景色屏蔽其下面的对象，如图 5-21 所示。编辑时可以打开区域覆盖边框，打印时可将其关闭。

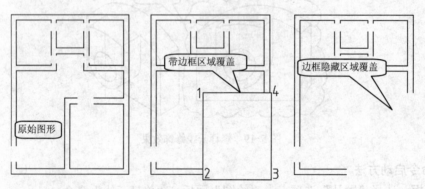

图 5-21　Wipeout 对象覆盖效果

1. 命令启动方法

- **面板**：选择"默认"选项卡→"绘图"面板→"区域覆盖"命令。
- **菜单**：选择"绘图"→"区域覆盖"命令。
- **命令行**：WIPEOUT。

如图 5-21 所示，操作中命令行提示如下：

```
命令:_wipeout
指定第一点或 [边框(F)/多段线(P)] <多段线>:        //拾取点 1
指定下一点:      //向下移动光标，动态拉动直线。拾取点 2，绘制直线 12
指定下一点或 [放弃(U)]:              //向右移动光标，动态拉动三角形。拾取点 3，绘制△123
指定下一点或 [闭合(C)/放弃(U)]:      //向上移动光标，拾取点 4，绘制四边形 1234。退出
```

2. 选项功能

- "指定第一点"和"指定下一点"：连续拾取绘制封闭多边形区域，按〈Enter〉键退出。
- 边框(F)：控制是否显示区域覆盖的边界，如图 5-21 所示。
- 多段线(P)：可选择只包括直线段且宽度为零的封闭多段线作为多边形边界。系统提示"是否要删除多段线？[是(Y)/否(N)] <否>:"，可以删除或保留封闭多段线。

可以在图纸空间的布局上创建区域覆盖对象，以便在模型空间中屏蔽对象。打印之前必须取消对"页面设置"对话框"打印选项"选项区域中的"最后打印图纸空间"复选框的选中，以确保区域覆盖对象可以正常打印。

5.5　将图形转换为边界或面域

面域对象是由直线、曲线围成的边界来定义的，面域和边界都是 AutoCAD 中重要的概念。

平面图形中由直线、曲线围成的封闭线框，可以进一步设置为具有几何特性的面域对象。形状虽没变化，但面域对象却具有面积、质心等物理参数，可以进行图案填充、拉伸生成立体等变换。面域的内部也可以包括被挖切的面，如孔、槽。

5.5.1　创建边界

边界指封闭区域的轮廓。使用创建边界命令 boundary，将由系统自动分析指定的区域轮廓，并以封闭多段线或面域的形式生成新对象，如图 5-22 所示。

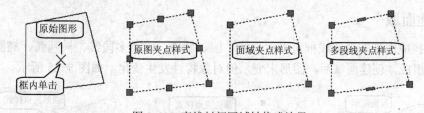

图 5-22　直线封闭区域转换成边界

1. 命令启动方法

- **面板**：选择"默认"选项卡→"绘图"面板→"边界"命令，弹出"边界创建"对话框，如图 5-23 所示。
- **菜单**：选择"绘图"→"边界"命令。
- **命令行**：BOUNDARY（BO 或 BPOLY）。

2. 选项功能

- "拾取点"按钮：单击返回绘图窗口，命令行提示"拾取内部点:"，在线框内拾取一点，如果是封闭线框，则线条会虚线亮显，然后继续创建边界，按〈Enter〉键退出；如果拾取点不在封闭线框内，则弹出"边界定义错误"警示窗口；在选择过程中，还可以右击打开快捷菜单，有"确认""取消""最近的输入""动态输入""平移""缩放"等命令。

- "孤岛检测"复选框：控制是否检测封闭线框内部的闭合边界，这类边界称为孤岛。
- "对象类型"下拉列表：有"多段线"和"面域"两个选项。如果选择"面域"选项，将生成面域，相当于创建面域命令；如果线框中有非圆弧的曲线，则不能生成多段线边界，弹出"AutoCAD警告"对话框，如图5-24所示，只能选择生成面域。

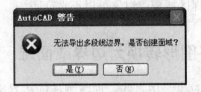

图5-23　"边界创建"对话框　　　　图5-24　"AutoCAD警告"对话框

【注意】

如果线框中的样条曲线是由多段线通过编辑多段线命令 PEDIT 的"样条曲线"选项生成，进行了平滑处理，则可以生成多段线边界。

- "边界集"选项区：用来指定创建边界分析的范围。默认选项为"当前视口"，即以当前视口中可见的对象为分析的范围。单击"新建"按钮，可选择分析的对象来构造一个新的边界集。

5.5.2　创建面域

可以转换成面域的封闭线框可以由直线、圆、圆弧、二维多段线、椭圆弧、椭圆、样条曲线等对象组成。创建面域后，图形未变，但对象特性发生变化，如图5-25所示。

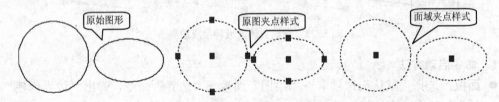

图5-25　圆和椭圆生成面域

1．命令启动方法

- **面板**：选择"默认"选项卡→"绘图"面板→"面域"命令。
- **工具栏**：在"绘图"工具栏中，单击"面域"按钮。
- **菜单**：选择"绘图"→"面域"命令。
- **命令行**：REGION(REG)。

如图5-25所示，将圆和椭圆生成面域，操作中命令行提示如下：

```
命令: _region
```

2. 面域对象的性质

● 应用填充、着色和拉伸生成立体等操作。

● 在 AutoCAD 的系统设置中,面域是二维实体模型,它既包含边的信息,又有面的信息,可以利用 massprop 命令分析、计算工程属性,如面积、质心、惯性等。启动该命令,单击图 5-25 中的椭圆面域,弹出"AutoCAD 文本窗口",如图 5-26 所示。

图 5-26 AutoCAD 文本窗口

● 在创建面域时,如果系统变量 DELOBJ 的值为 1,面域生成后将删除原对象,这也是默认设置;如果系统变量 DELOBJ 的值为 0,则原对象被保留。

● 可以对面域对象进行复制、移动等编辑操作。如果要对某一线条操作,则应先分解面域,选择"修改"工具栏中的"分解"按钮。分解后多段线将不存在。

● 面域的边界由端点相连的曲线组成,曲线上的每个端点仅连接两条边。如果有两个以上的曲线共用一个端点,得到的面域可能是不确定的。系统拒绝所有交点和自交曲线。

5.5.3 对面域进行布尔运算

布尔运算是数学上的一种逻辑运算,包括并集、交集和差集 3 种运算操作,如图 5-27 所示。布尔运算的对象只能是实体或在同一个平面内的面域。

图 5-27 面域的布尔运算

1. 命令启动方法

- **工具栏**：在"建模"或"实体编辑"工具栏中，单击"并集""差集""交集"按钮。
- **菜单**：选择"修改"→"实体编辑"→"并集"、"差集"、"交集"命令。
- **命令行**：UNION（UNI）、SUBTRACT（SU）、INTERSECT（IN）。

如图 5-27 所示，以面域差集运算为例，操作中命令行提示如下：

> 命令：_subtract
> 选择要从中减去的实体或面域... //系统提示，先指定被减对象
> 选择对象：   //光标为拾取框样式，单击左侧圆，然后按〈Enter〉键，进入下一步操作
> 选择要减去的实体或面域 .. //系统提示，指定减对象
> 选择对象： //单击右侧圆，然后按〈Enter〉键，得到结果并退出

2. 说明

- "并集"运算命令 UNION，可将选定的面域合并成一个整体。逐个选择要合并在一起的面域对象，直到按〈Enter〉键，系统自动完成合并然后结束命令。
- "差集"运算命令 SUBTRACT，通过减操作合并选定的面域。操作中分两步选择对象，从第一个选择集中的对象减去第二个选择集中的对象，然后创建一个新的面域。
- "交集"运算命令 INTERSECT，从两个或多个面域的交集中创建复合面域，然后删除交集外的区域并结束命令。

5.6 使用图案填充

图案填充是使用指定线条图案、颜色、比例来充满指定区域的操作，常用来表达剖切面和不同类型物体的外观纹理和材质等特性。

5.6.1 设置图案填充

在机械工程图中，经常需要用图案填充命令 BHATCH 来表达剖切断面，如图 5-28 所示。

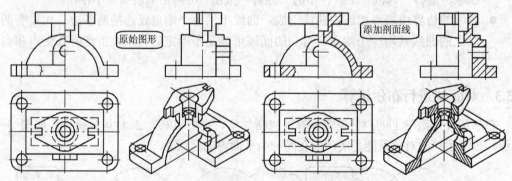

图 5-28　视图中添加剖面线效果

1. 命令启动方法

- **面板**：选择"默认"选项卡→"绘图"面板→"图案填充"命令，弹出"图案填充和渐变色"对话框，如图 5-29 所示。
- **工具栏**：在"绘图"工具栏中，单击"图案填充"按钮。

- **菜单**：选择"绘图"→"图案填充"命令。
- **命令行**：BHATCH（BH、H 或 HATCH）。

2．"图案填充"选项卡功能

1）"类型和图案"选项区：用于设置图案填充的类型和图案。

- "类型"下拉列表：包括"预定义"、"用户定义"和"自定义"3 个选项，选择"预定义"选项，可在系统设置的多种图案中选择；用户也可采用 ASCII，自定义填充图案。
- "图案"下拉列表：可选择预定义的图案，单击右侧按钮，弹出"填充图案选项板"对话框，如图 5-30 所示，可在所有预定义和自定义图案的预览图案中选择。

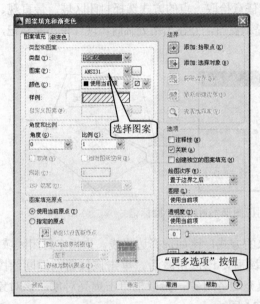

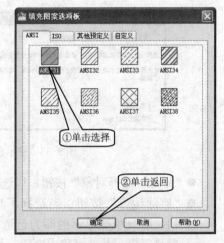

图 5-29 "图案填充和渐变色"对话框之"图案填充"选项卡　　　图 5-30 "填充图案选项板"对话框

- "样例"预览窗口：显示选定图案的预览图像，单击也可打开"填充图案选项板"对话框。

2）"角度和比例"选项区：用来设置填充图案的角度和比例、线条的宽度、布局比例谐调等细节。

当选择"用户定义"类型时，"双向"复选框激活，可控制在垂直方向再画交叉线，如图 5-31 所示。

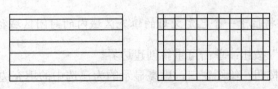

图 5-31　单向和双向对比

3）"图案填充原点"选项区：设置图案填充原点的位置对齐边界上的某一个点。

- "使用当前原点"单选按钮，以当前 UCS 的坐标原点作为图案填充原点。
- "指定的原点"单选按钮，指定点来作为图案填充的原点，调整图案填充位置，如图 5-32 所示。

图 5-32　图案填充原点对比

4）"边界"选项区：用于在图形中选择封闭区域，单击任何按钮都将返回绘图窗口，设置完成按〈Enter〉键，再返回对话框。

● "添加：拾取点"按钮：在封闭区域内任意拾取一点的方式选择封闭区域，最直观、方便。如果所选区域不封闭，系统弹出提示窗口，并在出错处临时出现红色小圈标记，如图 5-33 所示。

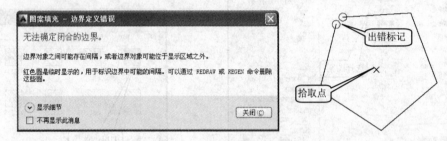

图 5-33　提示窗口、对应图形不封闭处小圈标记

● "添加：选择对象"按钮：以选择对象的方式，比如选择边界线，来指定封闭区域。
● "删除边界"按钮：当选择了封闭区域后，该按钮激活。单击该按钮，返回绘图窗口，看到虚亮显示的即为已选中的填充边界对象。拾取框单击虚亮对象，该对象正常显示表示从选择集中删除，如图 5-34 所示。

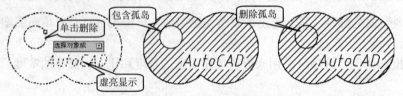

图 5-34　包含孤岛与删除孤岛对比

【说明】

图案填充中，通常将位于一个已定义好的填充区域内的封闭区域称为孤岛。

● "重新创建边界"按钮：单击可重新创建边界。
● "查看选择集"按钮：绘图窗口，虚亮显示的为已选中的填充边界对象。
5）"选项"选项区：
● "注释性"复选框，用来指定图案填充对象为注释性。
● "关联"复选框，用于控制图案填充与边界之间的关联性。
● "创建独立的图案填充"复选框，控制当指定了几个单独的封闭区域时，是创建相互独立的填充对象，还是整体一个对象。

● "绘图次序"下拉列表，为图案填充指定绘图次序。

6)"继承特性"按钮：用已有的图案填充或填充特性对指定的边界进行图案填充或填充。

7)"预览"按钮：单击后，返回绘图窗口查看，按〈Esc〉键返回对话框再做调整；按〈Enter〉键接受。

8)"更多选项"按钮：位于对话框的右下角，展开对话框以显示其他选项。如对孤岛处理方式如图 5-34 所示；填充图案后，是否保留边界；选择边界集的范围；设置封闭线条间允许间隙的公差，任何小于等于该值的间隙都将被忽略，边界视为封闭。

5.6.2 设置渐变色填充

用一种或两种颜色形成的渐变色对封闭区域进行填充，如图 5-35 所示为经渐变色填充，产生较好的立体效果。

1. 命令启动方法
● **面板**：选择"默认"选项卡→"绘图"面板→"渐变色"命令，弹出"图案填充和渐变色"对话框，如图 5-36 所示。

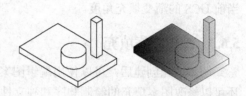

图 5-35　视图中渐变色填充效果

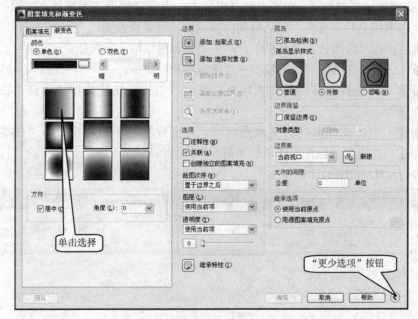

图 5-36　"图案填充和渐变色"对话框之"渐变色"选项卡

● **工具栏**：在"绘图"工具栏中，单击"渐变色"按钮。
● **菜单**：选择"绘图"→"渐变色"命令。
● **命令行**：GRADIENT (GD)。

2."渐变色"选项卡功能

渐变色填充设置和图案填充基本相同，可以认为渐变色填充为特殊的图案填充。

1）"颜色"选项区：用于设置颜色。

● "单色"单选按钮：使用从较深着色到较浅色调平滑过渡的单色填充。下方为选中的颜色样本及"浏览"按钮、"明暗"滚动条。

● 单击"浏览"按钮，弹出"选择颜色"对话框，可按各种方式设置颜色。

● 拖动"明暗"滚动条，将影响下方"渐变图案"的渐变程度。

● "双色"单选按钮：用于指定在两种颜色之间平滑过渡的双色渐变填充。

2）"渐变图案"选项区：显示用于渐变填充的 9 种固定图案，包括线性扫掠状、球状和抛物面状等图案。

3）"方向"选项区："居中"复选框，用于指定对称的渐变配置，如果没有选定该项，渐变填充将朝左上方变化，创建光源在对象左边的图案；"角度"下拉列表，用于指定相对当前 UCS 的渐变填充角度。

5.6.3 编辑图案填充

图案填充创建后，可以使用编辑图案填充命令 HATCHEDIT 来修改填充图案相关特性，还可以修改图案填充的绘制顺序和独立性。

1．命令启动方法

● **面板**：选择"默认"选项卡→"修改"面板→"编辑图案填充"命令，系统提示"选择图案填充对象:"，在图案填充内单击一点后，弹出"图案填充编辑"对话框，与"图案填充和渐变色"对话框的内容相同，可重新设置。

● **工具栏**：在"修改Ⅱ"工具栏中，单击"编辑图案填充"按钮。

● **菜单**：选择"修改"→"对象"→"图案填充"命令。

● **快捷菜单**：选择需编辑的图案填充对象，右击打开快捷菜单，选择"图案填充编辑"命令。

● **快捷键**：双击需编辑的图案填充对象，在面板环境下可直接进入"图案填充编辑器"窗口并出现"特性"选项板如图 5-37 所示。

● **命令行**：HATCHEDIT (HE)。

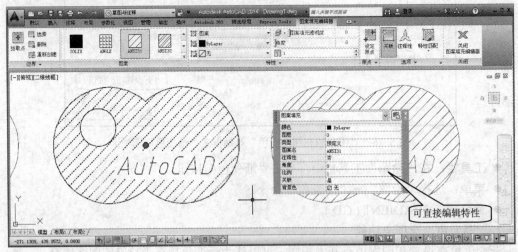

图 5-37 "图案填充编辑器"窗口

2. 选项功能

参照"图案填充和渐变色"对话框的选项功能，只是定义填充边界和对孤岛操作的部分按钮不再可用，只能修改在"图案填充编辑"对话框中可用的按钮，如修改图案、比例、角度、关联性等。

使用"继承特性"按钮，可以将特定图案填充的所有特性（包括图案填充原点）从一个图案填充复制到另一个图案填充。

5.6.4 分解图案填充和修改填充边界

填充的图案和渐变色是一种特殊的块，不管其形状有多复杂，都被当做一个图形对象。分解对象命令 EXPLODE 可将图案填充对象分解，分解后图案不再是单个对象，而是各条线或点，也失去与图形的关联性。

图案填充边界可以被复制、移动、拉伸和修剪等；可以使用夹点进行拉伸、移动、旋转、缩放、镜像、填充边界等操作。如果所做的编辑保持边界闭合，关联填充会自动更新，而非关联图案填充将不被更新，如图 5-38 所示；如果编辑中生成了开放边界，图案填充将失去任何边界关联性，并保持不变。

当图案填充和边界之间没有关联性，则图案填充区域和边界作为两个独立的对象可以分别进行编辑处理，图案区域可以添加顶点或将直线改为圆弧，如图 5-38 所示。

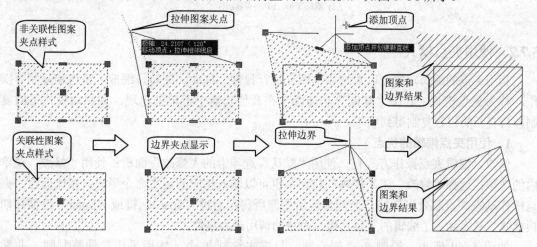

图 5-38 关联与非关联性的边界和图案填充修改对比

5.7 夹点编辑操作

所谓夹点(GRIPS)是图形对象本身具有代表性的点，例如圆的圆心和四个象限点、直线的端点和中点、多段线的中点和转折点、文字和块的插入点等。

5.7.1 控制夹点显示

默认情况下，在命令提示状态选择对象，图形对象将虚亮显示，并在关键点上出现实心的蓝色小框，称为夹点。夹点就是对象上的控制点，方便定位、操控。当光标经过夹点时，系统自动将光标与夹点精确对准，并呈粉色显示；此时单击，该点将呈红色显示，表示被激活，称为基夹点，也叫热点，其他未被选中的夹点称为温点。

被激活的夹点作为基夹点可以相对其余夹点做编辑操作。同时按下〈Shift〉键，可以选择多个基夹点。

可以通过"选项"对话框的"选择集"选项卡，设置夹点大小、不同状态下颜色显示；夹点的显示数量最大值为 32 767，设置为 1 时，选择多个对象则会消除夹点，设置为 0 时，始终显示夹点。

不同的对象及其特性，用来控制其特征的夹点的位置、数量和形状也不相同，如图 5-39 所示。

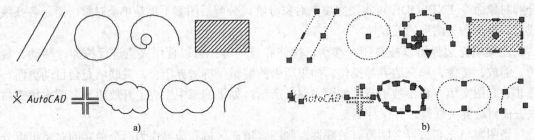

图 5-39   各种图形对象夹点显示样式
a) 原始图形   b) 夹点显示样式

5.7.2   使用夹点模式

利用夹点的编辑功能可以对选中的图元进行拉伸、移动、旋转、缩放、镜像和复制等操作，称为夹点模式。其中"复制"功能隐含在其他功能中不单独出现，如移动模式下的复制，可在新的位置复制得到副本。

1. 使用夹点编辑的优点

修改、编辑夹点操作方式有：使用"默认"选项卡的"修改"面板；使用"修改"菜单内的选项；选择"修改"工具栏内的按钮；也可以输入相应的英文命令形式。相比而言，夹点操作动态、直观效果最好，最能体现所想即所得；通过〈Space〉键或〈Enter〉键循环切换模式，基本涵盖了编辑的主要功能，命令的调用最为集约。

如图 5-40 所示，绘制 3 个同心圆，只需先绘制 1 个，然后采用拉伸复制圆，非常方便。

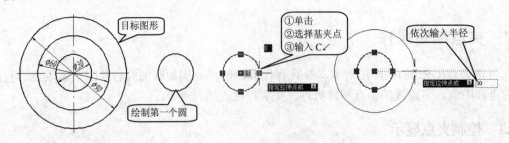

图 5-40   拉伸复制圆

148

2．夹点编辑操作的基本步骤

1）在命令提示状态选择图形对象，对象呈虚线亮显并出现夹点。

2）激活夹点，如要激活多个夹点需同时按下〈Shift〉键。

3）辅以〈Space〉键或〈Enter〉键循环切换模式，进行操作。

【提示】

如果选错了基夹点，按〈Esc〉键可使之变为温点状态，再重新选择。

4）完成一项操作，可按〈Enter〉键切换或〈Esc〉键终止。此时红色夹点变回蓝色，对象仍虚线亮显，按步骤2）继续编辑操作。

【技巧】

激活不同的夹点，对应不同的操作。如在"拉伸"模式下，选择线段的端点，可以拉动线段；选择中点，只能移动线段。而在"拉伸"模式下，选择圆的象限点，可以改变圆的大小；选择圆心，只能移动圆。

使用夹点可以编辑三维实体和曲面，操作不同形状、不同位置的夹点可以方便地改变实体的形状、位置。

5）退出夹点模式。在没有激活夹点的状态，按〈Space〉键或〈Enter〉键可退出夹点模式并直接启动进入夹点模式之前使用的命令；按〈Esc〉键，退出夹点模式返回。

【例5-1】 如图5-41所示，使用夹点编辑功能，修改图形。

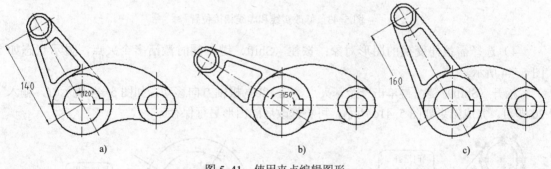

图5-41　使用夹点编辑图形

a) 原始图形　b) 改变角度　c) 改变长度

背景及分析：对形状结构大致相同，尺寸略有不同的零件，如果利用夹点编辑功能，能很方便就得到新图形。操作中应注意不同位置、不同形状的夹点控制功能不同，应分析图形的几何关系，合理确定热基点。

操作步骤：

1）打开图形文件"例 5-1.dwg"。选择图 5-42a 需旋转变换的图形对象，操作中可前后滚动鼠标滑轮缩放图形，夹点显示状态如图5-42所示。

2）单击圆心使之呈红色显示，成为热夹点。然后按〈Space〉键切换到"旋转"模式，输入30；或者移动光标出现30°极轴追踪对齐路径，如图5-42所示时，单击一点即可。

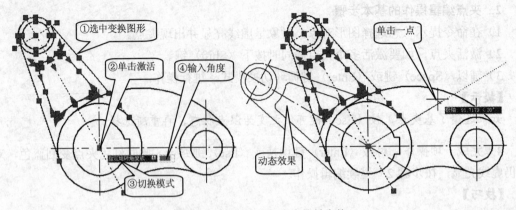

①选中变换图形
②单击激活
③切换模式
④输入角度
单击一点
动态效果

图 5-42　以圆心为热夹点旋转变换

3）修改上边实线和虚线相接位置。两线呈夹点显示，激活相接点拉伸，如图 5-43 所示。结果如图 5-41b 所示。

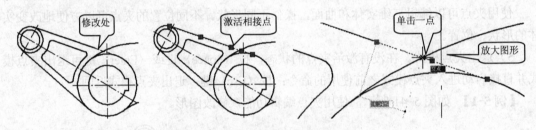

修改处
激活相接点
单击一点
放大图形

图 5-43　修改实线和虚线相接位置

4）选择需拉伸变换的图形对象；按住〈Shift〉键的同时激活多个夹点，显示状态如图 5-44 所示。

松开〈Shift〉键，再单击一个基夹点，延 120°极轴方向移动，如图 5-44 所示时，输入 20 即可。完成结果如图 5-41c 所示，可将修改后的图形另行保存。

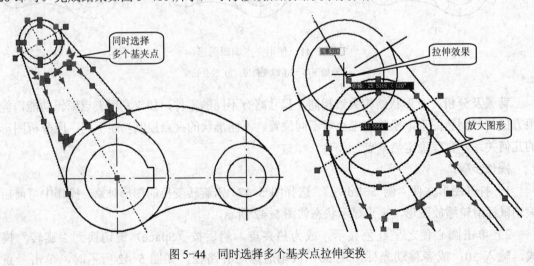

同时选择多个基夹点
拉伸效果
放大图形

图 5-44　同时选择多个基夹点拉伸变换

5.8 平面图形绘制实例

【例 5-2】 用恰当的方式制作图形，如图 5-45 所示。

背景及分析： 该图形有大量的圆弧连接。虽然借助标注输入，ARC 命令操作变得较为方便，但还是有多种更为方便的方式来替代。图中用到 120°的圆弧角及 45°倾斜方向正六边形，因此宜将极轴追踪角设置为 15°。操作中应合理利用状态栏提供的功能按钮。

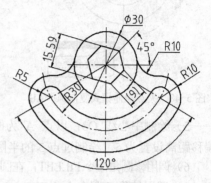

图 5-45 平面图形

操作步骤：

1）打开图形文件"例 5-2.dwg"。相关图层、线型、文字和标注样式均已建立。打开"捕捉""栅格""极轴"功能。调用 ZOOM 命令，选择"全部"选项。

在适当位置绘制中心线，如图 5-46 所示。

2）关闭"捕捉""栅格"功能，打开"对象捕捉""对象追踪""动态输入"功能。以点 O 为圆心，调用画圆命令 CIRCLE，绘制 φ30 的圆。绘制圆弧⌒AB，命令行提示如下：

> 命令: _arc
> 指定圆弧的起点或 [圆心(C)]: C✓
> 指定圆弧的圆心: //光标移到圆 O 的弧线上，系统自动识别出圆心时，单击
> 指定圆弧的起点: 30✓ //光标向左下方移动，出现 210°极轴对齐路径时，输入。确定点 A
> 指定圆弧的端点或 [角度(A)/弦长(L)]: //光标向右移动，如图 5-47 所示时，单击。绘制弧⌒AB

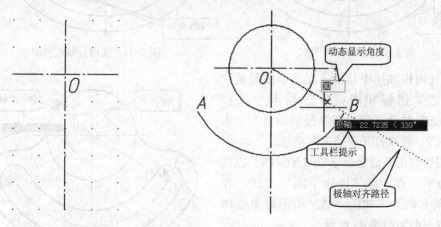

图 5-46 绘制中心线   图 5-47 确定圆弧端点 B

3）用夹点拉伸模式，复制其他圆弧。激活控制半径夹点，向上移动光标，如图 5-48 所示时，输入 5；再向下垂直移动光标，分别输入 5 和 10，结果如图 5-49 所示。

4）左右拉伸修改圆弧⌒AB 的角度，拉伸右侧圆弧如图 5-49 所示；然后将该对象改为"中心线"图层。

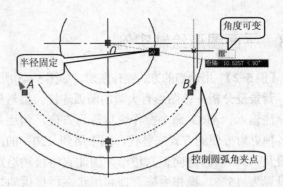

图 5-48　夹点拉伸模式复制弧⌒AB　　　　　　图 5-49　夹点拉伸模式修改弧⌒AB

5）绘制中心线 O3；以点 A 为圆心绘制半圆弧$\widehat{12}$；然后调用偏移复制命令 OFFSET，偏移距离设置为 5，绘制过点 3 的半圆弧，如图 5-50 所示。

6）调用修圆角命令 FILLET，在圆 O 和过点 3 的圆弧之间添加 R10 圆角，如图 5-50 所示。

7）调用镜像复制命令 MIRROR，以中轴为对称轴，将步骤 5）、6）绘制的图形复制到右侧，操作如图 5-51 所示。

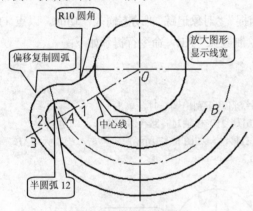

图 5-50　制作左侧图形

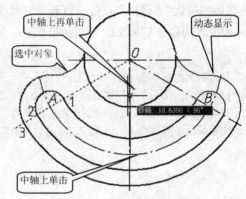

图 5-51　镜像复制左侧图形

8）使用极轴捕捉功能。在"草图设置"对话框之"捕捉和栅格"选项卡中选择"PolarSnap"单选按钮并在"极轴距离"文本框中输入9。再次打开"捕捉"功能。

调用绘制正多边形命令 POLYGON，以圆心 O 为中心点，以"内接于圆"方式，在 45°极轴方向上，如图 5-52 所示时单击即可。得到图形如图 5-45 所示。

【说明】

如果不采用极轴捕捉功能，绘制的正多边形还需绕中心旋转45°。

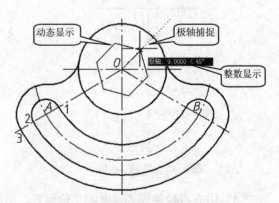

图 5-52　绘制倾斜的正六边形

第6章 投影和坐标系

画法几何讲述的是投影规则，点、线、面及基本立体的投影方法，其目的是为在二维平面内表达复杂形体做前提准备。然而在实际应用中，直观、形象化的实践，远远比点、线、面相对抽象的分析重要。如果在学习中引入三维造型，利用计算机绘图的可视化技术，我们有可能直接从观察、了解形体入手来把握形体，那么学习将变得非常轻松、有趣、高效。

本章重点

- 各种三维观察功能和 UCS 工具
- 视点及预置视图
- QuickCalc 计算器及 CAL 命令
- CAL 命令求解画法几何问题实例

6.1 三维观察

基本立体（体素）是由基本的几何元素点、直（曲）线、平（曲）面以及它们之间的相对位置构成的，复杂的三维形体终归可以理解为由体素经一定的组合方式构成。那么研究形体的表达顺理成章就应该从点开始，渐次进行。这也是传统教学中一直延续的讲述方式。但这种体系会破坏研究形体的直观性、形象性和整体性。如果能从各个角度来观察三维模型，相当于处于虚拟的现实环境中操控模型，许多原先难以想象的抽象问题，会变得非常直观、形象，将为学习带来事半功倍的效果。三维观察的相关功能命令和按钮如图 6-1 和图 6-2 所示。

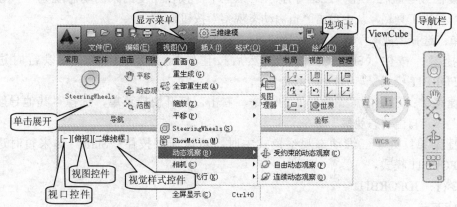

图 6-1 三维观察命令的面板、菜单视口各控件调用方式

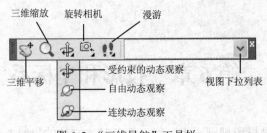

图 6-2 "三维导航"工具栏

6.1.1 使用三维动态观察器

使用自由动态观察 3DFORBIT 命令，可在当前视口激活三维动态观察器，UCS 坐标以着色三维样式显示。以打开"3D 模型.dwg"图形文件为例，三维动态观察器如图 6-3 所示。

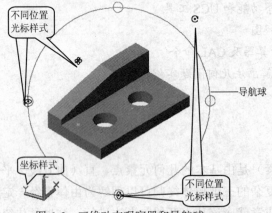

图 6-3 三维动态观察器和导航球

1. 命令启动方法

- **面板**：选择"视图"选项卡→"导航"面板，单击"动态观察"按钮右侧箭头，打开下拉菜单，选择"自由动态观察"命令，视图中出现导航球，如图 6-3 所示。
- **工具栏或导航栏**：在"三维导航"工具栏中，按住"受约束的动态观察"按钮不放，弹出工具栏，从中单击"自由动态观察"按钮。
- **菜单**：选择"视图"→"动态观察"→"自由动态观察"命令。
- **快捷键**：按住〈Shift+Ctrl〉键，然后按住鼠标滚动轮移动，可以暂时进入 3DFORBIT 模式。
- **快捷菜单**：启动任意三维导航的命令，右击，打开快捷菜单，选择"其他导航模式"→"自由动态观察"命令。
- **快捷菜单**：处于三维动态观察模式中时，可以通过按住〈Shift〉键来暂时进入 3DFORBIT 模式。
- **命令行**：3DFORBIT。

2. 操作方式

1）按住鼠标左键拖动，就能控制模型在视口内转动。如图 6-3 所示，光标处于不同位置，有 4 种显示样式，用于表示模型旋转的 4 种方式，按住后将保持光标样式不变。

- 光标在导航球内按住拖动，模型可随意旋转。
- 光标从顶部或底部的小圆内按住拖动，模型只能绕水平轴旋转。
- 光标从左右两边的小圆内按住拖动，模型绕垂直轴旋转。
- 光标在导航球外拖动，相当于绕垂直屏幕方向的轴旋转。

2）如果有多个对象，又希望仅旋转指定对象，可先单击指定对象使之呈夹点显示，然后启动命令。

3）可打开快捷菜单，选择其他选项命令，还可以利用鼠标滑动轮来缩放、平移图形。

6.1.2 受约束的动态观察和连续动态观察

受约束的动态观察命令 3DORBIT、连续动态观察 3DCORBIT 和自由动态观察 3DFORBIT 命令位置安排在一起、调用方式相似，功能略有差异。

1. 受约束的动态观察

和自由动态观察 3DFORBIT 命令相比，启动受约束的动态观察命令 3DORBIT 时，视口内不出现导航球，光标的样式相当于处在导航球内的样式，功能也一样，可随意旋转模型；也可以打开快捷菜单做更多的选择。

以观察"3D House.dwg"图形为例，打开文件后，绘图窗口显示如图 6-4 所示；选择用户创建的"Cameral"视图，如图 6-5 所示；启动受约束的动态观察模式，光标调整合适位置，向前滚动鼠标滑动轮，按住拖动可旋转视图，动态显示如图 6-6 所示。

图 6-4　图形原始视角

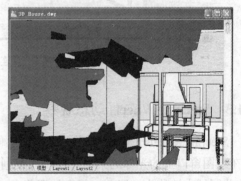

图 6-5　"Cameral"视图

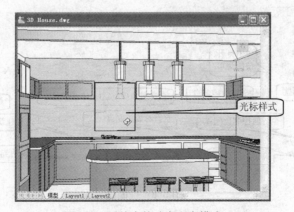

图 6-6　受约束的动态观察模式

2．连续动态观察

和受约束的动态观察 3DORBIT 命令相比，启动连续动态观察命令 3DCORBIT 时，光标样式为两个圆环环绕的球状。操作时，仅需单击并沿任意方向拖动鼠标，就可使对象沿正在拖动的方向移动；松开鼠标，对象沿松开的方向继续进行它们的轨迹运动，且松开时的速度决定了对象的旋转速度；单击一点可停止；可通过再次单击并拖动/松开来改变连续动态观察的方向，动态显示如图 6-7 所示。

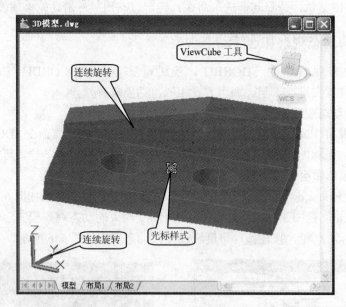

图 6-7　连续动态观察模式

6.1.3　SteeringWheels 动态观察

SteeringWheels（也称作控制盘）是三维观察的集约工具，如图 6-8 所示，用于追踪悬停在绘图窗口上的光标的菜单。控制盘被划分为不同的区域，每一个区域的功能相当于按钮（这些区域也被称为按钮），每个按钮代表一种导航工具。

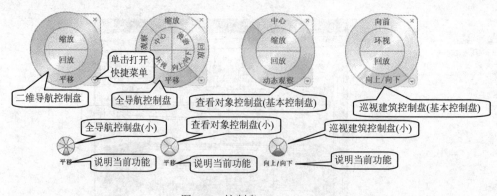

图 6-8　控制盘

1. 启动控制盘
- **面板**：选择"视图"选项卡→"导航"面板，单击"SteeringWheels"按钮下方箭头，打开下拉菜单，选择各种样式控制盘，如图 6-8 所示。
- **导航栏**：单击"SteeringWheels"按钮，出现和上一次相同的控制盘。
- **快捷菜单**：启动任意控制盘，右击打开快捷菜单，如图 6-9 所示，可选择相应的命令。
- **命令行**：NAVSWHEEL(WHEEL)。

2. 基本操作方式
- 光标移动到控制盘上的每个按钮时，系统会在下方给出说明并显示该按钮的功能。当导航工具处于活动状态时，系统会显示功能消息，同时功能提示文字会在光标旁边显示活动导航工具的名称。
- 单击控制盘上的一个按钮并按住鼠标来激活一种导航工具，实施拖动以重新设置当前视图。松开按钮可返回至控制盘，再选择导航工具。
- 可以通过快捷菜单，在不同控制盘样式之间切换来控制控制盘的外观。除二维导航控制盘，其他模式都有大控制盘和小控制盘两种不同样式。
- 在快捷菜单中选择"SteeringWheel 设置"命令，将弹出"SteeringWheels 设置"对话框，如图 6-10 所示。在此对话框中可以调整控制盘的大小、不透明度，控制提示信息的显示等。

图 6-9　控制盘的快捷菜单　　　　　　　　　图 6-10　"SteeringWheels 设置"对话框

- 关闭控制盘：按〈Esc〉键；单击控制盘右上角的"关闭"按钮；右击，打开快捷菜单，选择"关闭控制盘"命令。

3. 导航工具说明
- "环视"工具：拖动时，光标变为环视光标样式，可使模型绕垂直于当前视图的轴旋转，如图 6-11 所示。
- "中心"工具：用于在模型上指定一个点作为当前视图的中心，拖动时光标变为球形，松开的位置为视图中心，如图 6-12 所示。
- "动态观察"工具：基于固定的枢轴点旋转模型。拖动时，光标变为动态观察光标，如图 6-12 所示，可以任意改变模型的方向。

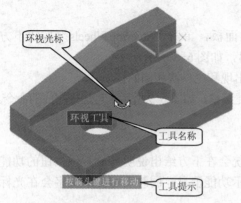

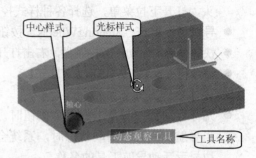

图 6-11 "环视"工具操作样式　　　　图 6-12 "中心"和"动态观察"工具操作样式

- "缩放"工具：基于中心点缩放模型。拖动时，光标变为缩放光标，如图 6-13 所示，向上放大、向下缩小。
- "向上/向下"工具：用于延模型的 Z 轴滑动模型的当前视图。上下拖动光标时，当前标高和允许的运动范围将显示在垂直距离指示器上，如图 6-14 所示。和"平移"工具相比，"向上/向下"工具能调整当前视点（见下文）在模型 Z 轴方向上的高度。
- "平移"工具：通过平移来重新任意摆放模型在当前视图的位置。拖动时，光标为移动光标，如图 6-15 所示。

图 6-13 "缩放"工具操作样式　图 6-14 "向上/向下"工具操作样式　图 6-15 "平移"工具操作样式

- "漫游"工具：可模拟在模型中漫游。拖动时，圆心图标将显示在视图中心附近，光标形状将更改为一组箭头；若要在模型中漫游，朝向要移入的方向拖动，光标形状变为单个方向箭头，如图 6-16 所示。

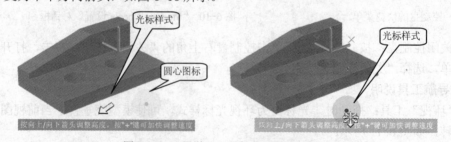

图 6-16 "漫游"工具操作两种光标样式

- "回放"工具：用于恢复先前的视图，也可以在导航历史中滚动，如图 6-17 所示。拖动时，将显示回放用户界面，左右移动即在导航历史中滚动画面。要恢复一个先前的视图，可将光标夹点停留在缩略图上并松开。

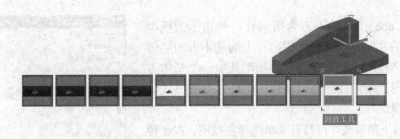

图 6-17 "回放"工具操作样式

6.1.4 ViewCube 动态观察

ViewCube 也是一个三维导航工具,在三维视觉样式中处理图形时,默认在视口的右上角固定显示。通过 ViewCube 工具,用户可以在标准视图和等轴测视图间切换,显示样式如图 6-18 所示。

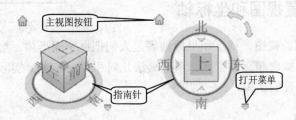

图 6-18 各种 ViewCube 工具显示样式

1. ViewCube 的显示和隐藏

"选项"对话框之"三维建模"选项卡中的"显示 ViewCube 或 UCS 图标"选项区有"显示 ViewCube"复选框控制其是否显示;打开绘图窗口中的"视口控件"菜单,也可控制该工具是否显示。

2. 基本操作方式

● ViewCube 工具是一种可单击、可拖动的常驻界面。默认处于视口右上角,以不活动状态半透明显示,不会遮挡模型的视图。当视图发生更改时,仍可提供有关模型当前视点的直观反映。

● 当光标悬停在 ViewCube 工具上方时,该工具会显示为不透明的活动状态,可能会遮挡模型。用户可以切换至其中一个可用的预设视图,滚动当前视图或更改至模型的主视图。

● 用户可以通过单击它的面、边、角点在模型的标准视图和等轴测视图之间进行切换,此时,ViewCube 工具样式如图 6-19 所示。

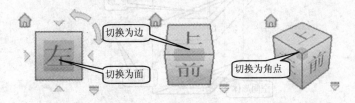

图 6-19 切换为面、边、角点的 ViewCube 工具样式

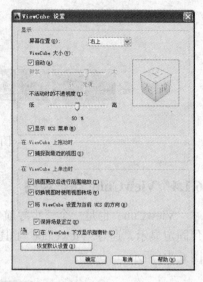

图 6-20 "ViewCube 设置"对话框

- ViewCube 工具的下方为指南针，并指示为模型定义的北向。可以单击指南针上的基本方向字母以旋转模型，也可以单击并拖动其中一个基本方向字母或指南针圆环以绕视图中心以交互方式旋转模型。
- 单击右下角箭头，可打开菜单选择主视图、投影模式或打开"ViewCube 设置"对话框，如图 6-20 所示，可对 ViewCube 的外观、位置、操作方式、UCS 菜单显示和指南针显示等作设置。
- 单击左上角"主视图"按钮，可恢复定义模型时视图。

6.2 投影、预置视图和坐标轴

投影、预置视图、视图、视点和坐标轴等是人们把握空间形体、绘制平面图形、甚至三维建模中最为重要的概念和有效工具。掌握画法几何和 AutoCAD 实际应用中的异同，能加深我们对工程图学原理的认识。

6.2.1 正投影规则

构成投影有 4 个要素：投射中心、投射线、空间物体和投影面。正投影的条件是投射线为平行线且和投影面垂直。投射方向其实指的是人的看图方向，投影图是把看到的形状画到后面的投影面上，否则除了外围的轮廓阴影什么也没有了。人、空间形体、投影面之间的位置关系是：人在前，空间物体在中间，后面是投影面。由于投影面上要画图，所以是不透明的。这里说的"看"和眼睛看物体（透视即中心投影）是不同的，用眼睛看物体，有前后、远近的立体效果。透视更符合人的实际感觉，当处理较大形体时差别就更明显，正投影可以理解为适当地移动以保证平行地"看"。

AutoCAD 支持透视模式，默认采用正投影。三维动态观察模型，可以理解为看图方位的变动，而投影面始终保持和看图方向垂直，那么看到什么就画出什么，正投影图同样能产生立体的效果。用第三角画法来解释就更直观：人正对透明的屏幕，屏幕相当于投影面，空间物体在屏幕的后面旋转，如图 6-21 所示。从结果上看，第三角画法和第一角画法是等效的。

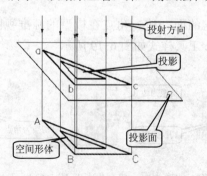

图 6-21 第三角画法的正投影规则

160

6.2.2 坐标轴和预置视图

绘制平面图形时，一般不必关心坐标系，用的是系统设置好的，称为世界坐标系（World Coordinate System，WCS）。系统规定三维空间绘图、编辑操作，只有在平行 XY 面上才能进行，因此需要变换坐标系，变换后的坐标系就称为用户坐标系（User Coordinate System，UCS）。坐标无论如何变换，都遵守右手定则。

1. 右手定则

在三维坐标系中，由 X 和 Y 轴的方向，使用右手定则确定 Z 轴的正方向。如图 6-22 所示，摊开右手手心，伸直大拇指，沿大拇指的是 X 轴的正方向；此时食指与拇指成 90°，食指指的就是 Y 轴的正方向；蜷起中指使它与拇指、食指成垂直角度，中指所指的就是 Z 轴的正方向。还可以按 X 轴到 Y 轴的正旋转方向卷曲右手四指，大拇指指向 Z 轴的正方向。

2. 设置 UCS 图标

UCSICON 命令用来控制 UCS 图标的可见性、位置和样式，调用方法：选择"视图"菜单→"显示"→"UCS 图标"→"开""原点""特性"3 个命令。前两个选项控制开/关 UCS 图标、是否尽可能使 UCS 图标显示在坐标原点。选择"特性"命令，弹出"UCS 图标"对话框，如图 6-23 所示。

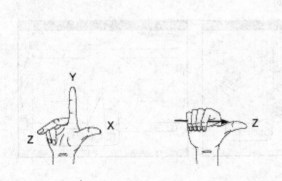

图 6-22　右手定则

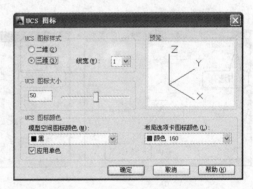

图 6-23　"UCS 图标"对话框

该对话框中可控制是否显示 Z 坐标；可设置 UCS 图标的大小、在模型空间和布局空间中的颜色。"预览"窗口显示当前设置下的 UCS 图标形状。

3. 视口中的各种正交坐标样式

视口中会出现各种正交坐标样式，当看图方向和一个坐标轴平行时，这个坐标轴就变成一个点，另两个坐标轴显示，坐标样式也就转化成平面显示的形式。系统预置的 6 个正交视图，自动经坐标轴变换，统一变换为 XY 面。

如图 6-24 所示，变换视觉样式、切换视图、变换坐标，描述的是同一个形体，屏幕上却看到不同的视图、显示出不同的 UCS 图标样式。依次操作如下：

1）原始图形为"西南等轴测"视图，采用"概念视觉"样式（见下文），坐标为着色样式，如图 6-24a 所示。

2）选择"视觉样式"控件→"二维线框"命令，视觉样式变换，坐标为三维 WCS 样式，如图 6-24b 所示。

3）选择"视图"控件→"俯视图"命令，坐标样式变为"三维 WCS 俯视图"样式，如图 6-24c 所示。

4）选择"视图"控件→"仰视图"命令，坐标样式变为"三维 UCS 俯视图"样式，系统自动变换了坐标，如图 6-24d 所示。

5）选择"视图"控件→"西南等轴测"命令，此时和步骤 2 相比 X、Z 轴反向，如图 6-24e 所示。

6）按〈Ctrl+Z〉键，单击"UCS"工具栏中的"Y"按钮，绕 Y 轴旋转 180°，空间坐标方向和 WCS 方向相同，图标出现小框，如图 6-24f 所示。

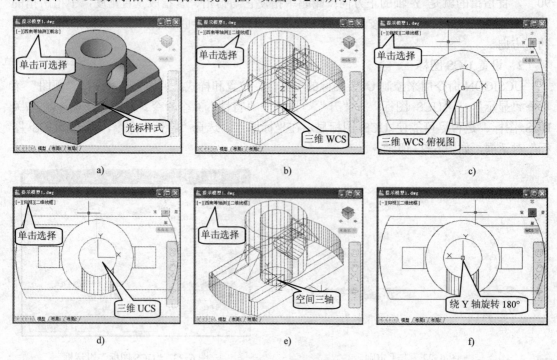

图 6-24　切换视图和变换坐标样式

【说明】

工程制图采用线框来表达图形，它是一种将组成形体的各个面的边界（直线或曲线）抽象出来表达、认识形体的方法。所以视觉样式的调整不改变形体的本质，"二维线框"视觉样式占用资源少，为加快运行速度会经常用到。

6.2.3　管理用户坐标系

所有坐标输入以及其他许多工具和操作，均参照当前的 UCS。基于 UCS 位置和方向的二维工具和操作包括：绝对坐标输入和相对坐标输入、绝对参照角；正交模式、极轴追踪、对象捕捉追踪、栅格显示和栅格捕捉的水平和垂直定义；文字对象的方向和平铺视图等。管理用户坐标系命令 UCS，相关功能和按钮如图 6-25 和图 6-26 所示。

图 6-25　建模空间两种"坐标"面板

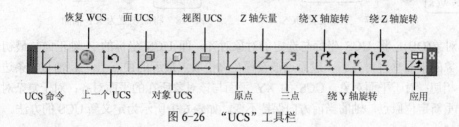

图 6-26　"UCS"工具栏

1．命令启动方法

- **面板**：选择"常用（默认）"选项卡→"坐标"面板，单击 UCS 各按钮。
- **工具栏**：在"UCS"工具栏中，单击 UCS 各按钮。
- **菜单**：选择"工具"菜单→"新建 UCS"命令，打开子菜单，选择各命令。
- **命令行**：UCS。

操作中命令行提示如下：

> 命令: UCS
> 当前 UCS 名称: *世界*　//系统提示信息
> 指定 UCS 的原点或 [面(F)/命名(NA)/对象(OB)/上一个(P)/视图(V)/世界(W)/X/Y/Z/Z 轴(ZA)] <世界>:

2．选项功能

- **指定 UCS 的原点**：使用一点、两点或三点定义一个新的 UCS。首先单击一点即为坐标原点。系统提示"指定 X 轴上的点或 <接受>:"，如果按确认键，则平移坐标并退出；如果拾取一点，则和原点的连线确定为正向 X 轴。如果重新设定了 X 轴，则系统进一步提示"指定 XY 平面上的点或 <接受>:"，如果按确认键，即平移坐标并改变 X 轴的方向；如果拾取一点，则 UCS 将绕 X 轴旋转，以使 XY 平面包含该点且该点 Y 坐标为正。如图 6-27 所示，通过依次拾取三点，建立 UCS。
- **世界(W)**：强制用户坐标系恢复为世界坐标系，即 WCS 坐标。
- **上一个(P)**：恢复上一个 UCS。将保留最后 10 个在模型空间中创建的用户坐标系以及最后 10 个在图纸空间布局中创建的用户坐标系。
- **面(F)**：将用户坐标系与三维实体上的面对齐。系统提示"选择实体对象的面:"，光标变为拾取框样式，可在面内单击或拾取面的边来选择面。系统又提示"输入选项 [下一个(N)/X 轴反向(X)/Y 轴反向(Y)] <接受>:"，如图 6-28 所示。
- **命名(NA)**：保存当前 UCS 坐标以供今后恢复使用。系统提示"输入选项 [恢复(R)/保存(S)/删除(D)/?]:"，其中"恢复"选项用于调用已保存名称的 UCS 坐标；"删除"选项可将已保存的 UCS 坐标从列表中删除。

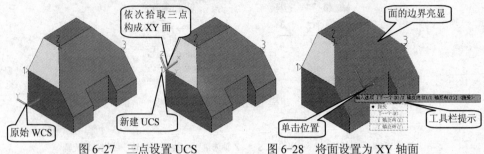

图 6-27　三点设置 UCS　　　　　图 6-28　将面设置为 XY 轴面

- 对象(OB)：将 UCS 坐标与选定的对象对齐，即 UCS 坐标的 Z 轴正向与最初创建对象的平面垂直对齐。一般原点被设置在离拾取点最近的顶点上，X 轴与一条边对齐或相切；对于平面对象，UCS 的 XY 平面与该对象所在的平面对齐；对于复杂对象，只重新定位原点，轴的当前方向保持不变。如表 6-1 所示为定义新 UCS 的方法。

表 6-1　用对象定义 UCS 的方法

对象类型	UCS 定义方法
圆弧	圆弧的圆心成为新 UCS 的原点。X 轴通过距离选择点最近的圆弧端点
圆	圆的圆心成为新 UCS 的原点。X 轴通过选择点
标注	标注文字的中点成为新 UCS 的原点。新 X 轴的方向平行于当绘制该标注时生效的 UCS 的 X 轴
直线	离选择点最近的端点成为新 UCS 的原点。该直线为新的 X 轴且位于新 UCS 的 XZ 平面上
点	该点成为新 UCS 的原点，坐标平移
二维多段线	多段线的起点成为新 UCS 的原点。X 轴沿从起点到下一顶点的线段延伸
实体	二维实体的第一点确定新 UCS 的原点。新 X 轴沿前两点之间的连线方向
宽线	宽线的"起点"成为 UCS 的原点，X 轴沿宽线的中心线方向
三维面	第一点为新 UCS 的原点，X 轴沿前两点的连线方向，Y 的正方向取自第一点和第四点。Z 轴由右手定则确定
文字、块参照、属性定义	对象的插入点成为新 UCS 的原点，新 X 轴由对象绕其拉伸方向旋转定义。用于建立新 UCS 的对象在新 UCS 中的旋转角度为零

- 视图(V)：以当前屏幕作为 XY 平面。原点保持不变，X 轴和 Y 轴分别变为水平和垂直。图 6-27 中标注文字能正常显示，事先就使用了该选项。
- "X"、"Y" 和 "Z"：可绕指定轴旋转 UCS。系统提示"指定绕 X(Y 或 Z) 轴的旋转角度 <90>:"，可输入正或负数值作为角度旋转，正负方向按右手定则。
- Z 轴(ZA)：将 UCS 与指定 Z 轴正向对齐。系统提示"指定新原点或 [对象(O)] <0,0,0>:"，输入第一点，则原点移到该点；也可指定对象。系统又提示"在正 Z 轴范围上指定点 <-33.1365,11.6498,19.4350>:"，输入第二点，Z 轴正向通过该点。
- 应用："UCS"工具栏按钮，可将当前 UCS 设置应用到指定的视口或所有活动视口。

6.2.4　投影、视图和预置视图

按照画法几何投影规则，三个坐标轴面上绘制了线框及网格线，将模型放置在其中，如图 6-29 所示。

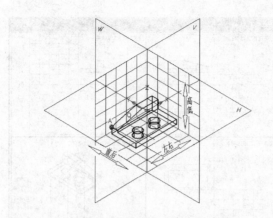

图 6-29　形体放置在三面投影体系中

当前为 WCS 坐标，如果绕 Z 轴旋转 180°，则和画法几何中使用的坐标一致。为什么会出现这种差异？因为按照画法几何的展开规则，展开后坐标原点在中心，而 AutoCAD 按通常的习惯，规定正交视图的坐标原点在右下角或实际的位置上，且都变换为相同方向的 XY 面。

1. 投影和预置视图

调用创建多个视口命令 VPORTS，改为 4 个视口，如图 6-30 所示。每个视口都有相同的 XY 面，且和相应的投影方向是一致的。将图 6-30 中的正交视图叠加在一起，如图 6-31 所示，只要将坐标轴按画法几何的展开规则标记，就是投影图。可见坐标变换，不影响投影的方向，也不改变形体结构内部元素之间上下、前后、左右的位置关系，从而也不会影响最终的结果。

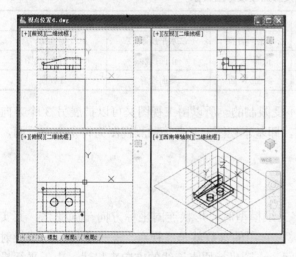

图 6-30　4 个视口表达形体

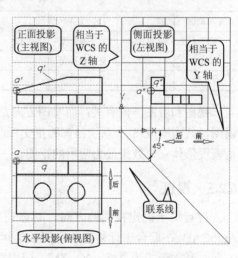

图 6-31　经拼合的三面投影(视)图

【说明】

图 6-31 所示为立体的正交视图，要转化成平面图形还需按一定的规则处理，该模型真正的平面图形见第 4 章图 4-83。

2. 投影和视图

如果把模型由第 I 象限平移到第 VI 象限，形体的坐标将都为正，这才是制作、放置模型的实际位置。调用创建多个视口命令 VPORTS，结果如图 6-32 所示。

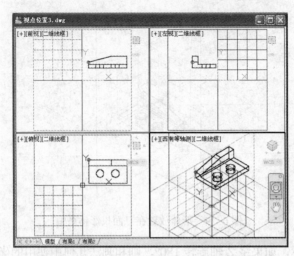

图 6-32　4 个视口表达对角位置形体

和图 6-30 相比，图 6-32 中的正交视图虽然位置发生了改变，但得到的图形未变。因为看图的方向没变、形体内部结构没变。如果还用投影图来说明，容易混淆。所以引入"视图"这个概念，这样就只关心看图方向。至于投影面，按正投影规则，应在模型后且和看图方向垂直。可见"视图"概念是"投影"概念的拓展和延伸。两者之间的关系见表 6-2。

表 6-2　三投影面及投影图名称

坐标轴面	位　置	名　　称	代　号	简　　称	形体投影图名称	等效视图名称
XY 面	水平	水平投影面	H	水平面/H 面	水平投影	俯视图
XZ 面	正立	正立投影面	V	正面/V 面	正面投影	主（前）视图
YZ 面	侧立	侧立投影面	W	侧面/W 面	侧面投影	左视图

视图和看图方向有关，而看图方向是不受限制的。所以由三视图又可以扩展另 3 个方向视图，共同构成 6 个系统预置的正交视图，即基本视图。4 个等轴测视图为特定方向看图，是表现形体立体效果最为常用的视图。

6.2.5　视点

视点用于确定视图的方向。动态观察三维模型时，形状连同坐标方向一同变化。其实 AutoCAD 在后台进行复杂的空间数学运算，它用的参数就是"视点"——看图方向或投射方向。基本形式为"(X，Y，Z)"，即用空间一点到坐标原点连线的方向来描述。由于平行投影的实际位置在无穷远处，因此点到坐标原点的距离无实际意义。视点通常用球面坐标表示，其中的两个角度参数就是表示方向的形式。旋转三维模型其实是在不断"输入视点"。其中预置视图为系统设置的视图、视点坐标只与 WCS 坐标相关。

设置三维观察方向命令 DDVPOINT，可在"视点预置"对话框中查看和设置当前视口的视点。

1. 命令启动方法

● **菜单**：选择"视图"→"三维视图"→"视点预设"命令，弹出"视点预置"对话框，如图 6-33 所示。

- 命令行：DDVPOINT(VP)。

2．选项功能

- "绝对于 WCS"和"相对于 UCS"单选按钮：可相对于 WCS 或 UCS 查看方向。
- "X 轴"和"XY 平面"文本框："X 轴"指视点在 XY 面的投影与原点的连线和 X 轴的夹角；"XY 平面"指视点与原点的连线与 XY 面的倾斜角。在上方角度预览窗口内单击也可以设置角度。
- "设置为平面视图"按钮：变换 UCS 坐标不会改变视点，然而单击该按钮可使视点设置为正对 XY 平面，即 XY 平面显示为平面视图。如图 6-33 所示，单击该按钮，退出窗口后将显示"俯视"视图。再如图 6-28 所示，此时打开"视点预置"对话框，选择"相对于 UCS"单选按钮，再单击"设置为平面视图"按钮，将显示斜面实形，如图 6-34 所示。

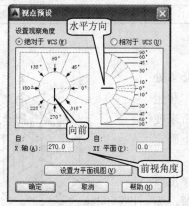

图 6-33　"视点预置"对话框

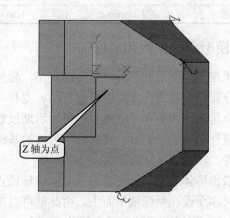

图 6-34　显示斜面实形

3．预置视图的视点

如图 6-35 所示，WCS 的原点位于正方体的中心，标记的 10 个点分别为预置视图的视点。字符方向和相应连线垂直。

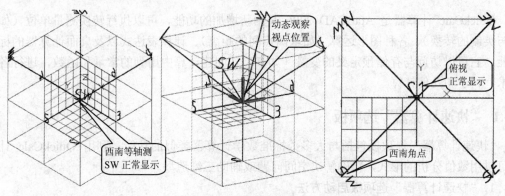

图 6-35　预置视图的视点位置

切换视图，将使相应的线变为一点且字符正常显示。如选择"西南等轴测"视图，则字符

"SW"正常显示。在"俯视"视图中，字符"1"正常显示，此时 4 个角点用来定义等轴测图的名称，比如"SW"字符位于西南角。图 6-35 中 10 个预置视图的视点及参数如表 6-3 所示。

表 6-3　预置视图视点及参数

菜单项	对应英文名称（第三角画法视图名）	视点直角坐标	视点球面坐标	看图方向
俯视	Top	1(0, 0, 1)	1(1<270<90)	从上往下
仰视	Bottom	2(0, 0, -1)	2(1<270<-90)	从下往上
前（主）视	Front	3(0, -1, 0)	3(1<270<0)	从前向后
后视	Back	4(0, 1, 0)	4(1<90<0)	从后向前
左视	Left	5(-1, 0, 0)	5(1<180<0)	从左往右
右视	Right	6(1, 0, 0)	6(1<0<0)	从右往左
西南等轴测	SW Isometric	SW(-1, -1, 1)	SW(1.732<225<35.3)	西南角点方向
东南等轴测	SE Isometric	SE(1, -1, 1)	SE(1.732<315<35.3)	东南角点方向
东北等轴测	NE Isometric	NE(1, 1, 1)	NE(1.732<45<35.3)	东北角点方向
西北等轴测	NW Isometric	NW(-1, 1, 1)	NW(1.732<135<35.3)	西北角点方向

6.2.6　模型空间位置和坐标轴

为了在正投影规则下反映形体的实形，模型必须处于正交位置。直观地看，模型终归有长、宽和高，和坐标轴对应起来，如图 6-36 所示，将为后期投影带来便利。在进行立体的投影时，要在分析形体的基础上确定摆放位置，以达到更好的效果。

一般将形体的中心位置设为 WCS 坐标原点，主要平面、对称面设在坐标轴平面上。由此就可以理解，为什么 AutoCAD 规定二维工具和操作一般在 XY 面内。当需要在不同位置、方向上操作时，应首先变换坐标。

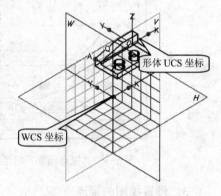

图 6-36　WCS 和形体的空间坐标

6.3　QuickCalc 计算器及 CAL 命令

QuickCalc 计算器是 AutoCAD 2006 开始新增加的功能，可以执行转换测量单位（如公制与英制的转换）、各种图形运算（如求两点间的距离）、计算表达式以及桌面计算器的标准功能。它可以访问与存储预定义的变量（如 PI）、创建计算中用到的常量和函数，进行各种算术、科学和几何计算。

6.3.1　"快速计算器"选项板

"快速计算器"选项板包括与大多数标准数学计算器类似的功能。利用 QuickCalc 计算器可以用数值分析的形式，精确解决空间问题或辅助三维造型。

1."快速计算器"选项板启动方法

● **面板**：选择"视图"选项卡→"选项板"面板→"快速计算器"命令，弹出"快速计算器"选项板，如图 6-37 所示。

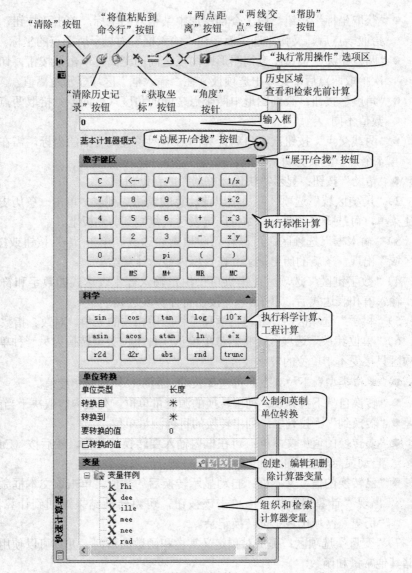

图 6-37 "快速计算器"选项板

- **工具栏**：在"标准"工具栏中，单击"快速计算器"按钮。
- **菜单**：选择"工具"→"选项板"→"快速计算器"命令。
- **快捷菜单**：命令提示状态，在绘图窗口右击，打开快捷菜单，选择"快速计算器"命令。
- **命令行**：QUICKCALC（QC）。

2. 选项功能

1）"执行常用操作"选项区：执行常用函数的快速操作。

- "清除"按钮：清除输入框中的内容。
- "清除历史记录"按钮：清除历史记录区域的内容。
- "将值粘贴到命令行"按钮：在命令执行过程中以透明方式使用"快速计算器"，将输入框中的数值拷贝到命令窗口。

- "获取坐标"按钮：用于查询图形中某个点的坐标。单击该按钮，切换回绘图窗口；拾取一点后，又弹出选项板并在"输入框"内显示所选点的坐标。
- "两点距离"按钮：查询图形中两点之间的距离。单击该按钮，切换回绘图窗口；依次拾取两点后，又弹出选项板并在"输入框"区域显示距离值。
- "角度"按钮：查询图形中两个点之间的角度（方向）。拾取两点的顺序不同，角度数值不同。
- "两线交点"按钮：可自动计算图形中两条直线交点的坐标。需在绘图窗口依次拾取4个点，定义为两条直线。
- "帮助"按钮：显示"快速计算器"的帮助信息。

2）"历史区域"选项区：显示以前计算的表达式列表。单击一条历史记录，右击，打开快捷菜单，可选择更多命令，如将选定表达式复制到剪贴板上。

3）"输入框"选项区：可以输入和检索表达式。单击"="按钮或按〈Enter〉键，"历史区域"出现一条新的历史记录并在该框内显示计算结果。

4）"数字键区"选项区：提供可供用户输入算术表达式的数字和符号的标准计算器键盘。输入值和表达式后，单击"="按钮将计算表达式。

5）"科学"选项区：计算与科学和工程应用相关的三角、对数、指数和其他表达式。

6）"单位转换"选项区：将测量单位从一种单位类型转换为另一种单位类型。单位转换选项区只接受不带单位的较小数值。

- "单位类型"下拉列表：可选择长度、面积、体积和角度值。
- "转换自"下拉列表：列出转换的源测量单位。列表内容取决于当前所选单位类型。
- "转换到"下拉列表：列出转换的目标测量单位。
- "要转换的值"文本框：可在框内输入要转换的数值，然后按〈Enter〉键，下一栏中自动显示转换后的数值。
- "已转换的值"文本框：自动显示转换后的数值。单击该文本框激活该数值，其右侧出现"计算器"按钮；单击该按钮，可将转换结果返回到计算器的输入框内同时"历史"区域出现单位转换记录。

7）"变量"选项区：提供对预定义常量和函数的访问，并且可以使用"变量"区定义并存储其他常量和函数。

- "变量树"列表框：以变量树的形式存储预定义的快捷函数和用户定义的变量。预定义的快捷函数功能说明见表6-4。

表6-4　系统预定义的快捷函数功能说明

快捷函数	对应算式	说　　　明
Phi	变量值为 1.61803399	黄金分割比例
dee	dist(end,end)	两端点之间的距离
ille	ill(end,end,end,end)	4个端点确定的两条直线的交点
mee	(end+end)/2	两端点确定的直线的中点
nee	nor(end,end)	XY平面内的单位矢量表示方向，该方向与两个端点连线垂直
rad	rad	自动计算选定的圆、圆弧或多段线弧的半径
vee	vec(end,end)	两个端点所确定的矢量
vee1	vec1(end,end)	两个端点所确定的单位矢量

- "新建变量"和"编辑变量"按钮：单击打开"变量定义"对话框，如图 6-38 所示。可设置变量、创建函数、编辑已有变量或函数，并可进行必要的文字说明。
- "删除变量"按钮：可将变量树列表中选定的变量删除。
- "计算器"按钮：将变量树列表中选定的变量返回到输入区域，按〈Enter〉键后运行。双击变量树列表中选定的变量也能使该变量返回到输入区域。

图 6-38 "变量定义"对话框

【例 6-1】 如图 6-39 所示，在斜面上绘制圆柱体，其底面中心为直线 12 和 34 的交点，操作如下。

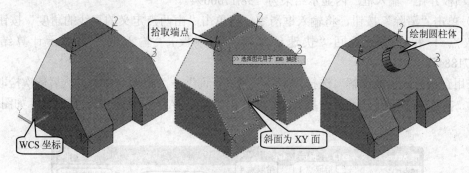

图 6-39 斜面上绘制圆柱体

1）选择"工具"菜单→"命名 UCS"命令，打开"UCS"对话框，操作如图 6-40 所示，斜面被设置为 XY 面。

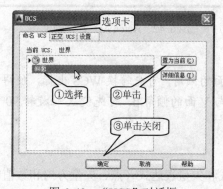

图 6-40 "UCS"对话框

2）在"快速计算器"选项板的"变量树"列表框中双击"ille"变量并按〈Enter〉键，返回绘图窗口，光标为拾取框样式；依次选择各端点，拾取的位置应尽量靠近端点附近，如图 6-39 所示；选择完点后，返回"快速计算器"选项板并在"输入框"内显示计算结果为"[18.4869155,−12.9302326,0]"。

3）启动绘制"圆柱体"命令，单击"将值粘贴到命令行"按钮，点坐标显示在命令行；光标在命令窗口单击并按〈Enter〉键，即输入圆心。

4）按命令行提示给出半径和高度即能绘制圆柱体，也可移动光标单击两点完成。

【例 6-2】 试求图 6-39 中，点 1 与点 4 连线的长度及 WCS 坐标下与 XY 面的倾角。

背景及分析： 通过求线的实长和倾角是画法几何的基本问题，如图 6-41 所示。利用 AutoCAD 的计算功能可以直接由空间立体求解，甚至不需实际画出直线。这不仅有实际应用价值，而且对理解画法几何问题很有启发。

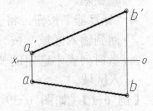

已知空间直线 *AB*，试求 *AB* 线的实长及与水平面的倾角 *α*。

图 6-41　背景图例

操作步骤：

1）单击"UCS"工具栏的"世界"按钮，恢复 WCS 坐标，如图 6-39 所示。

2）单击"快速计算器"选项板中"两点之间的距离"按钮，返回绘图窗口，拾取点 4；再拾取点 1；返回"快速计算器"选项板并在"输入框"内显示结果为"38.1706694"。

3）单击"清除"按钮，将输入框清零；再单击"由两点定义的直线的角度"按钮，依次拾取点 1 和点 4；返回"快速计算器"选项板，"输入框"内显示计算结果为"62.4471884"。

采用查询方式也能求解。选择"工具"→"查询"→"距离"命令，然后依次拾取点 1 和点 4。按〈Esc〉键退出命令，按〈F2〉键弹出"AutoCAD 文本窗口"，信息显示如图 6-42 所示。

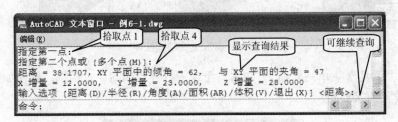

图 6-42　AutoCAD 文本窗口

【提示】

如果还想求与其他投影面的倾角，可先转换 WCS 坐标，使得 UCS 的 XY 面与该投影面平行，然后求解。例如欲求与 V 面的倾角 β，可先绕 X 轴旋转 90°。

6.3.2　CAL 命令

CAL 命令用数学表达式和矢量表达式（点、矢量方向和数值的组合）形式来运算，"快速计算器"选项板相当于 CAL 命令的简化形式。CAL 是一个功能很强的三维计算器，除包含标准的数学函数之外，还有专门的计算点、矢量和 AutoCAD 几何图形的函数，且可以透明使用。

1. 变量使用规定

用户可以用数字、字母和其他除"("")""'"""""";"和空格之外的任何符号的组合命名变量，给变量赋值、访问变量的值。创建的变量仅在绘图过程中存在，一旦关闭了图形文件，原来的变量及变量值就不存在了。

2．运算符号及函数使用规则

AutoCAD 采用标准的加、减、乘、除符号：+、–、*、/。矢量运算要符合规定的坐标格式，如表 6-5 所示。

表 6-5　标准的 AutoCAD 坐标表达格式

坐　　标	表 达 格 式
笛卡儿	[X,Y,Z]
极坐标	[距离<角度]
相对坐标	用@作为前缀，如[@距离<角度]

矢量表达式由点集、矢量、数字和函数用运算符连接组成，其规定如表 6-6 所示。

表 6-6　矢量表达式规定

运 算 符	含　　义	举　　例
( )	将表达式编组	
&	计算矢量的矢量积（结果仍为矢量）	[a,b,c]&[x,y,z] = [(b*z) – (c*y) , (c*x) – (a*z) , (a*y) – (b*x)]
*	计算矢量的标量积（结果为实数）	[a,b,c]*[x,y,z] = ax + by + cz
*、/	矢量与实数相乘除	a*[x,y,z] = [a*x,a*y,a*z]
+、–	矢量与矢量（点）相加减	[a,b,c] + [x,y,z] = [a+x,b+y,c+z]

例如求点(150,120)和(200,180)的中点坐标，用 CAL 命令，在命令行操作如下：

```
命令: CAL↙                          //输入命令
>> 表达式: ([150,120]+[200,180])/2↙  //输入计算中点的函数
175,150,0                           //系统输出计算结果
```

【注意】

与 AutoLISP 函数不同，CAL 命令要求按十进制来输入角度，也按此格式返回计算结果。CAL 命令可以输入复杂的表达式，并可用多重圆括号，按 AOS（代数运算）规则计算表达式。

3．CAL 命令中使用捕捉模式

使用 CAL 命令辅助绘图，需要大量计算、确定点的坐标。在算术表达式中合理使用点的捕捉模式，将为选择对象带来方便。可使用的函数及点的形式见表 6-7。

【技巧】

表达式使用表 6-7 给出的点的形式时，光标样式为拾取框，要先选图元对象，再由系统自动按要求找点。

表 6-7　表达式函数中使用的点

CAL 函数	系统自动捕捉的点
end	端点(endpoint)
mid	中点(midpoint)
cen	圆心(center)
nod	节点(node)
qua	象限点(quadrant)
int	交点(intersection)
ins	插入点(insert)
per	垂足(perpendicular)
tan	切点(tangent)
nea	最近点(nearest)

如果点使用 "cur" 形式，将以十字光标样式拾取点，此时可以利用系统的对象捕捉功能，使用更加灵活且符合习惯。如将变量 dee 的表达式由 dist(end , end)改为 dist(cur , cur)，使用时会更加灵活。

【例 6-3】　如图 6-43 所示，在原有图形中添画水平线 34 和 R30 的圆 O₃。其中直线 34

和切线 12 等长，圆心 O_3 处于圆心 O_1 与 O_2 连线的黄金分割点上。

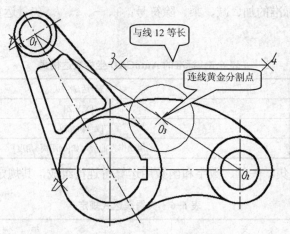

图 6-43　添画特定几何关系的圆和直线

背景及分析： 图中 O_1O_2 连线仅用来验证圆心 O_3 是否找对。在绘制平面图形和三维建模时，经常需要借助已有图形经一定的算术变换确定新绘制图形的位置和大小，应学会如何交替、灵活使用"快速计算器"选项板及 CAL 命令等工具。

操作步骤：

1）单击"快速计算器"选项板中"两点之间的距离"按钮，拾取点 1 和点 2，如图 6-44 所示；返回选项板并在"输入框"区显示距离值。

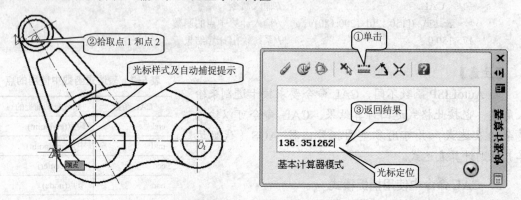

图 6-44　"快速计算器"选项板和绘图窗口拾取点交替

2）调用画直线命令 LINE，拾取起点 3，然后单击"快速计算器"选项板中"将值粘贴到命令行"按钮，命令提示行中即显示该值；光标水平移动，出现 0°极轴对齐路径时按〈Enter〉键，得到直线 34。

3）单击"快速计算器"选项板中"清除"按钮，清空输入框。双击"变量树"列表框中的"vee"变量，函数表达式显示在输入框中；将表达式中的"end"改为"cen"；单击"数字键区"的"除号(/)"按钮；再次双击"变量树"列表框中的"Phi"变量；最后输入"+cen"。输入框内显示表达式为"vec (cen,cen)/1.61803399+cen"。

按〈Enter〉键，拾取框依次在圆 O_1、圆 O_2、圆 O_1 的圆弧上拾取一点；返回选项板并在"输入框"区域显示坐标值为"[417.426458,126.310918,0]"。

4）调用"圆"命令 CIRCLE，提示指定圆心时单击"快速计算器"选项板中"将值粘贴到命令行"按钮，命令提示行中显示坐标值；按〈Enter〉键确定圆心，然后输入半径 30 即可。

6.3.3　CAL 命令使用函数说明

CAL 命令提供用于计算点、矢量和几何图形的函数，具体如表 6-8 所示。

表 6-8　计算点、矢量和几何图形的 CAL 函数

CAL 函数名	说　明
w2u(P1)	将 WCS 下表示的 P1 点坐标转换到 UCS 下的 P1 点坐标
u2w(P1)	将 UCS 下表示的 P1 点坐标转换到 WCS 下的 P1 点坐标
ill(P1,P2,P3,P4)	该函数的简化形式为"ille"，求由(P1,P2)和(P3,P4)确定的两直线的交点
ilp(P1,P2,P3,P4,P5)	求由(P1,P2)确定的直线和(P3,P4,P5)确定的平面的交点
mee	求两个端点间的中点
pld(P1,P2,DIST)	求由(P1,P2)确定的直线上距离 P1 为 DIST 的点坐标。当 DIST=0 时，即 P1 点；当 DIST=dist(P1,P2)，即 P2 点；当 DIST 为负值，求得的点位于 P1 之前；当 DIST>dist(P1,P2)，求得的点位于 P2 之后
plt(P1,P2,T)	T 为由(P1,P2)确定的直线上的一点到 P1 的距离与整条 P1P2 线的长度比例。当 T=0 时，即 P1 点；当 T=1，即 P2 点；当 T 为负值，求得的点位于 P1 之前；当 T>1，求得的点位于 P2 之后
rot(P,Origin,Ang)	P 点绕过 Origin 点的 Z 轴旋转 Ang 角度(数值)
rot(P,AxP1,AxP2,Ang)	以(AxP1,AxP2)确定的直线为旋转轴，角度为 Ang，旋转 P 点
dee	求两端点间的距离，即 dist(end,end)的省略形式
dist(P1,P2)	求点 P1 与点 P2 间的距离
dpl(P,P1,P2)	求点 P 到直线(P1,P2)的垂直距离
dpp(P,P1,P2,P3)	求点 P 到平面(P1,P2,P3)的距离
rad	求圆、圆弧的半径
abs(V)	求矢量的长度
ang(V)	求矢量 V 在 XY 平面上的投影与 X 轴之间的夹角
ang(P1,P2)	求直线(P1,P2)在 XY 平面上的投影与 X 轴之间的夹角
ang(APEX,P1,P2)	求直线(APEX,P1)和直线(APEX,P2)在 XY 平面上的投影间的夹角
ang(APEX,P1,P2,P)	求直线(APEX,P1)和直线(APEX,P2)间的夹角。参数 P 为点，用来定义角度的方向。以顶点 APEX 到点 P 的直线为轴按逆时针度量

6.3.4　CAL 命令求解画法几何问题实例

【例 6-4】　如图 6-45 所示，转换的 UCS 和 3 个坐标轴面绘制的网格线，相当于三面投影体系。空间有 ΔABC 及直线 DE 和 FG。各点坐标为：A(0.8,0,0)、B(0,0.7,0)、C(0,0,0.8)、D(0,0,0)、E(0.5,0.3,1)，F 点为 AB 线的中点，铅垂线 GF 长度 1。求：

1）ΔABC 的质心。

2）直线 DE 和 ΔABC 的交点。

3）点 G 到 ΔABC 的距离及垂足。

4）ΔABC 的实形。

背景及分析：当前坐标经过了变换和画法几何中规定的三面投影体系一致，故各点的坐标是 UCS 下的坐标。用 4 个视口显示图形如图 6-46 所示，类似投影图。利用 CAL 命令中

的相关函数，问题的解决将非常轻松、精确。

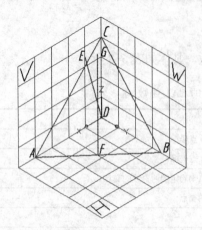

图 6-45 三面投影体系中的点、线和面

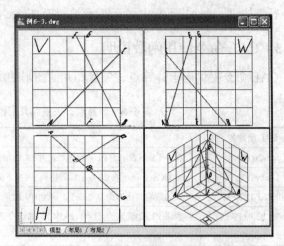

图 6-46 4 个视口观察

操作步骤：

1) 求 △ABC 的质心。命令行操作如下：

> 命令: CAL↙
> \>\> 表达式: (end+end+end)/3↙   //求三角形质心表达式
> \>\> 选择图元用于 END 捕捉: //在点 A 附近拾取直线 AB
> \>\> 选择图元用于 END 捕捉: //在点 B 附近拾取直线 AB
> \>\> 选择图元用于 END 捕捉: //在点 C 附近拾取直线 AC
> 0.26666666666667,0.23333333333333,0.26666666666667   //系统输出计算结果

2) 求直线 DE 和 △ABC 的交点。命令行操作如下：

> 命令: CAL↙   //按〈Enter〉键即可启动
> \>\> 表达式: ilp(end,end,end,end,end)↙   //求直线与平面交点函数式
> \>\> 选择图元用于 END 捕捉: //在点 D 附近拾取直线 DE
> \>\> 选择图元用于 END 捕捉: //在点 E 附近拾取直线 DE
> \>\> 选择图元用于 END 捕捉: //在点 A 附近拾取直线 AB
> \>\> 选择图元用于 END 捕捉: //在点 B 附近拾取直线 AB
> \>\> 选择图元用于 END 捕捉: //在点 C 附近拾取直线 AC
> 0.21705426356589,0.13023255813953,0.43410852713178   //系统输出计算结果

3) 求点 G 到 △ABC 的距离。命令行操作如下：

> 命令: CAL↙
> \>\> 表达式: dpp(end,end,end,end)↙   //求点到平面距离函数式
> \>\> 选择图元用于 END 捕捉: //在点 G 附近拾取直线 FG
> \>\> 选择图元用于 END 捕捉: //在点 A 附近拾取直线 AB
> \>\> 选择图元用于 END 捕捉: //在点 B 附近拾取直线 AB
> \>\> 选择图元用于 END 捕捉: //在点 C 附近拾取直线 AC
> 0.54997194092287   //系统输出计算结果

4）将 ΔABC 设置为 XY 面。单击"UCS"工具栏中的"三点"按钮，依次拾取点 A、点 B、点 C，变换后的 UCS 如图 6-47 所示。

5）调用显示用户坐标系的平面视图命令 PLAN，直接按〈Enter〉键，Z 轴正对屏幕，所以显示不出来，如图 6-48 所示。

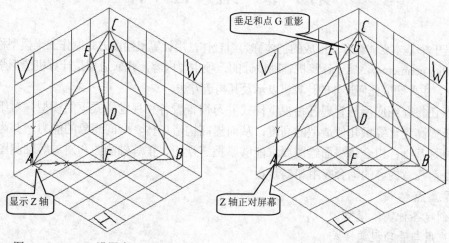

图 6-47 ΔABC 设置为 XY 面　　　　　　　　图 6-48 显示 ΔABC 的实形

6）绘制垂足点。单击"快速计算器"选项板中"获取坐标"按钮，拾取点 G，输入框内显示"[0.531507291,0.835183132,0.549971941]"。其中 Z 坐标值和步骤 3）求得的距离相同。

将 Z 坐标值改为 0，就是垂足坐标。调用绘制点命令 POINT，在该位置画点；调用"点样式"对话框，设置合适的点样式。如图 6-48 所示，显示的点虽然在 G 点，实际为不同的两个点，在当前投影方向上重影了。可用三维动态观察器查看，如图 6-49 所示。

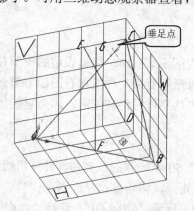

图 6-49 三维动态观察器图形

7）求解垂足 WCS 下的坐标。命令行操作如下：

```
命令: CAL↙
  >> 表达式: u2w(nod)↙                //将 UCS 下的点坐标转换到 WCS 下的点坐标函数式
  >> 选择图元用于 NOD 捕捉:           //拾取垂足节点
 -0.097530864,-0.00432098795,0.697530864  //将负号(-)去除，即为图 6-45 所示 UCS 下的点坐标
```

第7章 组 合 体

由若干个基本立体组合而形成的物体称为组合体。用计算机绘图方式制作三维模型称为几何造型（solid geometry），属于计算机辅助设计的一项主要内容。几何造型是计算机图形学的一个重要分支，主要研究几何形体的计算机表示及其构造方法。

本章还将介绍应用与管理各种视觉样式并习惯查看各种视觉样式下的模型；对组合体的形体分析提高到计算机几何造型的高度，从而提高构造形体、空间想象的能力，并为复杂三维造型打好基础；组合体平面绘图要求能够掌握三视图、正等轴测图和斜二等轴测图的制作方法，是前几章内容的综合应用和提升。

本章重点
- 创建各种实体模型
- 应用与管理视觉样式
- 实体的布尔运算
- 组合体视图绘制实例

7.1 三维造型分类

根据造型方法及其在计算机中的存储方式，三维造型有 3 种类型：线框模型、表面模型和实体模型，这也和造型技术软硬件的发展有关。

7.1.1 线框模型

线框模型仅用点和线来表达三维形体，线框表达的模型存储量小，可以提高计算速度，但是没有面和体的信息。如果形体复杂，画图和看图都不那么容易。虽然现在已经不用这种方法来造型，但是在图纸上表达立体时仍被使用，因为它能体现构成形体的基本图元、最重要的特征，利于分析。

1. 直线表达平面立体

如图 7-1 所示，制作一个 50×40×60 的长方体。计算机绘图操作的步骤如下。

1）在 XY 面绘制 50×40 矩形，将角点设在原点。

2）复制矩形，相对移动坐标为"@0,0,60"，切换"西南等轴测"视图观察。

3）对应各角点之间画直线。

改变视觉样式（见 7.2 节），图形无任何变化。调用 REGION 命令，将顶面改为面域对象，"概念"视觉样式如图 7-2 所示。用矩形命令 RECTANG ，设置厚度为 60，可以表现出有厚度的直线，如图 7-2 所示。感觉像平面有立体效果，但特性仍然是线。

通常使用三维多段线命令 3DPOLY，创建相互连接而又不共面的线条来表现立体。调用方法：

- **面板：** 选择"默认"选项卡→"绘图"面板→"三维多段线"命令。
- **菜单：** 选择"绘图"→"三维多段线"命令。
- **命令行：** 3DPOLY(3P)。

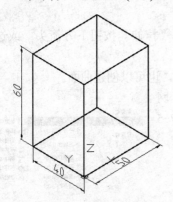

图 7-1　直线表达的长方体

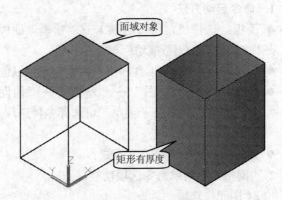

图 7-2　顶面为面域对象及带厚度直线绘制矩形

2. 曲线和直线表达曲面立体

用转向轮廓线、包络线（曲面的外形轮廓线）及若干素线来表现。

如图 7-3 所示，要制作一个ϕ100、高 120 的圆柱体。图操作步骤如下。

1）在 XY 面绘制ϕ100 的圆，可将圆心设在原点。

2）复制圆，相对移动坐标为"@0,0,120"，可切换"西南等轴测"视图观察。

3）对应象限点之间画一条直线。

4）以圆心为中心、环形复制 24 条直线。

素线的数量影响圆柱体表现的效果，如果仅在象限点上添加素线或者只画外轮廓线，效果如图 7-4 所示。画外轮廓线的方法被大量应用在工程制图中，而象限点上添加素线的形式是系统在"二维线框视觉样式"下表达圆柱体的默认方式。实体造型中，系统变量ISOLINES 用于控制显示线框弯曲部分（即曲面）的素线数目。

图 7-3　直线表达圆柱体

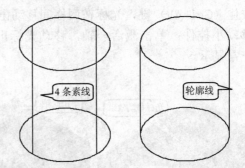

图 7-4　圆柱体象限点素线及轮廓线表达

7.1.2　表面模型

表面模型是用无限薄的壳体来描述三维对象，即用面定义三维对象的边界、表面。表面模型具有面的特征，可以进行消隐、着色及渲染等后期处理。由于其存储量小、运行速度快，在不需要物理特性（质量、体积、重心、惯性矩等）时，被大量应用。

曲面建模使用多边形网格创建镶嵌面。每个网格面为平面，因此网格只是近似地表现曲面。网格常用于创建不规则的几何图形，如山脉的三维地形模型。

1. 命令启动方法

- **面板**：选择"常用"选项卡→"建模"面板，单击"拉伸"按钮下方箭头；或选择"多段体""按住/拖动"等命令按钮。
- **工具栏**："建模"工具栏中相关命令既可以创建实体，也可以创建曲面。
- **菜单**：选择"绘图"→"建模"→"曲面"和"网格"子菜单，打开子菜单，可选择多种选项，如图 7-5 所示。
- **命令行**：相关命令英文形式。

图 7-5 "网格"子菜单

2. "网格"子菜单命令选项功能

（1）"图元"选项

"图元"选项包括"长方体""楔体""圆锥体""球体""圆柱体""圆环体""棱锥体"，和构造相应实体操作方式相同。比如选择"长方体"命令，先确定底面，然后光标向上移动拉伸制作长方体，可以切换视觉样式，如图 7-6 所示。

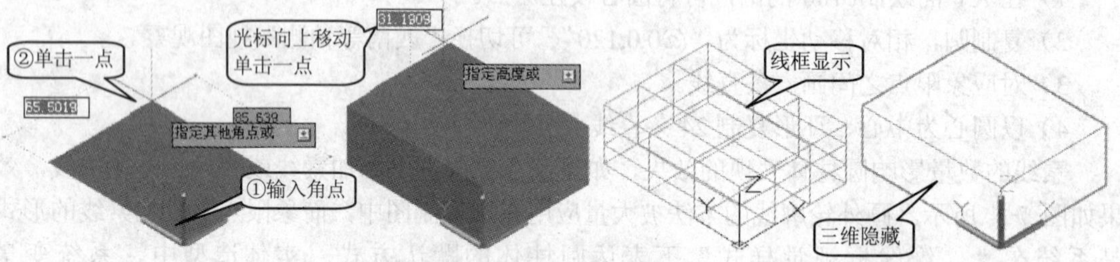

图 7-6 创建长方体网格面

按住〈Ctrl+Alt〉键，光标在网格间移动出现虚亮效果，如图 7-7 所示；单击后出现三维移动小控件；单击激活一轴，移动光标出现拉伸效果，单击确定；按〈Esc〉键，恢复正常显示。

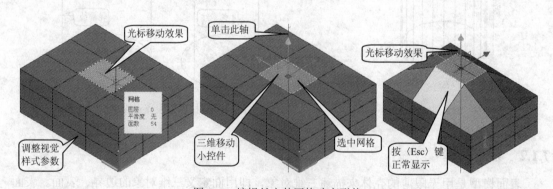

图 7-7 编辑长方体网格改变形状

（2）"平滑网格"选项

"平滑网格"选项可将三维实体或曲面对象转换为网格对象，再利用三维网格的编辑功能。可转换的对象有：三维实体、三维曲面、三维面、多面网格和多边网格、面域、闭合多段线。如可将球体、长方体转换为网格对象，如图7-8所示。

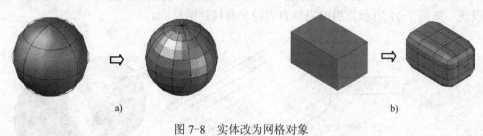

图7-8　实体改为网格对象

a）球体　b）长方体

（3）"三维面"选项

在三维空间中创建三侧面或四侧面。启动后，命令行提示"定第一点或 [不可见(I)]:"，可按顺时针或逆时针顺序输入点，如图7-9所示，顺序必须为1234567812；如果将所有的四个顶点定位在同一平面上，那么将创建一个类似于面域对象的平整面；"不可见(I)"选项可控制各边的可见性，使边不可见、这样构成的面是虚幻面，"线框"视觉样式下不显示，但会遮挡形体，着色、渲染样式下显示。

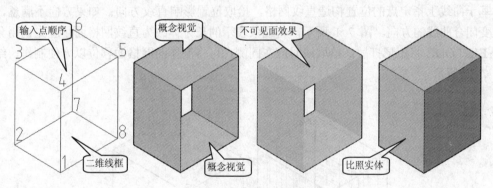

图7-9　构造三维面

（4）"旋转网格"选项

通过绕指定轴旋转轮廓来创建与旋转曲面近似的网格。轮廓包括直线、圆、圆弧、椭圆、椭圆弧、多段线、样条曲线、闭合多段线、多边形、闭合样条曲线和圆环。调用该命令后，单击多段线，再单击中轴，旋转 360°生成网格面，如图7-10所示。

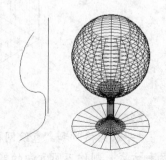

【说明】

SURFTAB1和SURFTAB2用于控制纵横两个方向网格分段数。默认设置为6，当前设置为24，用户可自行调整。

图7-10　多段线旋转构造网格面

（5）"平移网格"选项

创建常规展平曲面的网格。曲面是由直线或曲线的延长线（称为路径曲线）按照指定的方向和距离（称为方向矢量或路径）定义的。路径曲线可以是直线、圆弧、圆、椭圆、椭圆弧、二维多段线、三维多段线或样条曲线。方向矢量可以是直线，也可以是开放的二维或三维多段线。如图7-11所示为由圆沿垂直方向平移构造圆柱面。

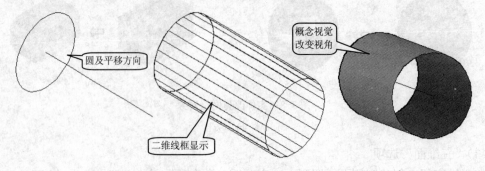

图7-11　平移构造网格圆柱面

（6）"直纹网格"选项

可以在两条直线或曲线之间创建网格。直线、点、圆弧、圆、椭圆、椭圆弧、二维多段线、三维多段线或样条曲线都可以作为边界的对象。两个边界可以使用不同的对象定义，但是两个对象必须全部开放或全部闭合。点对象可以与开放或闭合对象成对使用。对于开放曲线，基于曲线上指定点的位置构造直纹网格，拾取位置影响直纹方向；如果方向不满意，则可改变闭合曲线的方向。图7-1所示，将线条表示的长方体改为直纹网格面，应先调用分解命令EXPLODE将矩形打散；拾取线时应在同侧；可将制作的网格面移位以方便制作，结果如图7-12所示。

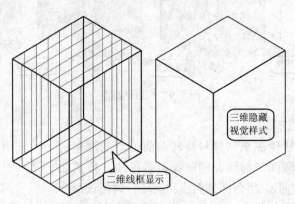

图7-12　直纹网格构造长方体

【注意】

"平移网格"和"直纹网格"方式构造曲面，在展开方向上的区别如图7-13所示，采用两种方式。制作不同方向的螺旋面，可在命令提示状态选择对象，右击，打开快捷菜单，选择"提高平滑度"命令，改善曲面效果。

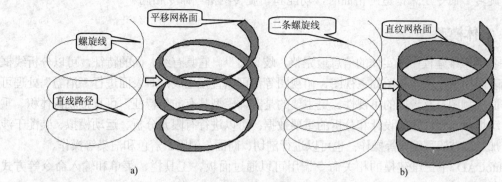

图 7-13　直纹网格和平移网格构造面
a) 平移网格面　b) 直纹网格面

（7）"边界网格"选项

可以由四条邻接边创建孔斯曲面片网格。4 条边可以是直线段、圆弧、样条曲线、二维多段线及三维多段线，应首尾相接。孔斯片是插在 4 个边界间的双三次曲面（一条 M 方向上的曲线和一条 N 方向上的曲线）。如图 7-14 所示，由吊钩的平面图形构造其表面模型，注意拾取 4 条边的顺序为半圆弧 12、多段线 23、半圆弧 34、多段线 41。

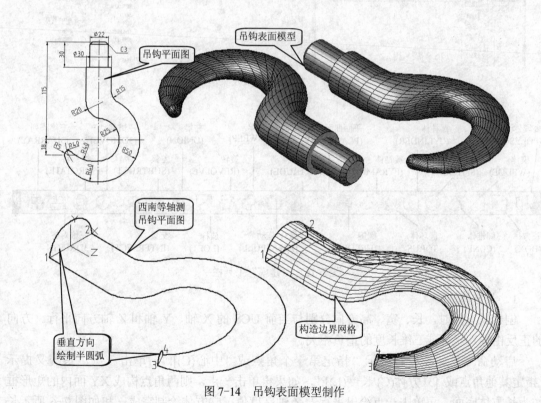

图 7-14　吊钩表面模型制作

3. 其他命令选项

其他在面板和工具栏中可以选择的构造表面模型的命令，同时可以用来构造实体模型，必要时可以结合实体建模来学习。实际上，有的功能和"网格"子菜单的命令相同或相近，比如"旋转"命令用来构造网格面时，功能和"旋转网格"命令相同。

7.1.3 实体模型

在各类三维建模中，实体的信息最完整，歧义最少。它具有线、面的特征，可以分析线框模型和表面模型，基本视图如主视图、俯视图等都可以直接生成；对表面进行"消隐"处理可生成平面轴测图，有较好的可视性。更主要的是实体模型具有的体特征，可直接获得体积、重心、转动惯量、惯性矩等设计和分析的重要数据；可以进行有限元分析、运动模拟、装配干涉检查、加工工艺流程编排等操作；也可以进行剖切、断面、消隐、着色和渲染等操作。

AutoCAD 中三维建模的相关命令调用可以通过面板、工具栏、菜单和输入命令等方式操作，如图 7-15 和图 7-16 所示。

图 7-15 "建模"面板及菜单栏

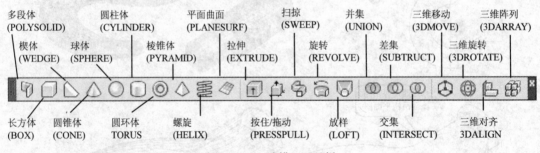

图 7-16 "建模"工具栏

1. 长方体

创建长方体时，长、宽、高方向分别与当前 UCS 的 X 轴、Y 轴和 Z 轴方向平行。方向的正反由输入坐标或三维长度的正负相关。

启动命令后，命令行提示"指定第一个角点或 [中心(C)]:"，单击一点，系统又提示"指定其他角点或 [立方体(C)/长度(L)]:"，如果再单击一点，则两角点构成 XY 面内的矩形框作为长方体底面，再单击一点给出平行于 Z 轴高度值，立方体绘制完成，和如图 7-6 所示长方体网格面的绘制方式相同；

- "立方体(C)"选项，可创建长、宽、高相同的长方体。
- 选择"长度(L)"选项，系统要求分别输入长、宽、高数值。

● 选择"中心(C)"选项，则需要首先指定立方体的中心位置。

2. 楔体

楔体可以认为是长方体沿对角线切成两半后的结果，楔体的几何参数、操作方式与长方体相同。如图 7-17 所示，指定原点为第一个角点，输入长、宽、高，绘制得到楔体。

3. 圆柱体

圆柱体命令 CYLINDER 除可以绘制圆柱体（如图 7-18a 所示）外，还可以绘制椭圆柱，如图 7-18b 所示。其上下底面和 XY 面平行。

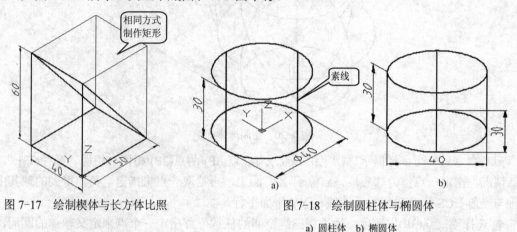

图 7-17　绘制楔体与长方体比照

图 7-18　绘制圆柱体与椭圆体

a) 圆柱体　b) 椭圆体

启动命令后，命令行提示"指定底面的中心点或 [三点(3P)/两点(2P)/相切、相切、半径(T)/椭圆(E)]:"，前面的选项和绘制圆命令 CIRCLE 相同，即用于确定底面的圆；选择"椭圆(E)"选项，系统提示"指定第一个轴的端点或 [中心(C)]:"，和绘制椭圆命令 ELLIPSE 的方式相同。

确定底面后，系统提示"指定高度或 [两点(2P)/轴端点(A)] <64.3542>:"，可指定柱体的高度。

4. 圆锥体

绘制圆锥体命令 CONE 可以绘制圆锥体、圆锥台、椭圆锥体和椭圆锥台，如图 7-19 所示。所绘制锥台上下底面和 XY 面平行。

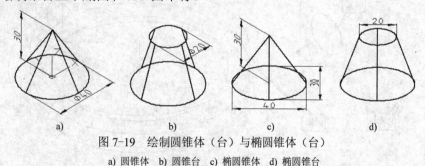

图 7-19　绘制圆锥体（台）与椭圆锥体（台）

a) 圆锥体　b) 圆锥台　c) 椭圆锥体　d) 椭圆锥台

启动命令后，命令行提示"指定底面的中心点或 [三点(3P)/两点(2P)/相切、相切、半径(T)/椭圆(E)]:"，前面的选项用于确定底面的圆；选择"椭圆(E)"选项，系统提示"指定第一个轴的端点或 [中心(C)]:"，用于确定底面的椭圆。

确定底面后，系统提示"指定高度或 [两点(2P)/轴端点(A)/顶面半径(T)] <30.0000>:"，前面 3 个选项用于指定锥体高度；选择"顶面半径(T)"选项，则可以设置顶面半径，绘制圆锥台或椭圆锥台。

5. 球体

球体的主要参数有球心位置、球半（直）径等，如图 7-20 所示。

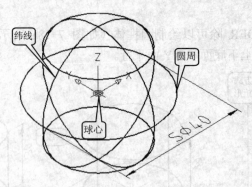

图 7-20 绘制球体

启动命令后，命令行提示"指定中心点或 [三点(3P)/两点(2P)/相切、相切、半径(T)]:"，默认情况，指定一点作为球心，该点位于 XY 面上，再拾取一点来指定半径，得到的球其中心轴与当前 UCS 的 Z 轴平行，纬线与 XY 平面平行。

● 选择"三点(3P)"选项，通过在三维空间的任意位置指定三个点来定义球体的圆周，三个指定点也可以定义圆周平面。

● 选择"两点(2P)"选项，通过在三维空间的任意位置指定两个点来定义球体的圆周。

● 选择"相切、相切、半径(T)"选项，通过指定半径定义可与两个对象相切的球体，指定的切点将投影到当前 UCS。

6. 圆环体

圆环体可以理解为圆面绕定轴旋转而成，也可以用旋转命令 REVOLVE 制作圆环。圆心到定轴的距离称为圆环半径，如图 7-21 所示。

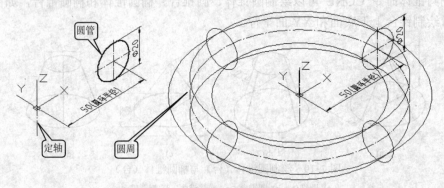

图 7-21 绘制圆环体

启动命令后，命令行提示"指定中心点或 [三点(3P)/两点(2P)/相切、相切、半径(T)]:"，过中心点的定轴和 UCS 的 Z 轴平行，圆环体与 XY 平面平行且被 XY 平面平分，然后再给出圆环半径。

● 选择"三点(3P)"选项，通过指定三个点来定义圆环体的圆周，三个指定点也可以定义圆周所在平面。

- 选择"两点(2P)"选项，用指定的两个点定义圆环体的圆周，第一点的 Z 值定义圆周所在平面。
- 选择"相切、相切、半径(T)"选项，通过指定半径定义可与两个对象相切于圆周的圆环体，指定的切点将投影到当前 UCS。

确定圆周后，系统提示"指定圆管半径或 [两点(2P)/直径(D)] <5.0000>:"，可以输入半(直)径或指定两点方式确定圆管半径，绘制圆环体。

7. 棱锥体

制作底面为正多边形的正棱锥体和正棱锥台，如图 7-22 所示。

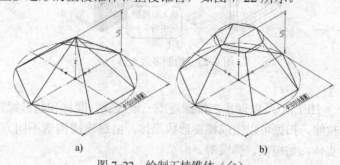

图 7-22　绘制正棱锥体（台）

a) 正棱锥体　b) 正棱锥台

启动命令后，命令行提示如下：

```
命令:_pyramid
 4 个侧面　外切　//系统提示信息，默认底面为正四边形、外切于圆
  指定底面的中心点或 [边(E)/侧面(S)]: //拾取中心点，该点位于 XY 面
  指定底面半径或 [内接(I)] <80.0000>: //指定外切圆的半径，可选择"内接(I)"选项
  指定高度或 [两点(2P)/轴端点(A)/顶面半径(T)]:　//指定锥高或先指定棱锥台顶面半径
```

确定底面的选项和绘制正多边形命令 POLYGON 相同。如果设置顶面半径和底面半径相同，则可以制作正棱台。

8. 多段体

多段体命令 POLYSOLID 可以将现有直线、二维多线段、圆弧或圆转换为具有矩形轮廓的实体。多段体绘制方式在建筑效果图中被大量应用。

如图 7-23 所示，以绘制多段实体为例，命令行提示如下：

```
命令:_Polysolid
高度 = 80.0000, 宽度 = 5.0000, 对正 = 居中　//系统提示当前设置
  指定起点或 [对象(O)/高度(H)/宽度(W)/对正(J)] <对象>: 0,0↙ //起点为原点，设置和参数可调整
  指定下一个点或 [圆弧(A)/放弃(U)]: 0,30↙　//按多段线方式绘制，可选择画圆弧
  指定下一个点或 [圆弧(A)/放弃(U)]: 40,30↙
  指定下一个点或 [圆弧(A)/闭合(C)/放弃(U)]: 40,60↙　//按〈Enter〉键退出
```

多段体参数、对正的设置方式和多线命令 MLINE 相同，可以绘制直线也可以绘制圆弧等，和多段线命令 PLINE 相同。"对象(O)"选项可将对象转换为多段体。可转换为多段体的对象有直线、圆弧、二维多段线和圆。

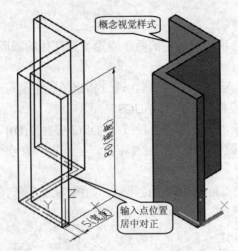

图 7-23   绘制多段实体

9. 螺旋线

绘制螺旋线命令 HELIX 可以创建二维螺旋或三维螺旋、圆柱和圆锥螺旋，如图 7-24 所示。利用螺旋线作拉伸、扫掠可以生成螺旋形状形体；由螺旋线构造不同方向的螺旋面；也可拉伸生成螺旋形实体，如螺纹、弹簧等。

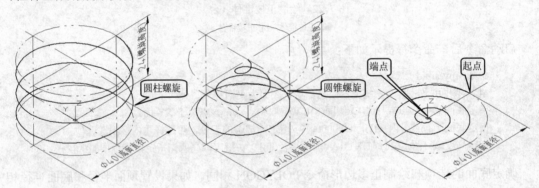

图 7-24   多种螺旋线

启动命令后，命令行提示信息"圈数 = 3.0000   扭曲=CCW"，这是系统的默认设置，螺旋的圈数最多为 500 圈，当前旋向为逆时针，顺时针为 CW。系统又提示"指定底面的中心点:"，拾取的点在 XY 面内。然后需要设置底面和顶面的半(直)径，如果取值相同，创建圆柱螺旋，否则为圆锥螺旋。

最后系统提示"指定螺旋高度或 [轴端点(A)/圈数(T)/圈高(H)/扭曲(W)] <24.0000>:"，指定高度值即可绘制螺旋；选择"轴端点(A)"选项，指定的端点可以位于三维空间的任意位置，该点和中心点的连线决定螺旋的长度和方向；"圈高"指螺旋内一个完整圈的高度，"螺旋高度""圈数"和"圈高"设置两个参数即可确定第三个参数。如果将高度设置为 0，可绘制二维螺旋。

10. 平面曲面

平面曲面命令 PLANESURF 可以创建平面曲面或将对象转换为平面对象，如图 7-25 所示。变量 SURFU 和 SURFV 用于控制纵横方向的网格线数，默认设置值都为 6。

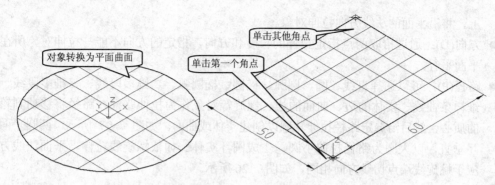

图 7-25　绘制平面曲面

启动命令后，命令行提示"指定第一个角点或 [对象(O)] <对象>:"，默认情况，指定第一个角点，系统又提示"指定其他角点:"作为矩形的对角点创建矩形平面曲面；选择"对象(O)"选项，可以选择一个或多个封闭区域对象，将其转换为平面曲面，可以作为边界的对象与面域命令 REGION 相同。

11. 拉伸

拉伸命令 EXTRUDE 是常用的三维造型方式，可将二维对象生成三维实体。将对象或平面沿指定的方向和距离、或沿指定的路径拉伸出三维实体或曲面。如果是开放对象，将生成曲面。

如图 7-26 所示，先将坐标原点设置到螺旋线端点，将 Z 轴方向设置为和螺旋线切线方向平行；以坐标原点为圆心绘制 $R3$ 的小圆；以螺旋线为路径拉伸小圆，得到弹簧实体。

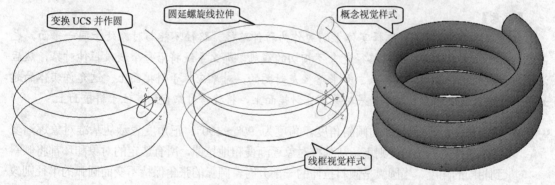

图 7-26　绘制弹簧

【技巧】

按住〈Ctrl〉键时，可选择实体上的面作为拉伸对象，拉伸出另一个实体。按住〈Ctrl+Alt〉键时，可选择网格面的网格并实施拉伸改变表面模型的形状。

如果所选多段线具有宽度，将忽略宽度并从多段线路径的中心拉伸；如果所选对象具有厚度，也将忽略厚度。

选定对象后，系统进一步提示"指定拉伸的高度或 [方向(D)/路径(P)/倾斜角(T)] <10.0000>:"，各选项功能如下。

● 指定拉伸的高度：输入高度数值，如果是正值，将沿 Z 轴正方向拉伸对象；反之，将沿 Z 轴负方向拉伸对象。对象不必平行于同一平面，如果所有对象处于同一平面上，将沿平面的法线方向拉伸对象。

● 方向(D)：通过拾取两点指定拉伸的长度和方向，指定的方向不能与拉伸对象所在的平面平行。

● 路径(P)：可以选择直线、圆、圆弧、椭圆、椭圆弧、二维多段线、三维多段线、二维样条曲线、实体的边、曲面的边、螺旋等对象作为拉伸路径，路径将移动到轮廓的质心，然后沿选定路径拉伸轮廓以创建实体或曲面。如图 7-27 所示，两圆平面相互垂直，以大圆为路径拉伸小圆，生成圆环实体。如依螺旋线拉伸，平面法线方向应于螺旋线端点切线方向相同，如图 7-26 所示。

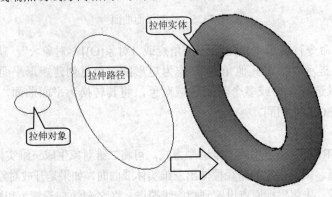

图 7-27　延路径拉伸圆

【注意】

　　按住〈Ctrl〉键时，可选择实体上的边作为拉伸路径。路径不能与对象处于同一平面，也不能具有高曲率的部分。如果路径包含不相切的线段，那么系统将沿每个线段拉伸对象，然后沿线段形成的角平分面斜接接头。如果路径是封闭的，对象应位于斜接面上。这允许实体的起始截面和终止截面相互匹配。如果对象不在斜接面上，将旋转对象直到其位于斜接面上。

● 倾斜角(T)：设置拉伸的倾斜角度，角度为-90°～+90°。正角度表示从基准对象逐渐变细地拉伸，而负角度则表示从基准对象逐渐变粗地拉伸，所有选定的对象和环都将倾斜到相同的角度。当圆弧是倾斜拉伸的一部分时，圆弧的张角保持不变而圆弧的半径则改变了。向上拉伸正六边形，设置不同倾斜角，如图 7-28 所示。

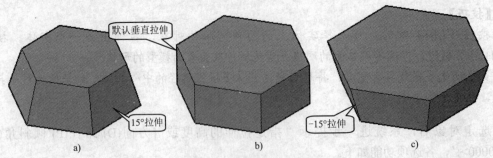

图 7-28　倾斜拉伸比照
a) 15°拉伸　b) 垂直拉伸　c) -15°拉伸

12．按住并拖动

按住并拖动命令 PRESSPULL 通过在区域中单击来按住并拖动有边界区域，也可以输入拉伸量。

启动命令后，系统显示提示信息"在有边界区域内单击以进行按住并拖动操作"。按住〈Ctrl+Alt〉键或〈Ctrl+Shift+E〉键，单击区域内部以启动按住并拖动操作。移动光标操作时，拉伸将进行动态更改，如图 7-7 所示。

13．扫掠

扫掠命令 SWEEP 通过沿开放或闭合的二维或三维路径扫掠开放或闭合的平面或曲线创建新的实体或曲面。可以指定多个扫掠对象，但是这些对象必须位于同一平面中。

【注意】

按住〈Ctrl〉键时，可选择实体或曲面上的面和边作为扫掠路径。

启动命令后，命令行提示"选择要扫掠的对象:"，可选择多个对象，包括直线、圆弧、椭圆弧、二维多段线、二维样条曲线、圆、椭圆、二维实体、宽线、面域、平面三维面、平面曲面、实体上的平面等对象。系统进一步提示"选择扫掠路径或 [对齐(A)/基点(B)/比例(S)/扭曲(T)]:"，各选项功能如下。

- 选择扫掠路径：可作为扫掠路径对象的有直线、圆弧、椭圆弧、二维多段线、二维样条曲线、圆、椭圆、二维多段线、三维多段线、螺旋、实体或曲线的边等。
- 对齐(A)：控制是否对齐轮廓以使其作为扫掠路径切向的法向。默认情况下，轮廓是对齐的。如图 7-29b 所示，与图 7-26 对照，扫掠不需要事先将对象与路径对齐，且得到的结果相同。如选择非对齐扫掠，圆的平面位置不变，得到的是螺旋面，如图 7-29c 所示。

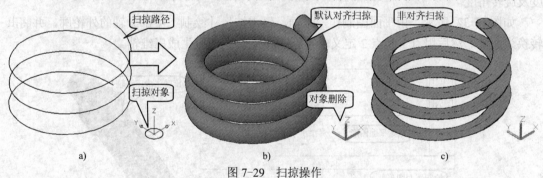

图 7-29　扫掠操作

a) 扫掠对象和扫掠路径　b) 对齐扫掠　c) 非对齐扫掠

- 基点(B)：可指定要扫掠对象的基点。如果指定的点不在选定扫掠对象所在的平面上，则该点将被投影到该平面上。
- 比例(S)：控制两端面大小，比例因子将统一应用到扫掠的对象，如图 7-30 所示为图 7-29b 比例为 0.5 的扫掠效果。
- 扭曲(T)：设置扭曲角度，可使扫掠对象在全部扫掠路径长度上旋转该角度值。设置扭曲 10°，上下底面错位，如图 7-31 所示。

图 7-30　图 7-29b 比例为 0.5 的扫掠效果

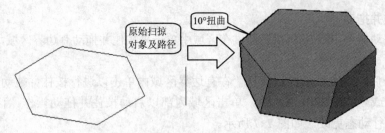

图 7-31　扭曲 10°扫掠效果

14. 旋转

旋转命令 REVOLVE 通过绕轴扫掠二维开放或闭合对象来创建三维实体或曲面，旋转的角度可以为 360°或指定角度，根据右手定则判定旋转的正方向。可以在启动命令之前选择要旋转的对象，能作为旋转的对象有二维实体、平面三维面、圆弧、圆、椭圆、椭圆弧、直线、二维多段线、面域、实体上的平面、二维样条曲线、平面曲面、宽线等平面对象。

启动命令后，命令行提示"选择要旋转的对象:"，可选择多个对象。系统进一步提示"指定轴起点或根据以下选项之一定义轴 [对象(O)/X/Y/Z] <对象>:"，默认情况依次指定两点定义轴，轴的正方向从第一点指向第二点。

- 选择"对象(O)"选项，则选择现有对象作为轴，轴的正方向从拾取该对象的最近端点指向最远端点，可用作轴的对象有直线、线性多段线线段、实体或曲面的线性边等对象。
- 选择"X""Y"和"Z"选项，则使用当前 UCS 坐标轴作为轴的正方向。

确定轴后，系统进一步提示"指定旋转角度或 [起点角度(ST)] <360>:"，可设置起点角度及旋转角度。

如图 7-32 所示，由平面图制作三维轴，仅需按尺寸绘制上半部分轴的外轮廓，并将其转换为面域，然后用点 1 和点 2 定义轴实施 360°旋转，即可生成三维轴。

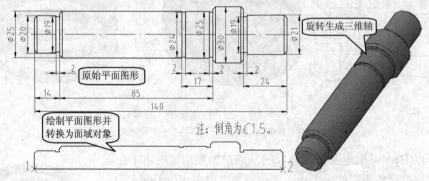

图 7-32　旋转方式制作轴

15. 放样

放样命令 LOFT 通过指定一系列横截面来创建新的实体或曲面。如图 7-33 所示，依次选择各等高面，放样生成山体。

能作为横截面的对象有直线、圆弧、椭圆弧、二维多段线、二维样条曲线、圆、椭圆、螺旋、点（第一个或最后一个横截面）、面域、实体上的平面、平面曲面、平面三维面、二维实体、宽线等，由这些对象可以构成开放的或闭合的横截面。

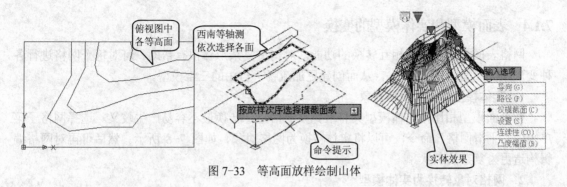

图 7-33　等高面放样绘制山体

可以用作放样路径的对象有直线、圆弧、椭圆弧、样条曲线、螺旋、圆、椭圆、二维多段线、三维多段线等对象。可以用作导向的对象有直线、圆弧、椭圆弧、二维样条曲线、二维多段线（仅包含一个线段）、三维多段线等对象。

启动命令后，命令行提示"按放样次序选择横截面:"，按序拾取各横截面。系统又提示"输入选项 [导向(G)/路径(P)/仅横截面(C)/设置(S)/连续性(CO)/凸度幅值(B)] <仅横截面>:"，各选项功能如下。

- 仅横截面(C)：默认选项，直接按〈Enter〉键，完成放样并退出。
- 设置(S)：弹出"放样设置"对话框，如图 7-34 所示。可设置横截面之间实体或曲面的类型、法线指向、拔模斜度等细节。
- 导向(G)：选择该选项，系统又提示"选择导向曲线:"，可指定控制放样实体或曲面形状的导向曲线。可以为放样曲面或实体选择任意数量的导向曲线，但每条导向曲线必须与每个横截面相交、必须始于第一个横截面并止于最后一个横截面。当横截面为点时，应注意如何匹配横截面以防止出现不希望看到的效果，例如实体或曲面中的皱褶。

图 7-34　"放样设置"对话框

- 路径(P)：选择该选项，系统又提示"选择路径曲线:"，可指定放样实体或曲面的单一路径，路径曲线必须与横截面的所有平面相交，如图 7-35 所示。
- "连续性(CO)"和"凸度幅值(B)"：用于控制曲面之间平滑拟合的程度。

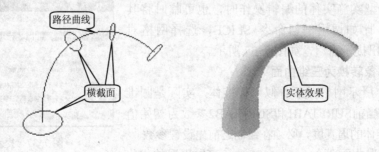

图 7-35　设置放样路径生成实体

7.1.4 表面模型和实体模型的变换

网格表面模型编辑和相互转换的功能，对构造复杂形体很有帮助。可对每个网格进行各种变形操作（如图 7-7 所示），从而创建更加流畅、自由的三维模型。

1. 实体模型转换为网格对象

和表面模型相比，实体模型具有最完整的信息，转换最不容易产生歧义。选择网格子菜单中的"平滑网格"命令，可以将实体转换为网格对象，如图 7-8 所示。然后可再对网格编辑构造更为复杂的形状。

2. 网格对象转换为实体模型

网格对象转换为实体模型命令 CONVTOSOLID 可以将具有一定厚度的三维网格、多段线和圆转换为三维实体。命令启动方法如下。

● 选择"常用"选项卡→"实体编辑"面板，展开该面板选择"转换为实体"命令按钮；
● 选择"修改"→"三维操作"→"转换为实体"命令。

启动命令后，命令行提示信息"网格转换设置为：平滑处理并优化。"，同时提示"选择对象："，此时选择图 7-36a 所示对象并按〈Enter〉键，得到转换的实体。可将其作适当移动分开，如图 7-36b 所示。

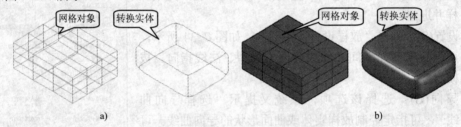

图 7-36　长方体网格转换为实体

a) 线框视觉效果　b) 真实视觉效果

【说明】

转换网格时，可以指定转换的对象是平滑的还是镶嵌面的，以及是否合并面。系统变量 SMOOTHMESHCONVERT 控制转换后三维实体的平滑度和面数。初始值为 0，可创建平滑模型，同时优化或合并共面的面；设置为 1，可创建平滑模型，原始网格面将保留在转换后的对象中；设置为 2，可创建具有经平整处理的面的模型，同时优化或合并共面的面；设置为 3，可创建具有经平整处理的面的模型，原始网格面将保留在转换后的对象中。

对表面模型实施实体的编辑操作时，也可临时将其转换为实体。比如调用剖切命令 SLICE，选择网格对象，系统将弹出提示窗口，如图 7-37 所示。

3. 网格对象转换为三维曲面

图 7-38a 所示网格对象看似六棱锥体，实际是圆锥体，这是由于当前 SURFTAB1 和 SURFTAB2 参数为初始值 6。要提高圆锥体的逼真度，必须在绘制之前先设置参数。

调用转换为曲面命令 convtosurface，可向平滑的优化曲面转换。命令启动方法为：

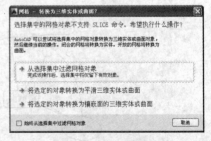

图 7-37　提示窗口

● 选择"常用"选项卡→"实体编辑"面板，展开该面板选择"转换为曲面"命令按钮。

● 选择"修改"菜单→"三维操作"→"转换为曲面"命令。

转换为曲面命令 convtosurface 和转换为实体模型命令 convtosolid 的操作方法相同。圆锥网格面转换为曲面及实体，如图 7-38b 所示。

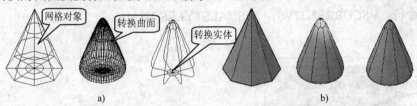

图 7-38　圆锥网格转换为曲面再转换为实体

a) 线框视觉效果　b) 概念视觉效果

【说明】

转换得到曲面的平滑度和面数也由系统变量 SMOOTHMESHCONVERT 控制。

7.2　应用与管理视觉样式

工程制图研究的是形体的轮廓线框表达，与计算机绘图的线框模型对应。进行形体分析时，是将模型当做实体来对待的，这是技术发展限制所致。这里主要采用实体造型来分析形体。

工程制图采用线框来表达图形的方式与绘画是不同的。模型的材质、光线的明暗，甚至空心还是实心等要素都不关心。这是一种将组成形体的各个面的边界（直线或曲线）抽象出来表达、认识的方法。AutoCAD 支持用各种视觉样式来表现形体，要注意：无论采用哪种视觉样式，都不改变实体本身，但会影响运行速度、编辑和造型的便利性。

AutoCAD 提供了"视觉样式"工具栏、"视觉样式"管理器、相关菜单和命令如下。

● **面板**：选择"常用"选项卡→"视图"面板，打开"视觉样式"下拉列表，如图 7-39 所示。选择"视觉样式管理器"选项，打开"视觉样式管理器"选项板，如图 7-40 所示。

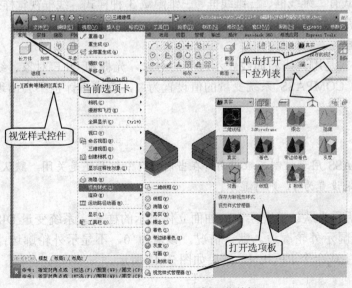

图 7-39　"视图"面板及菜单栏

- **面板:** 选择"视图"选项卡→"视觉样式"面板的相关按钮。
- **菜单:** 选择"视图"→"视觉样式"命令,打开子菜单,如图 7-39 所示。
- **工具栏:** "视觉样式"工具栏提供各种视觉样式按钮,如图 7-41 所示。
- **命令行:** VSCURRENT(VS)、VISUALSTYLES(VSM)。

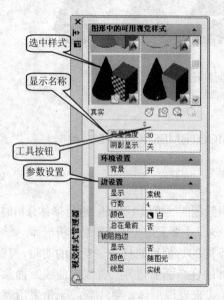

图 7-40 "视觉样式管理器"选项板

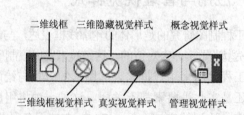

图 7-41 "视觉样式"工具栏

7.2.1 线框视觉样式

线框视觉样式有二维线框、三维线框、三维隐藏 3 种样式。线框视觉样式虽然显示效果不是很理想,但是占用资源较少可以保证运算速度,方便编辑修改。

1. 二维线框

二维线框样式是用直线和曲线表示边界的对象,光栅和 OLE 对象、线型和线宽都是可见的。即使将 COMPASS 系统变量的值设置为 1,三维指针也不会出现在二维线框视图中。

【说明】

变量 COMPASS 用于控制三维指南针在当前视口中打开还是关闭。默认值为 0,不显示三维指南针;如果设置为 1,则可显示。

如图 7-42 所示为默认情况绘制的曲面立体显示的样式。系统变量 DISPSILH 用于控制曲面对象是否显示外轮廓边。默认情况,该值为 0,不显示外轮廓边;自行将该值设置为 1,调用重生成命令 REGEN,结果如图 7-43 所示。

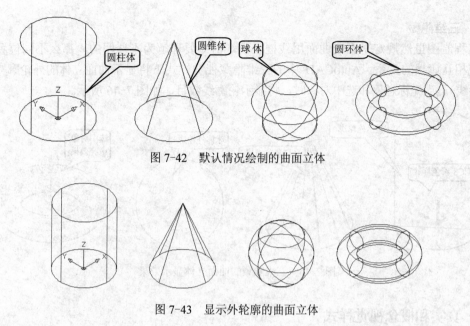

图 7-42　默认情况绘制的曲面立体

图 7-43　显示外轮廓的曲面立体

【说明】

系统变量 VIEWRES 用于控制圆和圆弧在二维线框显示样式中的显示精度，可取有效整数值为 1～20 000，默认设置为 1000。自行设置为 10，显示效果如图 7-44 所示。VIEWRES 设置越高，显示的圆弧和圆就越平滑，但重新生成的时间也越长。在绘图时，为了改善性能，可以将 VIEWRES 值设置得低一些。

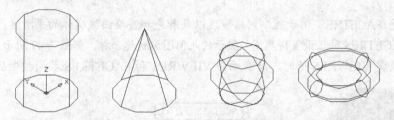

图 7-44　VIEWRES 设置为 10 并重生成图形

2．三维线框

三维线框样式也是用直线和曲线表示边界的对象，UCS 为着色样式。光栅和 OLE 对象、线型和线宽都是可见的。可将 COMPASS 系统变量设置为 1 来查看坐标球。

系统变量 ISOLINES 用于控制曲面对象上轮廓线数目，可取有效整数值为 0～2047。自行将 ISOLINES 设置为 12，调用命令 REGEN，图形显示就相当丰富，如图 7-45 所示。

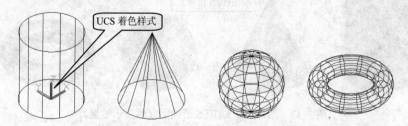

图 7-45　ISOLINES 设置为 12 并重生成图形

3. 三维隐藏

工程制图虽然规定平面或曲面用线框表示，但却要理解为不透明的，那么不同位置之间就出现相互遮挡的关系。AutoCAD 中的三维隐藏视觉样式下将显示曲面立体的外轮廓（转向轮廓素线）。当光标悬停和选中对象时，将显示轮廓线数目，如图 7-46 所示。

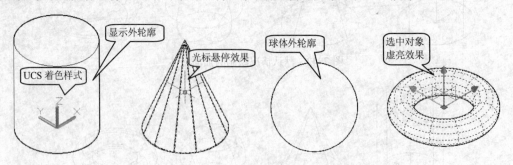

图 7-46　三维隐藏的曲面立体显示效果

7.2.2　真实和概念视觉样式

真实和概念视觉样式以更好的实物感、渲染效果显示形体。在建模、编辑过程中一般较少用到。初学者可以随时切换到这两种视觉样式，对绘制过程进行跟踪和监测。

1. 真实视觉样式

着色多边形平面间的对象，并使对象的边平滑化。将显示已附着到对象上的材质。

【说明】

系统变量 FACETRES 用于控制网格密度以及着色和渲染曲线实体的平滑度，取值范围为 0.01～10。FACETRES 的值设置得越高，显示的几何图形就越平滑，如图 7-47 所示。

增加和减少 VIEWRES 值时，将影响由 VIEWRES 和 FACETRES 共同控制的对象。

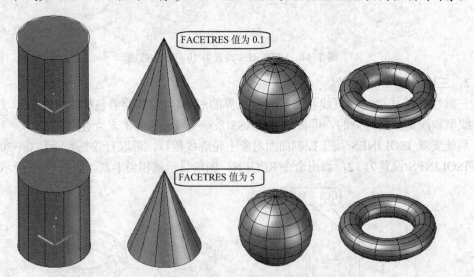

图 7-47　两种 FACETRES 值曲面立体显示效果

2. 概念视觉样式

着色多边形平面间的对象，并使对象的边平滑化。着色使用冷色和暖色之间的过渡。效果缺乏真实感，但是可以更方便地查看模型的细节。与图 7-46 相比，概念视觉样式相当于三维隐藏加渐变色填充效果，如图 7-48 所示。

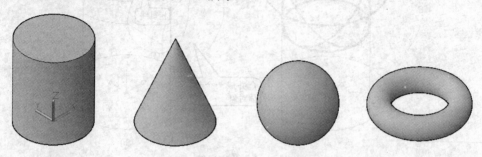

图 7-48　概念视觉样式显示曲面立体效果

7.2.3　管理视觉样式

"视觉样式管理器"选项板可以创建和修改视觉样式。列表框中可选择视觉样式，下方显示有面设置、环境设置、边设置的相关选项，上面提到的系统变量也可以在选项板中设置。

工具栏中提供"创建新的视觉样式""将选定的视觉样式应用于当前视口""将选定的视觉样式输出到工具选项板"和"删除选定的视觉样式"等命令按钮。

7.3　实体的布尔运算

组合体的组合形式有叠加、切割两种基本类型。AutoCAD 可以通过基本立体作并、交、差等布尔运算来实现。相关命令调用可以通过面板、工具栏、菜单和输入命令等方式操作，可参看图 7-15 和图 7-16。

7.3.1　并集运算

并集运算命令 UNION 是对选择的面域或实体进行合并操作。可以合并的对象有三维实体、曲面或二维面域。可以同时合并多个对象，但只有相同类型的对象才能合并。得到的组合实体包括所有选定实体所封闭的空间；如果为组合面域，则包括所有面域封闭的面积。

采用真实或概念视觉样式，似乎看不出并集运算后有何改变，但性质上却发生了根本的改变。如图 7-49 所示，两个圆柱和球体经并集运算合并为一个整体对象，出现形体之间的交线——相贯线。

【注意】

如果两个实体空间不相交，并集运算后系统也会按一个整体对待。由于实体摆放错位，发生的错误不易发现，后期修改返工繁重。

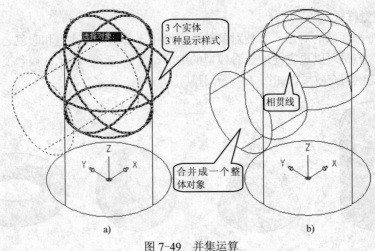

图 7-49 并集运算

a) 运算前 b) 运算后

7.3.2 差集运算

差集运算命令 SUBTRACT 是从第一个选择集中的对象减去第二个选择集中的对象，然后创建一个新的实体或面域。相当于组合体分析中的切割分析。

启动命令后，命令行提示"选择要从中减去的实体或面域..."，同时提示"选择对象:"，可选择多个被减去的实体对象。按〈Enter〉键后，命令行提示"选择要减去的实体或面域 .."，同时提示"选择对象:"，可选择多个需减去的实体对象。

如图 7-50 所示，可先选择 3 个外形作为被减实体对象，再选择两个内形为减去对象，得到组合体。为方便操作，也可先将内外结构分别先进行并集运算，然后内外结构做一次差集运算。

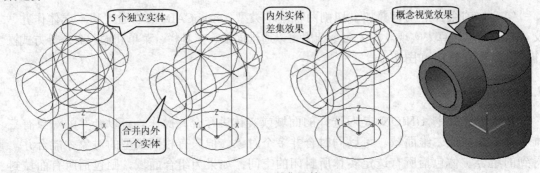

图 7-50 差集运算

【注意】

因结构内外有别，并集运算和差集运算的顺序将直接影响最终的结果。

7.3.3 交集运算

交集运算命令 INTERSECT，功能是从两个或多个实体或面域的交集中创建复合实体或面域，然后删除交集外的区域。交集运算是布尔运算中最不容易理解，又最能构造形状复杂的形体的运算方式，如图 7-51 所示。

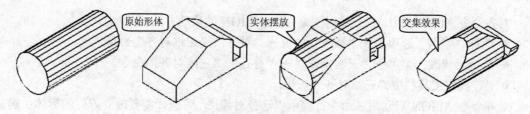

图 7-51　交集运算生成圆柱截切体

　　一个交集运算也可以分析为经差集、并集运算得来，故交集运算可以理解为一种混合型的运算。在工程制图中，当遇到复杂的形体，经常是既有"叠加"又有"切割"，引用交集概念是有现实意义的。

　　如图 7-52 所示是一个组合体的典型习题。借助图 7-50 给出的立体模型，就一目了然！如何能进一步弄清其内部线条结构呢？如果能制作出被挖切的形体结构，那么挖切结构的线条和其内部结构的线条是对应的，那就更加直观。如图 7-53 所示形体中被挖切的结构是通过内外结构进行交集运算得到的。

补画三视图中所缺的线。

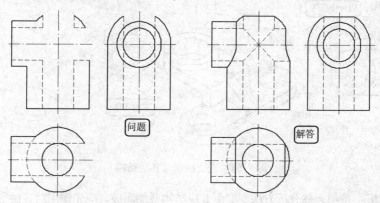

图 7-52　组合体三视图

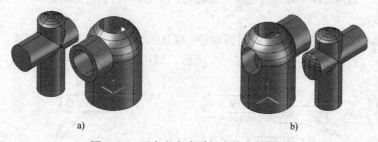

图 7-53　两个方向查看组合体内外结构

7.3.4　对齐对象组合形体实例

　　在实施布尔运算之前，通常应先调用对齐命令，摆正各立体。

　　对齐对象命令可以在二维和三维空间中，将两个形体或两组图形对象点对点、线对线、面对面实施对齐。命令操作中，要求输入至少一对对齐点。该命令相当于对图形对象同时实施移动、旋转甚至缩放，是三维造型中非常实用的辅助手段。

对齐命令 ALIGN（AL）、三维对齐命令 3DALIGN 的启动方法。

● 选择"常用"选项卡→"修改"面板→"对齐"、"三维对齐"命令。

● 选择"修改"菜单→"三维操作"→"对齐"、"三维对齐"命令。

● "建模"工具栏中"三维对齐"按钮。

对齐命令 ALIGN 启动后，命令行提示"选择对象:"，可选择需要改变方位的形体；确认后系统提示"指定第一个源点:"和"指定第一个目标点:"，第一对点将精确对齐；然后需指定第二对点，该对点将确定一轴方向，如果严格对齐则可基于对齐点缩放对象；指定第三对点，仅为面面对齐。第一对点必须给出，其余两对点可选。

三维对齐命令 3DALIGN 功能和对齐命令 ALIGN 相同，操作时需一次性依次指定源对象的三个点，再指定目标对象的相应 3 点。

【例 7-1】 如图 7-54 所示，支架视图及各块结构。请将各块结构拼合成支架整体。

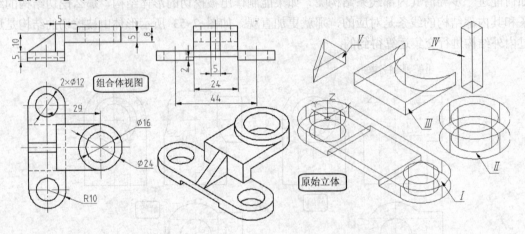

图 7-54 支架视图及各块结构

背景及分析: 按组合体分析方法支架由五块结构叠加而成。应先调用对齐命令摆正各形体，再实施布尔运算。这样的操作对深刻理解工程制图中有关形体分析的概念有非常重要的帮助。

操作步骤:

1）合并结构Ⅱ和结构Ⅲ。调用对齐命令 ALIGN，选择结构Ⅱ为源对象，两个对象底面圆心为对齐点，使用一对点对齐如图 7-55 所示。调用并集运算命令 UNION，将两个结构合并为一个整体。

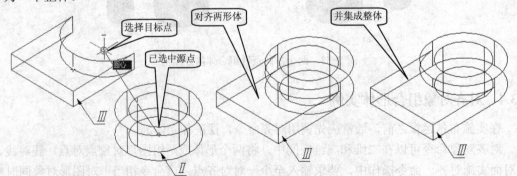

图 7-55 结构Ⅱ和结构Ⅲ圆心对圆心对齐合并

2）合并结构Ⅳ。调用对齐命令 ALIGN，选择结构Ⅳ为源对象，两对端点为对齐点，线与线对齐后实施并集运算，如图 7-56 所示。

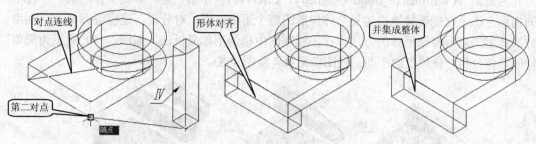

图 7-56　合并结构Ⅳ

3）合并结构Ⅰ。命令提示状态拾取结构Ⅲ，任意单击一个夹点激活之，切换到"移动"模式；选择"基点(B)"选项，选择底边线的中点，如图 7-57 所示；此时移动光标将显示动态移动结构Ⅲ的效果，识别出结构Ⅰ上边中点，单击即可；再将两者合并为整体。

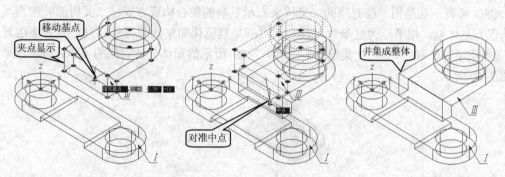

图 7-57　合并结构Ⅰ

4）合并结构Ⅴ。使用三对点方式对齐，其中第一对点为两对象边的中点；其余两对点为端点，只需在同一线上、同一面上即可。然后并集运算完成支架的绘制，如图 7-58 所示。

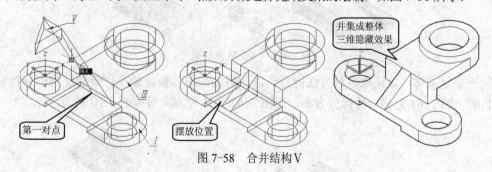

图 7-58　合并结构Ⅴ

7.4　组合体的分析

无论是求解形体的平面视图、由平面视图构想立体模型、标注尺寸，还是三维造型，都要基于形体分析。掌握形体的分析方法，对提高空间想象力，学会解题的条理、要领和基本思路至关重要。一个复杂形体构成的每个步骤都是简单的一次布尔运算。

7.4.1 形体的 CSG 树表示法

几何造型（Constructive Solid Geometry，CSG）树表示法，是计算机实体造型中一种常用的构形方法，它能形象地描述复杂体构形的整个思维过程，对分析、建模很有帮助。利用拆分成体素来理解复杂形体的方法，在工程制图中称为形体分析法。如图 7-59 所示为简单机件的形体分析，该模型的平面三视图参见第 4 章图 4-83。

图 7-59　简单机件的形体分析

CSG 树表示法是用一棵有序的二叉树来表示复杂的集合构形方式，二叉树的叶结点（即终结点）是体素，根节点为复杂体，其余结点都是规范化布尔运算符号："∪"（并集运算）、"\"（差集运算）和"∩"（交集运算）。和图 7-59 所示的形体分析对应的 CSG 树表示形式如图 7-60 所示。

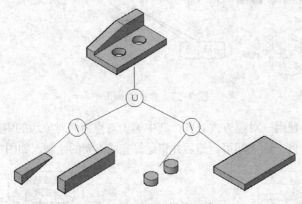

图 7-60　CSG 树表示法

同一个复杂体可以采取多种方法拆分，以分解的简单体数量最少、最能反映形体特征为最终目的。图 7-61 为另一种拆分方案，而图 7-62 为该种方案对应的 CSG 树表示法。

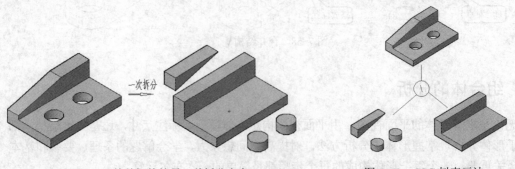

图 7-61　简单机件的另一种拆分方案　　　　图 7-62　CSG 树表示法

204

7.4.2 组合形体相邻表面间的关系

不管形体如何组合，绘制形体视图时，都必须正确表达各基本体之间的表面连接，其连接形式可分为平齐和不平齐、相切、相交（截交和相贯）等。

1. 工程制图中表面连接分析

平齐是指相叠加的两平面或曲面表面共面，中间无分解线，即构成新的一个面。反之，不平齐是指两表面错位，虽同向也有分界线，如图 7-63a 所示。

相切是平面与曲面、或曲面与曲面光滑地过渡，因此相切之处不存在交线。相切可看做相交的一种特殊情形，如图 7-63b 所示，分析时仍可按各自的结构对待。

两基本立体组合中，发生最多的情形是表面彼此相交。交线的形状取决于两相交体的形状、大小和相对位置。平面与平面、平面与曲面相交，按截交线分析；曲面与曲面之间的相交关系，按相贯线分析，如图 7-63c 所示。

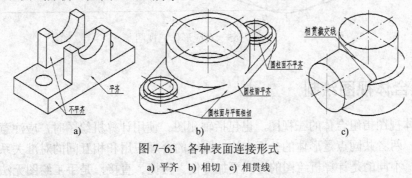

图 7-63　各种表面连接形式

a) 平齐　b) 相切　c) 相贯线

2. AutoCAD 视觉效果

在具体造型和查看实体时，应尽快适应各种 AutoCAD 视觉样式。与工程制图有较大出入的是表现相切关系时，AutoCAD 在相切处仍然显示交线，这和工程图学中的规定有所不同，如图 7-64 所示。

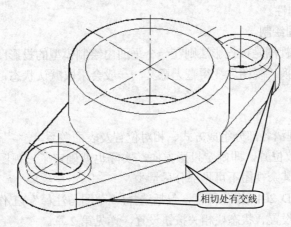

图 7-64　隐藏视觉样式效果

3. 相切关系视图表达的一致性

虽然按计算机绘图的视觉样式和工程制图的规定，表达相切关系有出入，但是在最终绘制平面视图中，规定是一致的。如图 7-65 所示是由计算机自动生成的平面三视图。

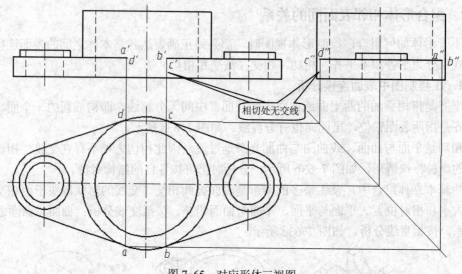

图 7-65　对应形体三视图

7.5　组合体视图绘制

组合体视图指组合体的三视图，也包括轴测图。使用计算机绘图时，应注意和手工绘图相互比照。两者共同点是形体的分析方法、图线的合理应用和相互间的对准关系等基本原则必须遵守；不同的是计算机绘图的方式更加方便、快捷、直接，是手工绘图无法比拟的，比如辅助线和中间过程应尽量不出现。

7.5.1　绘制支架三视图

绘制平面图形时，应该按系统提供的操作功能和思维方式进行，可以充分享受AutoCAD带来的便利性。

1．视图与三视图绘制

工程制图中的三视图是按投影法则在一个平面内绘制模型的投影图。即用平面中绘制的图线来描述模型。切换"视图"变得毫无意义，一般会采取默认状态，使用"俯视"视图来绘制。

2．绘制流程

1）分析形体，理清各部分组成方式、相对位置及表面关系。

2）确定形体摆放位置，即确定投影方向，实际也就确定了三视图。特别是：主视图应较多反映形状特征，其余视图不可见部分尽量少。

3）设置 AutoCAD 2014 操作环境，包括选择("草图与注释")工作空间、窗口元素增减和颜色调整、鼠标键设置、状态栏相关按钮设置，详见第2章。

4）设置单位、图限、线型、图层、文字和标注样式等和标准化制图相关内容，可以使用专门的样板文件来打包处理这些内容，详见第4章。

5）使用"绘图""修改"命令，辅以精确定位、动态输入、夹点操作等技术，应尽量少用辅助线和中间过程，详见第3章和第5章。

6）按标准的图形文件管理方法打开、创建、存储文件并退出系统。

【**例 7-2**】 根据如图 7-66 所示支架，绘制其三视图。

背景及分析： 该形体由圆筒、底板及肋板构成。从正前方看，能较好反映各结构间关系，设置为主视图方向，形体摆放位置不进行调整。这里将综合应用前几章有关平面绘图的知识。

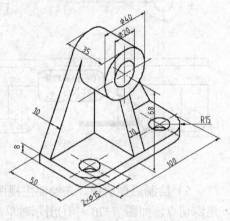

图 7-66　支架立体图

操作步骤：

1）新建图形文件"例 7-2.dwg"，相关设置和"例 4-3.dwg"文件相同。打开状态栏相关按钮。

2）绘制底板，打开"捕捉"功能。先绘制俯视图 100×50 矩形，前面用 R15 倒圆角。绘制主视图矩形时，先将光标移到左角点，识别出端点后向上移动，如图 7-67 中①所示时单击一点；光标移到右角点，再向上移动，图 7-67 中②所示位置输入 28。绘制左视图矩形时，先定左上点；由主视图右下角追踪，如图 7-67 中③所示位置单击一点即可。

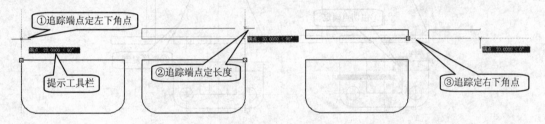

图 7-67　绘制底板

3）绘制孔及中心线。绘制俯视图圆孔时，先将光标移到圆弧上，出现圆心标记时，再移到圆心位置，如图 7-68 中①所示时单击一点。绘制主视图时，应由俯视图找追踪点确定。绘制中心线应先追踪象限点、中点等，如绘制水平 B 线时，应由中点 A 确定点 B，如图 7-68 中②所示，向右绘制直线，然后向左拉伸直线。右侧图线可由镜像复制得到，如图 7-68 中③所示。

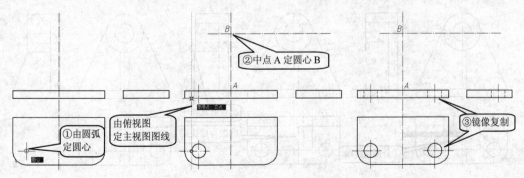

图 7-68　绘制孔及中心线

4）绘制圆筒。先绘制主视图，以点 B 为圆心绘制圆，做第二个圆可采用夹点拉伸复制得到。由主视图绘制另两个视图，应采用对象追踪和极轴追踪技术，如图 7-69 中①和②所示。

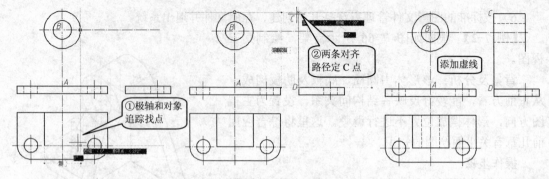

图 7-69　绘制圆筒

5）绘制后侧肋板。先绘制主视图，以"切点"捕捉方式在圆上定点。绘制俯视图时应追踪切点，如图 7-70 中①所示时单击一点，确定左视图的线条位置方法相同。右侧图可由镜像复制得到，如图 7-70 中②所示。

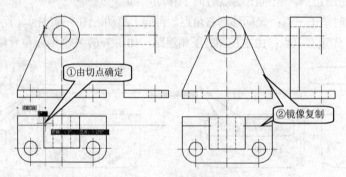

图 7-70　绘制后侧肋板

6）绘制中间肋板。先绘制主视图，由中点偏移 5 绘制线 A。绘制俯视图时，竖直线分两条线画，如图 7-71 中①所示确定第二点，再水平向左与切点相连。左视图绘制直线 BCD，其中点 B 由点 A 追踪得到，点 C 为水平极轴方向和前侧边的交点，点 D 为端点。将图形放大，点 C 处需修剪前侧边，如图 7-71 中②所示。将俯视图中被圆筒遮挡的两直线改为虚线层，如图 7-71 中③所示，镜像复制得到右侧边。

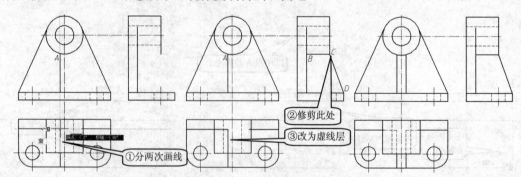

图 7-71　绘制中间肋板

7）将中心线打断，适当调整视图，得到最终结果如图 7-72 所示。

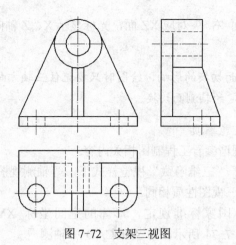

图 7-72　支架三视图

7.5.2　绘制支架轴测图

轴测图是轴测投影图的简称。根据投射方向和投影面的相对位置关系，轴测图分为斜轴测图和正轴测图。支架立体图如图 7-54 和图 7-66 所示，均为正等轴测图。AutoCAD 提供的 4 个等轴测视图，其看图方向符合正等性。

1．设置正等轴测图绘制环境

AutoCAD 提供了绘制正等轴测图的操作环境。轴测轴面、十字光标、栅格等设置方法如下。

1）打开"草图设置"对话框，选择"捕捉和栅格"选项卡，如图 3-57 所示。在"捕捉类型"选项区选择"栅格捕捉"和"等轴测捕捉"单选按钮，此时"捕捉 X 轴间距"和"栅格 X 轴间距"两个文本框变灰色，数值由系统自动换算。

2）选择"草图设置"对话框的"极轴追踪"选项卡，如图 3-59 所示，打开"极轴角设置"选项区的"增量角"下拉列表，选择"30"；再选择"对象捕捉追踪设置"选项区的"用所有极轴角设置追踪"单选按钮。

单击"确定"按钮，返回绘图区域，如图 7-73 所示。斜向的栅格显示样式反映了制作轴测图时 X、Y 坐标对应的关系。当前 WCS 坐标没改变，光标样式改变。

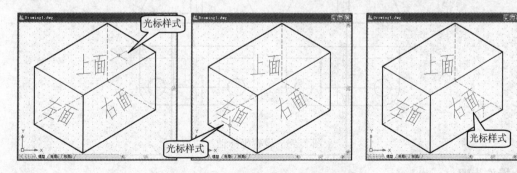

图 7-73　轴测图切换轴测面光标样式

3）按〈F5〉键切换不同的轴测面，反映为光标的样式不同，如图 7-73 所示。"<等轴测平面 上>"对应 XY 面，光标显示 X、Y 轴向；"<等轴测平面 左>"对应 YZ 面，光标显示

Y、Z 轴向；"<等轴测平面 右>" 对应 XZ 面，光标显示 X、Z 轴向。

【说明】

绘制直线时不受轴测面切换的影响，绘图时只要记住三轴方向即可。当使用椭圆命令绘制等轴测圆时，需先按规定的轴测面切换。

2. 绘制正等轴测图注意事项

1）正等轴测图的原理请参看工程制图相关内容。

2）正等轴测图相当于"三维隐藏"视觉样式下，等轴测视图效果。由于只是在平面上绘制，因此得到的图形和三视图性质相同。

3）按《技术制图》国家标准规定，形体的空间坐标 XYZO，在轴测投影图中为 $X_1Y_1Z_1O_1$，三轴关系如图 7-74 所示，与 AutoCAD 中轴测面的规定一致。作图前应先在视图中设定坐标轴，不同的坐标轴设置相当于不同的等轴测视图。三轴的伸缩系数均为 0.82，实际作图时，将比值取 1，即放大 1.22 倍。

由于轴测图采用平面制图的方法，当形体复杂时绘制较烦琐，对运用精确定位的辅助功能有相当高的要求，因此可以作为平面绘图的提高练习。

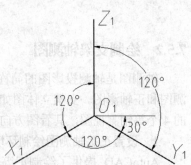

图 7-74　正等测轴方向规定

【例 7-3】 根据图 7-66 所示支架的尺寸和图 7-72 所示支架三视图，绘制其正等轴测图。

背景及分析：设置坐标轴需按右手定则，应将坐标轴面设置在上方、前方。具体方向、位置可自由决定。如图 7-75 所示，按左侧设定的坐标轴，得到的轴测图如图 7-66 所示。这里特意按右侧设定坐标轴来绘制。

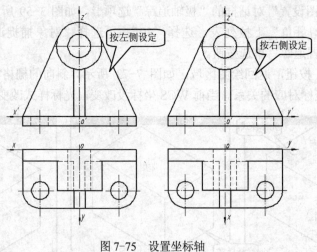

图 7-75　设置坐标轴

操作步骤：

1）新建图形文件"例 7-3.dwg"，按此节内容所述设置正等轴测图绘制环境。

2）绘制 100×50 底板上面，即绘制直线 1234，如图 7-76 所示。可打开"捕捉"功能。适当位置拾取点 1，光标沿 330°极轴方向移动，如图 7-76 中①所示时单击点 2；光标沿

210°极轴方向移动，如图 7-76 中②所示时单击点 3；光标沿 150°极轴方向移动，如图 7-76 中③所示时单击点 4；输入 C 并按〈Enter〉键，线框封闭并退出命令。

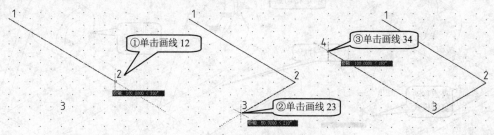

图 7-76　绘制底板上面

3）绘制厚度为 8 的底板。可关闭"捕捉"功能。由点 2、3、4 垂直向下绘制长度为 8 的直线；再绘制直线连接各端点，如图 7-77 所示。

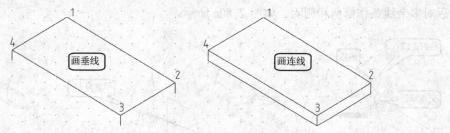

图 7-77　绘制厚度 8 的底板

4）绘制圆筒。按〈F5〉键切换为左面。调用绘制椭圆命令 ELLIPSE，在等轴测绘图环境中可选择"等轴测圆(I)"选项，由线 12 的中点确定圆心位置，如图 7-78 中①所示时输入 60。绘制两个圆后，沿 210°极轴方向、距离 10 和 35 复制大圆，小圆在该方向上移动 35。拾取大圆象限点，绘制外轮廓线。

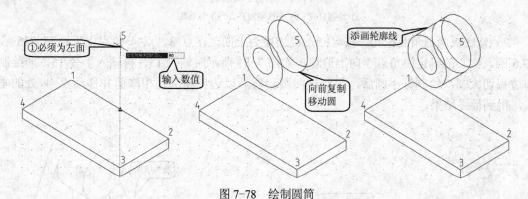

图 7-78　绘制圆筒

5）绘制后侧肋板。过端点 2 绘制与底面圆相切的直线；沿 210°极轴方向、距离 10 复制该线，如图 7-79 所示；然后添画平行线及和中间圆相切的线。最后对多余线条作修剪和删除。

6）绘制中间肋板。绘制直线 25，其中点 2 为直线 34 中点沿 150°方向偏移 5。点 5 为圆心 1 沿 150°方向偏移 5 再垂直向下与大圆的交点，如图 7-80a 所示。确定该点的方法为：关闭"动态输入"按钮，选择对象捕捉的"临时追踪点"选项命令，将光标移到圆上出现圆心标记后移到圆心，由圆心向 150°方向移动，出现极轴对齐路径时输入 5，出现临时点标记，光标从该点垂直向下移动，在大圆上出现交点标记时，单击即为点 5。

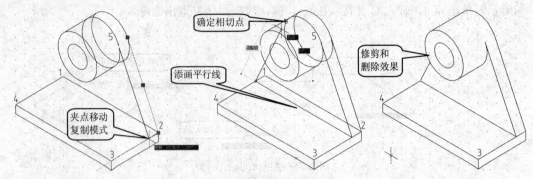

图 7-79　绘制后侧肋板

然后沿 330°方向、距离 10 平移复制直线 25；绘制平行线和垂直线，如图 7-80b 所示。最后对多余线条作修剪和删除，如图 7-80c 所示。

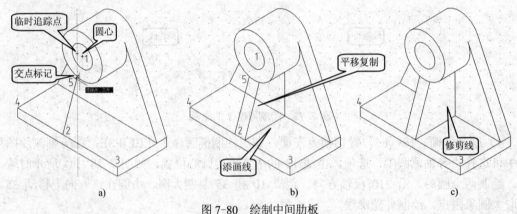

图 7-80　绘制中间肋板

a) 绘制直线　b) 平移复制直线　c) 修剪线

7）修底板两圆角及挖孔。按〈F5〉键切换为上面，在点 3、点 4 角点上下绘制 $R15$ 和 $R7.5$ 圆。圆心的确定由角点 3 向上追踪，如图 7-81 所示时输入 15，再输入半径 15，即绘制和边相切大圆；绘制好小圆后，复制这两圆。然后以边界和圆互相修剪并移动点 4 处的垂线，得到最终结果。

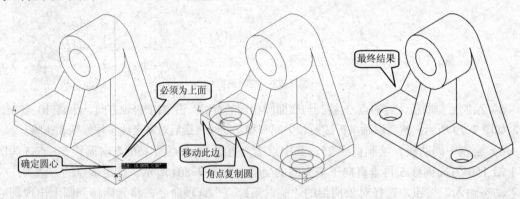

图 7-81　修底板两圆角及挖孔

3. 绘制斜二等轴测图

如果空间 X、Z 轴平行于投影面，投射方向倾斜于投影面，则可得到斜轴测图。斜二等轴测图的轴测轴规定 X、Z 轴伸缩系数为 1，Y 轴伸缩系数取 0.5，如图 7-82 所示。

AutoCAD 设置斜二等轴测图的绘图环境，借助正常平面绘图状态下操作。如图 7-83 所示为连杆视图，将其主视图向 135°方向平移复制并略作修剪、添加外公切线，即可得到斜二等轴测图，如图 7-84 所示。

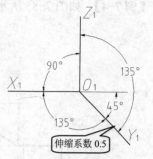

图 7-82　斜二等轴测轴方向规定

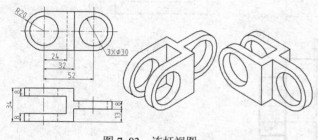

图 7-83　连杆视图

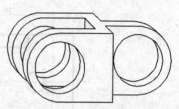

图 7-84　连杆斜二等轴测图

7.6　由底座三视图建模实例

组合体视图用于确定组合体的空间形状，组合体尺寸标注则在数值上对组合体做出了精确定义。标注尺寸属于工程实践活动的重要内容，应考虑设计、加工、检验、装配等环节的可行性。许多问题不是初学者通过理论学习就能理解和掌握的。利用 AutoCAD 建模技术，可以给初学者更多启发，为后继课程的学习打下良好基础。

建模流程：

1）读懂组合体三视图，由线框理解组成的各形体，理清各部分组合方式、相对位置。

2）结合尺寸标注进一步明确各部分的形状，弄清如何定形、定位。

3）由于绘制三视图时已经考虑了形体相对于坐标系的摆放位置，因此一般应在建模中贯彻，应注意正确使用坐标变换和视图切换方法，详见第 6 章。

4）设置操作环境，包括选择("三维建模")工作空间、窗口元素增减和颜色调整、鼠标键设置、状态栏相关按钮设置，详见第 2 章。

5）设置单位、图限、线型、图层、文字和标注样式等和标准化制图相关内容，可以依照是否需要添加内容决定，比如是否需要添加中轴、标注等注释内容。也可以使用专门的样板文件来打包处理这些内容，详见第 4 章。

6）三维建模基于二维平面图形，因此需要掌握较熟练的平面绘图技术，详见第 3 章和第 5 章。

7）合理使用三维建模命令和布尔运算方式并用三维动态观察和视觉样式管理技术辅助来实施建模操作，详见第 7 章。

8）按标准的图形文件管理方法打开、创建、存储文件并退出系统。

【例 7-4】 如图 7-85 所示，根据带尺寸标注组合体三视图，绘制其三维实体模型。

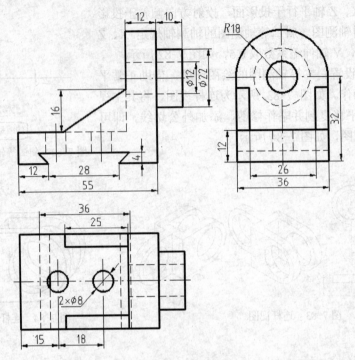

图 7-85　带尺寸标注三视图

背景及分析： 本例原为组合体尺寸标注的典型例题，现在要求由尺寸标注进行三维造型。为了能准确绘制，同样需要看懂视图、结合尺寸作形体分析，如图 7-86 所示。该组合体由Ⅰ、Ⅱ、Ⅲ、Ⅳ和Ⅴ形体组成，其中定位尺寸有"△"标记，标记"×"为形体叠加后可省略尺寸。

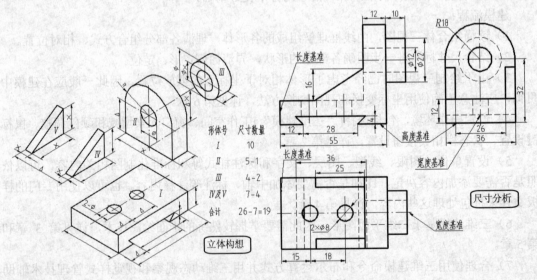

形体号	尺寸数量
Ⅰ	10
Ⅱ	5-1
Ⅲ	4-2
Ⅳ及Ⅴ	7-4
合计	26-7=19

图 7-86　结合尺寸的形体分析

操作步骤：

1）新建"例 8-2.dwg"图形文件。调用创建三维实体长方体命令 BOX 制作 55×36×12 形体Ⅰ，然后切换到"西南等轴测"视图，如图 7-87 所示。

2）绘制燕尾槽底面。先将坐标轴绕 X 轴旋转 90°，然后调用多段线命令 PLINE 绘制梯形，起点 2 由端点 1 确定，图中标注了后一点相对前一点的相对坐标，如图 7-88 所示。

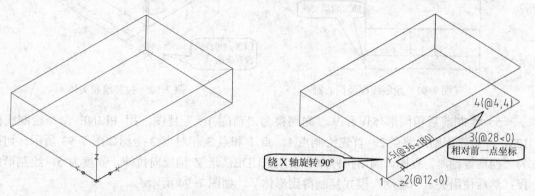

图 7-87 西南等轴测方向查看四棱柱

图 7-88 绘制梯形底面

调用拉伸命令 EXTRUDE，延 Z 轴反向拉伸梯形，拉伸高度为 36，如图 7-89 所示。

3）绘制两圆柱孔。先变换坐标轴，单击"面 UCS"按钮，在靠近左前端点顶面上拾取一点，坐标轴变换如图 7-89 所示；调用 CYLINDER 命令，中心点坐标为(15,18)、半径为 4、高度向下为 8，制作第一个圆柱体；使用夹点"移动"模式复制创建第二个圆柱体，如图 7-90 所示。

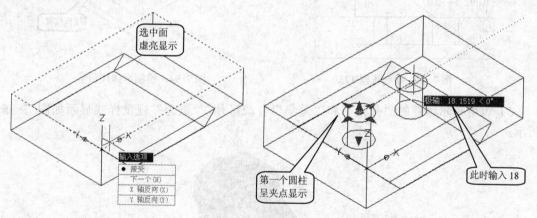

图 7-89 选择"面 UCS"选项变换 UCS

图 7-90 夹点"移动"模式复制圆柱体

4）绘制形体Ⅱ及形体Ⅲ。先切换为"左视"视图，用 PLINE 命令绘制线框，注意侧边长为 20；然后绘制 $\phi22$ 和 $\phi12$ 同心圆，如图 7-91 所示。

切换为"西南等轴测"视图，调用拉伸命令 EXTRUDE，延 Z 轴反向拉伸，高度分别为 12 和 22，如图 7-92 所示；然后使用夹点"移动"模式，以点 1 为基点，移到与点 2 重合的位置。

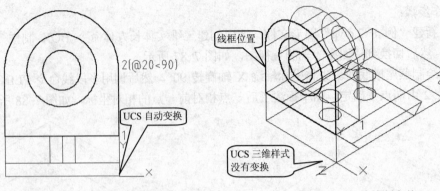

图 7-91 绘制线框及同心圆   图 7-92 拉伸绘制实体

5）绘制前后相同形体Ⅳ和Ⅴ。先切换为"前(主)视"视图，用 PLINE 命令绘制线框 123，注意先识别出端点 2，首先绘制点 1，点 1 和点 3 相对点 2 坐标如图 7-93 所示。切换为"西南等轴测"视图，调用拉伸命令 EXTRUDE，延 Z 轴反向拉伸，高度为 5，绘制形体Ⅳ；然后使用夹点"移动"模式复制得到形体Ⅴ，如图 7-94 所示。

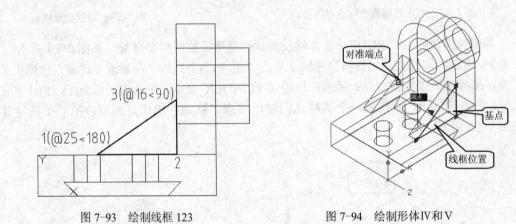

图 7-93 绘制线框 123   图 7-94 绘制形体Ⅳ和Ⅴ

6）调用布尔运算的"并集"和"差集"合成形体，"概念"视觉样式显示如图 7-95 所示。

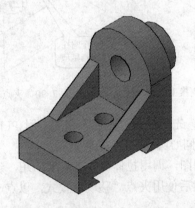

图 7-95 西南等轴测、概念视觉显示效果

第8章　模型操作与视图表达方法

剖视图是工程制图中表达复杂形体内部结构的重要表达方法，AutoCAD 支持用户以不同的方式剖切三维模型，以便查看其内部结构，为用户理解剖视表达方法提供了非常形象的可视化辅助工具。

在布局中，可以按国家标准完成工程图样并添加各种文字标注，AutoCAD 不仅能够帮助我们轻松完成打印的各项技术细节的设置，还提供了直接由立体模型自动生成各种平面视图并完成图样绘制的功能。

本章重点
- 剖切和抽取实体横截面方法
- 创建和使用布局
- 制作各种截切模型

8.1　剖切实体和抽取实体横截面

在工程制图中，假想用剖切平面在适当位置将形体剖开，把遮挡视线的部分移去，将余下部分投影（查看）。AutoCAD 提供了两种方式做这项工作，其一，用剖切平面将形体切开，可保留两部分或任一部分；其二，用剖切平面抽取实体横截面，而形体本身不被破坏。

8.1.1　剖切实体

如图 8-1 所示，以对称面上不共线的 1、2、3 点决定的平面剖切实体，查看内部结构。

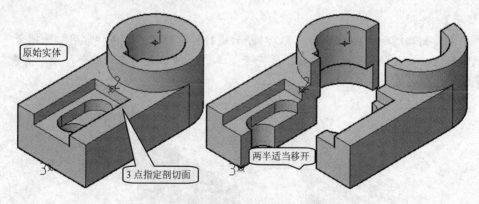

图 8-1　剖切实体样例

1．命令启动方法
- **面板**：选择"常用"选项卡→"实体编辑"面板→"剖切"按钮。

- **工具栏**：打开"自定义用户界面"窗口，如图 1-23 所示，将该工具添加到"建模"工具栏中，方便以后调用，如图 1-28 所示。
- **菜单**：选择"修改"→"三维操作"→"剖切"命令。
- **命令行**：SLICE (SL)。

以图 8-1 为例，操作中命令行提示如下：

```
命令:_slice
选择要剖切的对象: 拾取实体   //可选择多个实体对象，按〈Enter〉键进入下一步
指定 切面 的起点或 [平面对象(O)/曲面(S)/Z 轴(Z)/视图(V)/XY(XY)/YZ(YZ)/ZX(ZX)/三点(3)]
<三点>:↙
指定平面上的第一个点: _cen      //拾取圆心点 1
指定平面上的第二个点: _mid      //拾取边的中点 2
指定平面上的第三个点: _mid      //拾取边的中点 3
在所需的侧面上指定点或 [保留两个侧面(B)] <保留两个侧面>: ↙   //将两半形体适当移开
```

2.选项功能

- **指定切面的起点**：直接依次拾取两点，切面将过两点且垂直于当前 UCS 的 XY 轴平面。如果想保留一侧，则在该侧形体上任意拾取一点，以下同。
- **三点**：默认选项。因为不共线的三点可确定一个平面，所以可指定三点确定截面。
- **平面对象(O)**：将剪切面与圆、椭圆、圆弧、椭圆弧、二维样条曲线或二维多段线等平面对象对齐。
- **曲面(S)**：将剪切平面与曲面对齐。
- **Z 轴(Z)**：系统将提示"指定剖面上的点:"，拾取的点将在剖切面上；系统又提示"指定平面 Z 轴（法向）上的点:"，拾取的点将决定剖切面的方向，即前后拾取的两点连线为剖切面的法线方向。
- **视图(V)**：需指定剖切面通过的点，剖切面的方向与当前视口的视图平面对齐。
- **"XY(XY)""YZ(YZ)"和"ZX(ZX)"选项**：需指定剖切面通过的点，其方向和相应的坐标轴面对齐。

【提示】

为了突出剖切断面的显示效果，可以对断面进行着色处理。单击"常用"选项卡→"实体编辑"面板→"拉伸面"右侧按钮，展开子菜单，选择"着色面"命令，用"青色""黄色"等颜色处理效果如图 8-2 所示。

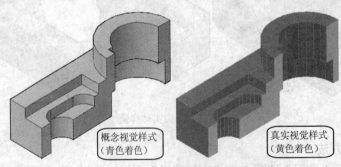

图 8-2　断面着色处理效果

8.1.2　抽取实体横截面

抽取实体横截面命令 SECTION 用于获得实体的横截面又不破坏实体，即用剖切平面和实体的交集创建面域。

SECTION 命令和剖切命令 SLICE 在选择实体对象和确定剖切面的两步操作中，方法相同。和图 8-1 所示剖切实体相对，抽取实体横截面效果如图 8-3 所示。

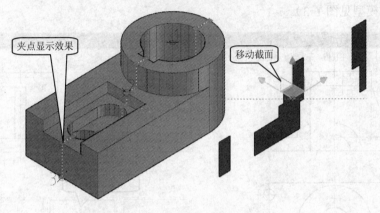

图 8-3　抽取实体横截面效果

8.1.3　创建截面对象

创建截面对象命令 SECTIONPLANE，功能与命令 SECTION 相似，但截面位置、方向可进行调整，使用更加灵活。选择"常用"选项卡→"截面"面板→"截面平面"命令，可启动该命令，单击面板名称右侧展开箭头，打开菜单可选择"活动截面""添加折弯""创建块""平面摄影"和"提取边"等命令。

如图 8-4 所示，启动命令 SECTIONPLANE，以正交、前（主）视方向截切，移动截面过点 1，呈夹点显示时，可进行各种变换。

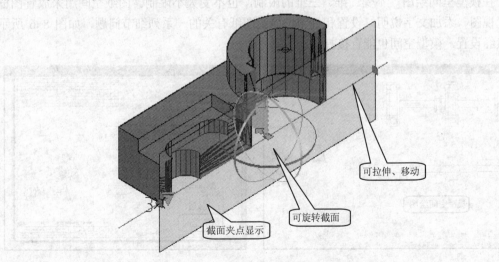

图 8-4　创建可活动的截面对象

8.2 创建和使用布局

　　AutoCAD 设置了模型空间（MSPACE）和图纸空间（PSPACE），即绘图窗口右下角"模型""布局1"和"布局2"选项卡。如图 8-5 所示，当前为"布局1"选项卡，单击状态栏"快速查看布局"按钮，显示各空间的缩微图，可以新建布局和打印、发布图形文件（图 8-5 的立体模型见图 1-3）。

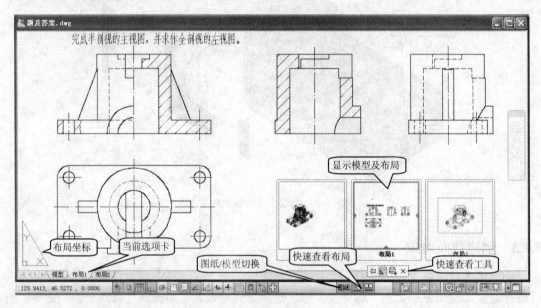

图 8-5 "布局 1"选项卡

8.2.1 模型空间和布局空间

　　在模型空间绘图，不受二维、三维的限制，也不受大小限制。图纸空间用来放置图框、布置视图、添加文字说明，设置和打印、显示图纸有关的一系列细节问题，如图 8-6 所示。当然经设置，模型空间也能直接打印出图。

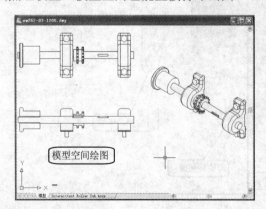
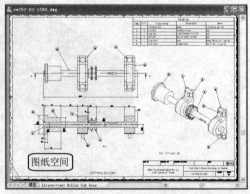

图 8-6 布局和模型空间

220

AutoCAD 系统这样的安排，为实际应用带来极大便利，这也是 AutoCAD 作为辅助设计工具而非简单的绘图工具的一个重要特征。一般在模型空间按 1:1 绘制，当需要打印、输出时，使用布局选项卡来处理图纸的大小、图形缩放、视图布置等细节问题。

在"布局"选项卡中，利用生成平面图形的功能，可以按国家标准为一个三维模型创建多个不同类型的视图，如图 8-5 所示。然后进行添加标注、中心线等修改，就可通过布局打印出图。在布局中修改图形，这种修改将反映在模型空间，而在"图纸"状态下添加的内容不出现在模型空间。

8.2.2　布局的页面设置

布局的页面设置可以调用 PAGESETUP 命令，选择"菜单浏览器按钮"→"打印"→"页面设置"命令，打开"页面设置管理器"对话框，如图 8-7 所示，窗口显示的设置和如图 8-6 所示布局对应。

1．"页面设置管理器"对话框选项功能

1）当前布局：显示应用于页面设置的当前布局。如果从图纸集管理器打开页面设置管理器，则显示当前图纸集的名称；如果从某个布局打开页面设置管理器，则显示当前布局的名称。

2）"页面设置"选项区：显示页面设置并可进行各种调整操作。各选项说明如下。

图 8-7　"页面设置管理器"对话框图

- 当前页面设置：如果从图纸集管理器中打开页面设置管理器，将显示"不适用"。
- "页面设置列表"窗口：列出可应用于当前布局的页面设置，或列出发布图纸集时可用的页面设置。已应用命名页面设置的布局括在星号（*）内，所应用的命名页面设置括在括号内。右击，打开快捷菜单，提供"置为当前""删除"和"重命名"页面设置的命令。
- "置为当前"按钮：将所选页面设置为当前布局的页面设置。
- "新建"按钮：单击后弹出"新建页面设置"对话框，可以为新建页面设置输入名称，并指定要使用的基础页面设置。单击"确定"按钮后，弹出"页面设置"对话框，内容和图 8-8 相同。
- "修改"按钮：单击后弹出"页面设置"对话框，如图 8-8 所示，从中可以编辑所选页面设置的设置，包括页面、打印设备、图纸尺寸、打印区域、打印比例、打印选项、图形方向等细节的设置，这些设置的重要信息将在"选定页面设置的详细信息"区域中显示。
- "输入"按钮：单击后弹出"从文件选择页面设置"对话框，为标准的文件存取对话框，从中可以选择图形格式 DWG、DWT 文件或图形交换格式 DXF 文件，从这些文件中输入一个或多个页面设置。

3）"选定页面设置的详细信息"区域：显示所选页面设置的信息，与"页面设置"对话框中的设置对应。

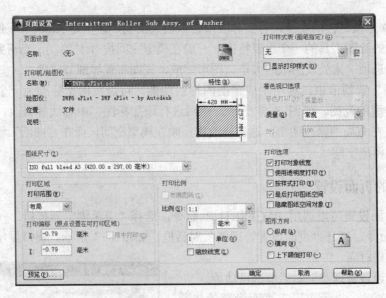

图 8-8 "页面设置"对话框

2. 绘图仪配置

如图 8-8 所示，在"页面设置"对话框的"打印机/绘图仪"选项区，打开"名称"下拉列表，列出了所有用户安装的打印设备，其中非系统打印机的绘图仪配置 PC3 格式文件。

【注意】

非系统设备称为绘图仪，Windows 系统设备称为打印机。

单击右侧"特性"按钮，弹出"绘图仪配置编辑器"对话框，如图 8-9 所示。

"绘图仪配置编辑器"对话框包括"常规""端口"和"设备和文档设置"3 个选项卡，用于指定端口信息、光栅图形和矢量图形的质量、图纸尺寸以及取决于绘图仪类型的自定义特性。

"设备和文档设置"选项卡用于控制 PC3 文件中的许多设置。列表框中包含"介质""图形"和"用户定义图纸尺寸与校准"项目，下方显示所选选项的详细说明和可选参数，方便查看和修改指定设置。如果修改了设置，所做修改将出现在设置名旁边的尖括号（<>）中。修改过其值的节点图标上还会显示一个复选标记。

3. 打印样式表编辑

如图 8-8 所示，在"页面设置"对话框的"打印样式表"选项区打开下拉列表，列出了指定给当前"模型"和布局选项卡的当前可用的打印样式表。选择 acad.ctb 打印样式文件并单击右侧"编辑"按钮，弹出"打印样式表编辑器"对话框，如图 8-10 所示。

【说明】

当前打印样式表为颜色相关样式表，打印样式文件扩展名为 CTB。如果打印样式为命名（Named）打印样式，则文件扩展名为 STB。例如以 acadISO -Named Plot Styles.dwt 为样板文件建立的图形文件可打开此类文件。

"打印样式表编辑器"对话框包括"基本""表视图"和"表格视图"3 个选项卡。"基本"选项卡中，列出打印样式表文件名、说明、版本号、位置（路径名）和表类型；可以修改说明，也可以在非 ISO 线型图案和填充图案中应用比例缩放。另外两个选项卡，以不同的形式显示相同的设置内容。

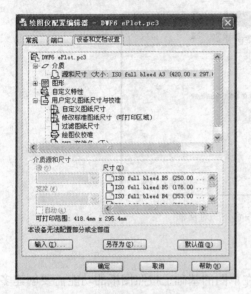

图 8-9 "绘图仪配置编辑器"对话框

图 8-10 "打印样式表编辑器"对话框

4. 添加打印设备和打印样式

使用 PLOTTERMANAGER 命令，可添加或编辑绘图仪配置。绘图仪配置设置指定端口信息、光栅图形和矢量图形的质量、图纸尺寸以及取决于绘图仪类型的自定义特性。

调用方法为

- 单击"打印"面板→"绘图仪管理器"按钮。
- 选择"菜单浏览器按钮"→"打印"→"管理绘图仪"命令。
- 选择"文件"菜单→"绘图仪管理器"命令，弹出"Plotters"对话框，如图 8-11 所示。

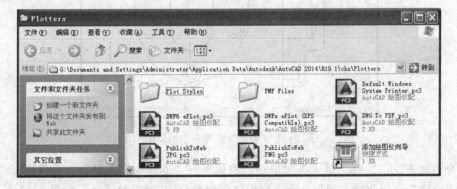

图 8-11 "Plotters"对话框

对话框显示当前安装的打印设备，双击"添加绘图仪向导"按钮，弹出"添加绘图仪-简介"对话框，如图 8-12 所示，系统将一步步引导用户完成打印设备配置。

打印样式管理器命令 STYLESMANAGER 用于添加、删除、重命名、复制和编辑打印样式表。启动和使用该命令的方法和启动绘图仪管理器命令 PLOTTERMANAGER 的方法相同。

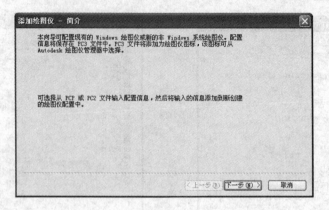

图 8-12 "添加绘图仪-简介"对话框

8.2.3 使用布局向导创建布局

使用布局向导命令LAYOUTWIZARD，可以在草图的基础上按照图纸的功能需要创建多个布局、多个不同显示比例的浮动视口，添加各种标注和标题栏等内容，为打印输出做各种技术准备。图 8-13 所示为在"模型"选项卡中绘制的泵盖草图，然后在 A3 图纸中布置图形并添加各种文字信息，如图 8-14 所示。

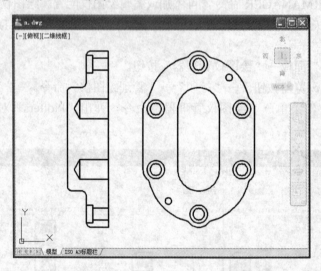

图 8-13 "模型"选项卡中的草图

命令启动方法：选择"插入"菜单→"布局"→"创建布局向导"命令或选择"工具"菜单→"向导"→"创建布局"命令，弹出"创建布局-开始"对话框，如图 8-15 所示。

窗口左侧显示按序的设置步骤，包括输入布局名、设置打印机、图纸尺寸等内容，和"页面设置"对话框内的设置相同。窗口中间说明设置内容，选择方式。单击"下一步"或"上一步"按钮，直至完成，然后在新创建的布局中添加文字信息及标题栏，即可得到一张比较完整的图样，如图 8-14 所示。

224

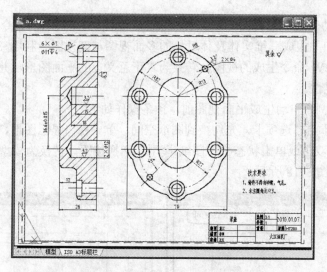

图 8-14　布局中显示的图样信息

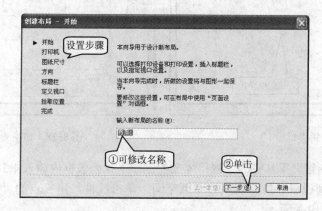

图 8-15　"创建布局-开始"对话框

8.3　由三维模型自动生成平面视图

AutoCAD 提供了由三维模型自动生成平面视图的功能，利用该功能可以自动绘制平面
图形和检验三维模型，如图 8-16 所示。

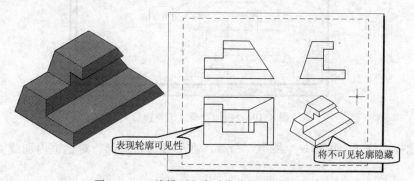

图 8-16　三维模型和自动生成的平面视图

在布局中自动生成平面视图操作综合性较强。利用 SOLVIEW 命令，可以按正交投影法，创建布局视口并生成三维实体及体对象的多面视图与剖视图。利用 SOLDRAW 命令，可以将由 SOLVIEW 命令生成的视图，转换为真正意义上的平面图形，并按照工程制图的规定表现轮廓的可见性。

以图 8-16 为例，自动生成平面视图前，预备操作如下。

1）单击"布局 1"选项卡，先切换到图纸空间，单一视口显示图形，如图 8-17 所示。

2）在视口中双击或单击状态栏"图纸/模型"切换按钮，转换为模型空间，然后切换为"俯视"视图，如图 8-18 所示。

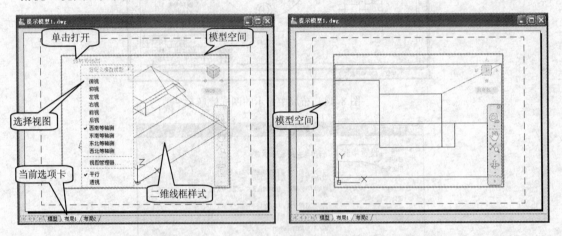

图 8-17　切换到"布局 1"　　　　　　　　图 8-18　切换为"俯视"视图

3）在"视口创建"工具栏的"视口缩放控制"下拉列表框内输入 1.5。

4）将图形移到视口一角，切换为图纸空间，单击线框，用夹点的"拉伸"模式调整视口的大小，如图 8-19 所示。

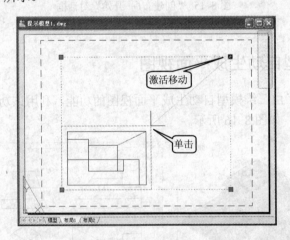

图 8-19　"拉伸"模式调整视口大小

5）选择"格式"菜单→"线型"命令，在"线型管理器"对话框内加载"HIDDEN"线型。

8.3.1 创建布局视口

SOLVIEW 命令启动方法：选择"绘图"→"建模"→"设置"→"视图"命令；如果在"建模"工具栏中添加了该工具（如图 1-28 所示），则可直接单击。操作中命令行提示如下：

```
命令: _solview
输入选项 [UCS(U)/正交(O)/辅助(A)/截面(S)]: O↙    //从现有视图创建折叠的正交视图
指定视口要投影的那一侧: //光标移到视口边界，出现"中点"标记，如图 8-20 所示时，单击
指定视图中心: //光标向上移动、单击确定图形位置，按〈Enter〉键进入下一步
指定视口的第一个角点: //单击确定视口第一个角点
指定视口的对角点: //对角单击一点确定视口，如图 8-21 所示
输入视图名: A1↙    //可自行取名，系统将自动建立以该名称开头，后缀"-DIM""-HID"和
                 // "-VIS"的图层
输入选项 [UCS(U)/正交(O)/辅助(A)/截面(S)]: ……
```

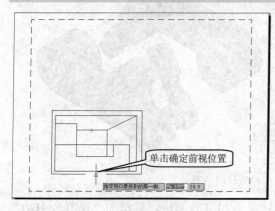
图 8-20　拾取一点确定投影方向

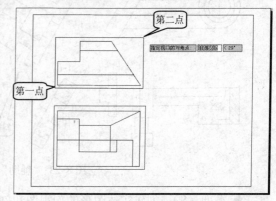
图 8-21　两点确定视口

【说明】

SOLVIEW 命令必须在"布局"选项卡中运行。如果当前处于"模型"选项卡，则自动切换为最后一个活动的"布局"选项卡。SOLVIEW 将视口对象（线框）放置在 VPORTS 图层上。

SOLVIEW 命令的选项功能如下。

● UCS(U)：选择该选项，系统提示"输入选项 [命名(N)/世界(W)/?/当前(C)] <当前>:"，可以创建相对于用户坐标系的投影视图。例如制作图 8-16 右下角等轴测视图，需要选择"命名(N)"选项。操作前应切换到"模型"选项卡，单击"UCS"工具栏中"视图"按钮，改变 UCS 样式，如图 8-22 所示。然后将当前 UCS 按指定名称（如"iso"）保存，以备调用。

● 正交（O）：最常用选项，从现有视图创建折叠的正交视图。

● 辅助（A）：从现有视图中创建辅助视图，设置特定视点观察实体对应。系统提示"指定斜面的第一个点:"、"指定斜面的第二个点:"和"指定要从哪侧查看:"。如图 8-23 所示，辅助视图投影到和已有视图正交并倾斜于相邻视图的平面，相当于斜视图。

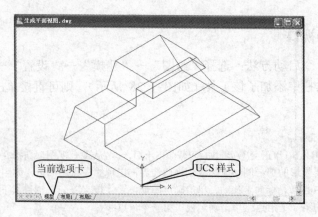

图 8-22 将当前视图设置为 XY 平面

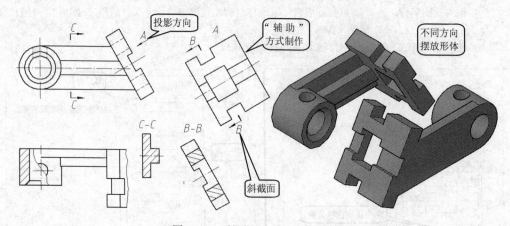

图 8-23 "辅助"方式制作斜视图

● 截面（S）：创建实体图形的剖视图和剖切命令 SLICE 对应，并增加"视图名-HAT"图层，系统自动制作的图案填充放置在该图层，绘制的图形如图 8-5 所示。系统提示"指定剪切平面的第一个点:"、"指定剪切平面的第二个点:"及"指定要从哪侧查看:"，以确定剖切位置和剖视图方向。

8.3.2 转换为二维图形

调用 SOLDRAW 命令，转换为真正意义上的平面图形，并将可见与不可见轮廓线、图案填充等对象分别放置在由 SOLVIEW 命令自动创建的对应图层中。

启动 SOLDRAW 命令方法和 SOLVIEW 命令的调用相同。启动后，系统提示"选择要绘图的视口... 选择对象:"，单击由 SOLVIEW 命令创建的视口，按〈Enter〉键即可将视口中的图形转换为平面图形。完成生成二维图形后，再将"VPORT"图层关闭，显示的效果如图 8-16 所示。

【说明】

要修改图形本身，先选择视图，右击打开快捷菜单，选择"显示锁定"→"是"命令，然后双击相应视口，切换到"模型"空间，添加对象放置在对应视口的图层中，添加对象的特性通过"特性"工具栏临时设置。

此外，SOLPROF 命令能在图纸空间中创建三维实体的轮廓图像，启动方法及操作功能与 SOLDRAW 命令类似。

8.3.3 直接转换二维图形

如果形体简单且对产生的视图要求不高，则可以调用创建基础视图命令 VIEWBASE。调用方法：选择"布局"选项卡→"创建视图"面板→"基础"→"从模型空间"命令。以图 8-16 为例，由立体模型直接生成视图的操作如下：

```
命令: _VIEWBASE
指定模型源 [模型空间(M)/文件(F)] <模型空间>: _M    //系统提示，源自模型空间
选择对象或 [整个模型(E)] <整个模型>: E✓
输入要置为当前的新的或现有布局名称或 [?] <布局 1>:✓    //切换到布局空间，光标样式如图
                                                   //8-24a 所示
指定基础视图的位置或 [类型(T)/选择(E)/方向(O)/隐藏线(H)/比例(S)/可见性(V)] <类型>:
                                              //单击一点，如图 8-24b 所示
选择选项 [选择(E)/方向(O)/隐藏线(H)/比例(S)/可见性(V)/移动(M)/退出(X)] <退出>:✓
                                              //按〈Enter〉键确定
指定投影视图的位置或 <退出>: //光标向下移动连同俯视图，如图 8-24c 所示单击一点确定
指定投影视图的位置或 [放弃(U)/退出(X)] <退出>:    //光标水平移动连同左视图，如图 8-24d
                                              //所示单击一点确定
指定投影视图的位置或 [放弃(U)/退出(X)] <退出>:    //光标斜向下移动连同轴测视图，如图 8-24e
                                              //所示单击一点确定
指定投影视图的位置或 [放弃(U)/退出(X)] <退出>://按<Enter>键退出，即得到视图如图 8-24f 所示
```

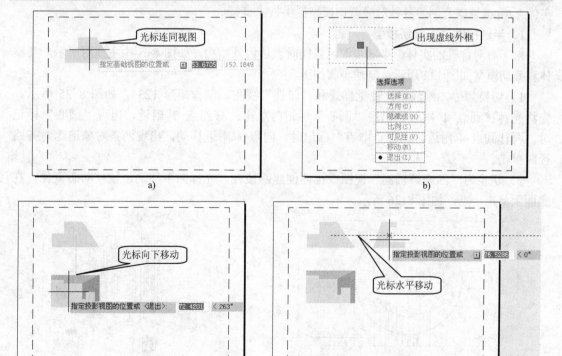

图 8-24　直接生成视图

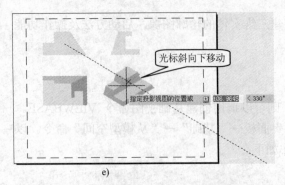

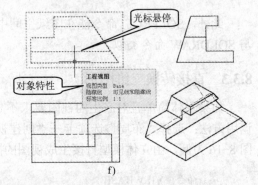

图 8-24 直接生成视图（续）

现在"创建视图"面板其他选项激活，可以进行各种投影，生成局部和截面等视图。生成的视图是一个整体对象，如图 8-24f 所示。自动增加"MD_可见""MD_隐藏"两个图层和"HIDDEN2"和"ACAD_VIEWBORDER_LINETYPE"线型。图形不能修改，但可以添加中心线、标注等内容。

8.4 按剖视图制作截切模型

剖视图分为全剖视图、半剖视图、局部剖视图和斜剖视图等多种表达形式，对应剖切方式有单一剖、旋转剖、阶梯剖、斜剖及组合剖，国家标准《技术制图》的"图样画法"（GB/T17451—1998）中作了详细的规定。如图 8-1 所示，相当于单一剖，表达全剖视图的实体。AutoCAD 为创建各种对应截切模型提供技术支持。

1. 半剖视图对应截切模型

对于有对称性的实体，半剖视图可以同时表达内外结构，如图 8-5 中主视图所示，其整体和截切模型如图 1-2 所示。制作步骤如下。

1) 切换为"二维线框"视觉样式和"俯视"视图。制作矩形 1234，如图 8-25 所示。先将光标移到点 1 附近，出现"圆心"标记时单击；移到点 2 附近，出现"圆心"标记时，再移到点 4 附近，出现"中点"标记时，向点 3 附近移动，出现两条对象追踪对齐路径时单击。

2) 切换为"西南等轴测"视图。拉伸创建四棱柱，光标向下移动，棱柱动态变化，在底面上单击一点，如图 8-26 所示。

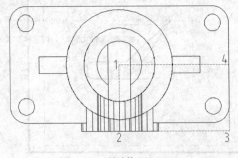

图 8-25 绘制矩形 1234

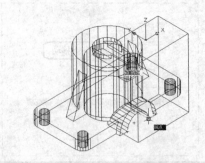

图 8-26 拉伸创建四棱柱

3）将四棱柱和实体分别进行"差集"和"交集"布尔运算，结果如图 8-27 所示。

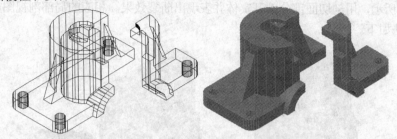

图 8-27 "二差集"和"交集"布尔运算结果

4）可以对断面作着色等处理。单击"实体编辑"工具栏的"着色面"按钮，在断面内拾取点并按〈Enter〉键后，弹出"选择颜色"对话框，可设置颜色，处理效果如图 1-3 所示。

2. 组合剖视图对应截切模型

组合剖又名复合剖，相对较为复杂。端盖实体模型如图 8-28 所示，主体结构为带有凸缘的回转体，均匀分布不同方向、大小圆孔。为表达各孔之间关系，用旋转和阶梯的组合剖切方式，视图表达如图 5-1 所示。制作步骤如下。

1）切换为"二维线框"视觉样式和"左视"视图。用多段线绘制多边形 ABCDEFG，如图 8-29 所示。

2）切换为"西南等轴测"视图。拉伸创建棱柱，光标向右移动，棱柱动态变化，在右端面上单击一点，如图 8-30 所示。

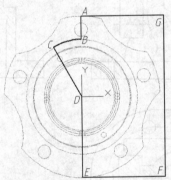
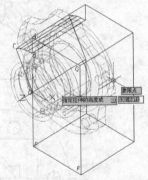

图 8-28 实体模型　　　图 8-29 绘制多边形 ABCDEFG　　　图 8-30 拉伸创建棱柱

3）将棱柱和实体分别进行"差集"和"交集"布尔运算，结果如图 8-31 所示。

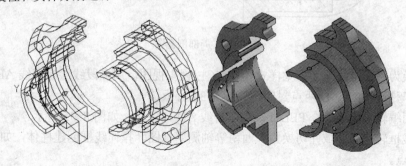

图 8-31 "差集"和"交集"布尔运算结果

3．局部剖视图对应截切模型

如图 8-32 所示，用剖切面部分剖开实体并表现出断裂效果。相应的局部剖视图如图 8-33 所示。操作方法如下。

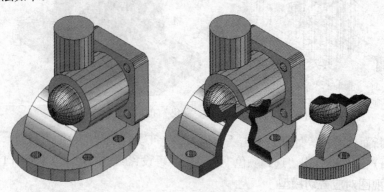

图 8-32　模型及剖切效果

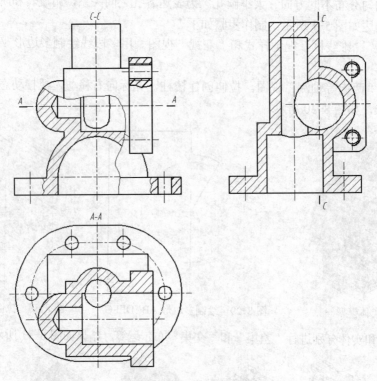

图 8-33　局部剖视图

1）切换为"二维线框"视觉样式和"前(主)视"视图。用多段线绘制直线 ABCD，再用多段线绘制弯折线将 A、D 两点封闭，如图 8-34 所示。

2）调用编辑多段线命令 PEDIT，将弯折线 AD 样条化，如图 8-35 所示。

3）将线框转化为面域并切换为"西南等轴测"视图。拉伸线框创建柱体，如图 8-36 所示时单击一点。

4）经布尔运算及着色等处理后，效果如图 8-32 所示。

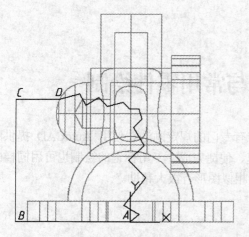
图 8-34　绘制多段线 ABCD 和弯折线 AD

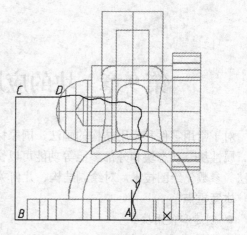
图 8-35　将弯折线 AD 样条化

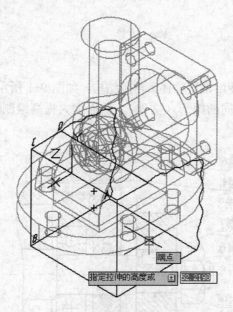
图 8-36　拉伸线框创建柱体

第9章　块的应用与常用零件绘制

对于常用零件和常用结构的画法，国家标准有专门的规定画法。使用 AutoCAD 提供的块、属性块、动态块和外部参照等功能可以快速、便捷完成。专用标记的绘制也可用同样的方法。参数化绘图技术，对绘制结构、几何关系相似图形有很大帮助。

本章重点
- 创建和使用块
- 创建和使用动态块
- 使用外部参照

9.1　创建和使用块

图形设计中，会大量使用常用零件、常用结构，如图 9-1 所示。使用块、参照及参数化绘图技术可以重复引用相同的图形（文件），从而大大提高绘制速度和效率、节省存储空间、方便修改编辑。

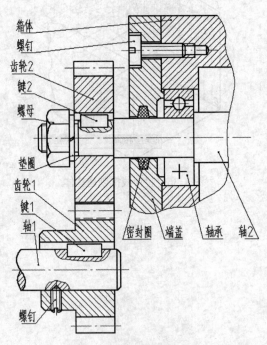

图 9-1　常用件使用样例

相关命令可以用"插入"选项卡的相应面板、"插入"和"绘图"菜单、"绘图"和"修改Ⅱ"工具栏或输入命令等方式调用，如图 9-2～图 9-4 所示。

图9-2 "插入"选项卡

图9-3 "插入"菜单

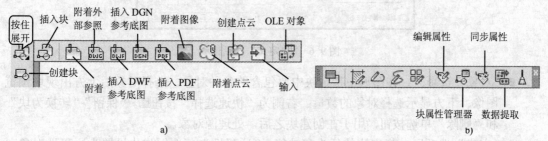

a)

b)

图9-4 部分"绘图"工具栏和"修改Ⅱ"工具栏

a) "绘图"工具栏 b) "修改Ⅱ"工具栏

9.1.1 创建块

使用块前应将已绘制的对象创建为块。如图9-5所示，圆锥滚子轴承由多个零件组成，先提取基本尺寸绘制块，使用时按需要放大、插入，再适当添加线条。

调用创建块命令BLOCK，弹出"块定义"对话框，如图9-6所示。

以图9-5所示圆锥滚子轴承块为例，"块定义"对话框选项功能说明如下。

● "名称"文本框：指定块的名称，打开下拉列表可查看或修改图形中已创建的块。

- "基点"选项区：指定块的插入基点。单击"拾取点"按钮，返回绘图窗口，拾取块右下角点返回，坐标值出现在下方文本框内；如果选择"在屏幕上指定"复选框，则对话框关闭后，系统提示"指定插入基点:"。

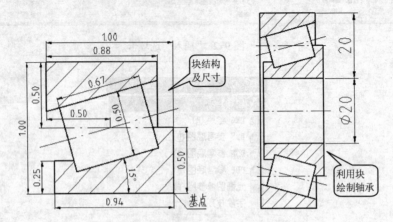

图 9-5　圆锥滚子轴承及块

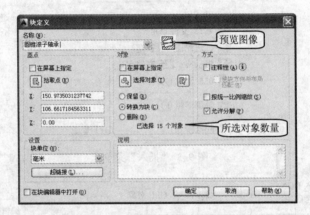

图 9-6　"块定义"对话框

- "对象"选项区：在图形中指定块中要包含的各种对象。选择对象后上方出现块预览图像、下方显示选择对象的数量；右侧为"快速选择"按钮。"保留""转换为块"和"删除"单选按钮，用于在创建块之后，处理源对象。
- "方式"选项区：指定块的行为和功能。"注释性"复选框将块设置为注释性对象，并将激活"使块方向与布局匹配"复选框；"按统一比例缩放"复选框可将块参照按统一比例缩放；"允许分解"复选框默认选中。
- "设置"选项区域："块单位"下拉列表用于设置单位，默认为"毫米"；单击"超链接"按钮，弹出"插入超链接"对话框，可插入超链接文档。
- "说明"文本框：可对块进行文字说明。
- "在块编辑器中打开"复选框：用于打开"块编辑器"和"块编写选项板"。

9.1.2　创建外部块

使用 BLOCK 命令创建的块，只能由块所在的图形使用。如果希望块能被其他图形使用，则应调用存储块命令 WBLOCK 创建外部块，这类块以与图形文件相同的"dwg"格式存储块。命令启动后，弹出"写块"对话框，如图 9-7 所示。

"写块"对话框选项功能说明如下。

- "源"选项区：用于设置组成块的对象来源。"块""整个图形"和"对象"单选按钮用来设置写入块的来源。默认选择"对象"单选按钮时，"基点"和"对象"选项区被激活，使用方法和功能同前；选择"块"单选按钮，下拉列表框被激活，可选择图形中已定义的块。
- "目标"选项区："文件名和路径"文本框内可指定文件名，当前为系统自动设置。"插入单位"下拉列表用于指定块的单位。

【说明】

外部块文件不会保留未用的层定义、块定义、线型定义等。与原文件相比，将大大减少文件的冗余。

图 9-7 "写块"对话框

9.1.3 插入块

想使用图形中已创建的块，需调用插入图块命令 INSERT，弹出"插入"对话框，如图 9-8 所示。

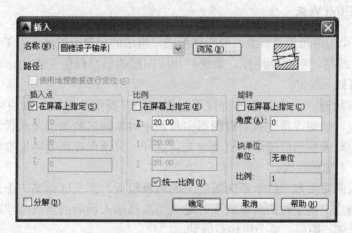

图 9-8 "插入"对话框

以图 9-5 所示绘制圆锥滚子轴承为例，"插入"对话框选项功能说明如下。

- "名称"下拉列表：选择要插入块的名称。单击右侧"浏览"按钮，将打开"选择图形文件"对话框，选择要插入的块或图形文件，最右侧显示选中块的图像。
- "插入点"选项区：默认选择"在屏幕上指定"复选框，关闭对话框后，光标被绑定在块的基点并和块动态移动，如图 9-9 所示；不选择该复选框，将激活下方文本框，可指定坐标位置。

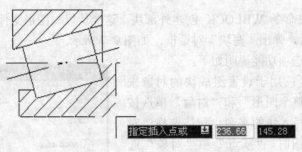

图 9-9　光标和块一起移动的效果

【技巧】

当把图形文件作为块插入时，系统默认该图形的坐标原点为插入点，这将给插入带来不便。此时命令行提示"指定插入点或 [基点(B)/比例(S)/旋转(R)]:"，可选择"基点(B)"选项，重新设置基点。

- "比例"选项区：用于指定插入块三维方向的缩放比例。默认选择"统一比例"复选框。选择"在屏幕上指定"复选框，通过拾取点来确定比例因子。如果指定负的缩放比例因子，则插入块的镜像图像。
- "旋转"选项区：设置插入块的旋转角度。
- "块单位"选项区："单位"文本框给出插入块的单位。"比例"文本框显示单位比例因子，该比例因子是根据块的单位和图形单位计算的。
- "分解"复选框：可在插入块的同时分解块。选择"统一比例"时才能选择该复选框。

9.1.4　块与图层的关系

块可以由单个图形元素或一组图形实体组成，组成的对象可以属于若干图层，从而可具有不同的颜色、线型、粗细等特性。系统将相应图层的信息保留在块中，当插入这样的块时，AutoCAD 有如下规定。

- 插入内部块时，块中对象的特性不受影响。若调用外部块，则块中对象具有的图层、颜色、线型等特性被当前图形中与块中对象同名的图层及其设置覆盖，而不同名的图层对象在当前图形中自动建立。这样，只须保存块的特征参数，而无须顾及块中每个对象的特性。
- 如果插入的块由多个位于不同图层上的对象组成，那么冻结某一个对象所在的图层后，此图层上属于块的对象就不可见。当冻结插入块后的当前图层时，不管块中各对象处于哪一图层，整个块均不可见。
- 在 0 层上创建的图块，插入到当前图形的某个图层中，就变为那个图层的对象，会随该图层开/关，但原设置的线型、线宽、颜色等特性会被保留，这样就不会造成显示上的混乱。通常情况下，建议块或要被其他图形引用的文件建立在 0 层上。

【说明】

在打开的图形文件之间，支持相互直接复制、粘贴，对象特性变化也遵守相同的规则。三维操作中，还应注意 UCS 是否匹配。

9.2 创建和使用带有属性的块

属性是和块相关联的文字信息，是一种特殊的对象，不能独立存在和使用。属性定义好后，应将属性赋予块，使属性和块成为一个整体对象。

标题栏及相关内容如图 9-10 所示。需要绘制表格、书写各栏目名称、填写相关信息、使用各种样式字体、采用各种对齐方式。如果将需要输入的信息定义为属性，如图 9-11 所示，然后将其整体创建为带有属性的块，则使用时插入块，只改变属性值即可。

油泵齿轮		比例	1:1	10.01.03	
		件数	零件数		
制图	张三	重量		材料	45
描图	李四		大江油泵厂		
审核	王五				

图 9-10 标题栏及相关内容

1		比例	5	9	
		件数	6		
制图	2	重量	7	材料	8
描图	3		10		
审核	4				

图 9-11 定义为属性的项目

9.2.1 定义属性

调用定义属性命令 ATTDEF，弹出"属性定义"对话框，如图 9-12 所示。

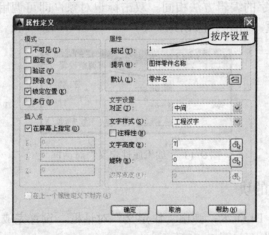

图 9-12 "属性定义"对话框

以定义图 9-11 中标记 1 为例，"属性定义"对话框选项功能说明如下。

- "模式"选项区：设置与块关联的属性值选项，共有 6 个复选框。"不可见"复选框控制插入块后是否显示属性值；选择"固定"，可使"验证"和"预设"复选框变灰，由于属性值不需输入，"属性"选项区的"提示"文本框也变灰；"锁定位置"复选框可将属性相对块的位置固定，在动态块中，由于属性的位置包括在动作的选择集中，因此必须将其锁定。
- "属性"选项区：用于设置属性值。"标记"文本框为属性标记，小写字母会自动转换为大写字母；"提示"文本框为输入属性值给出提示，如果为空，则属性"标记"将作为提示信息；"默认"文本框为属性设置默认值。单击右侧"插入字段"按钮，弹出"字段"对话框,可以选择一个字段作为属性的全部或部分值。

- "插入点"选项区:用于指定属性位置。
- "文字设置"选项区:用于设置文字的对正、样式、高度和旋转。选择"注释性"复选框,将使属性为annotative,如果块是注释性的,则属性将与块的方向相匹配。
- "在上一个属性定义下对齐"复选框:可使下一个属性标记和上一个对齐。当前创建的为首个属性,所以此选项不可用。

【技巧】

标记位置可用夹点的"移动"模式进行调整,打开"特性"选项板,可对设置再进行修改。

以图9-11为例,其余各属性定义信息见表9-1。

表9-1 其余各属性定义信息

标记	2	3	4	5	6	7	8	9	10
提示	制图人姓名	描图人姓名	审核人姓名	绘图比例	装配图中需要的件数	单个零件重量	零件材料	图纸编号	制造厂名
值	姓名	姓名	姓名	1:1	零件数				厂名

9.2.2 编辑属性定义

修改属性定义和文字的编辑方法相同。双击标记对象,即可调用 DDEDIT 命令,弹出"编辑属性定义"对话框,如图9-13所示。

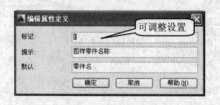

图9-13 "编辑属性定义"对话框

9.2.3 创建带有属性的块

调用创建图块命令 BLOCK,弹出"块定义"对话框,设置完成后单击"确定"按钮,弹出"编辑属性"对话框,如图9-14所示。

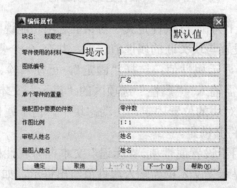

图9-14 "编辑属性"对话框

单击"下一个"按钮可查看其余属性。单击"确认"按钮后，块如图 9-15 所示。

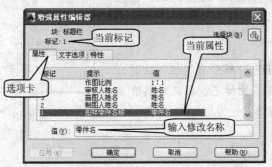

图 9-15　设置为块的标题栏

9.2.4　编辑块属性

调用插入块命令 INSERT，插入带有属性的块后，系统再次弹出"编辑属性"对话框，如图 9-14 所示，可逐个输入相关信息。

双击带有属性的块，即可调用编辑块属性命令 EATTEDIT，弹出"增强属性编辑器"对话框，如图 9-16 所示。

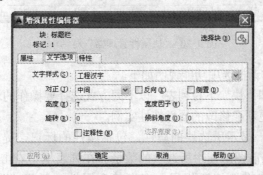

图 9-16　"增强属性编辑器"对话框之"属性"选项卡

1. "属性"选项卡功能

用于修改属性值。列表框显示块中每个属性的标记、提示和值。"值"文本框亮显当前属性值，可输入字符修改，且立即显示在图形中。

2. "文字选项"选项卡功能

"文字选项"选项卡如图 9-17 所示，用于调整属性文字的格式。其中"反向"复选框可控制反向显示文字行；"倒置"复选框可控制上下颠倒显示文字行。例如表面粗糙度用带有属性的块标注，经旋转后字符颠倒。"对正"下拉列表选择"右上"选项及"反向""倒置"两复选框，效果如图 9-18 所示。

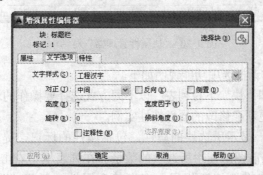

图 9-17　"文字选项"选项卡

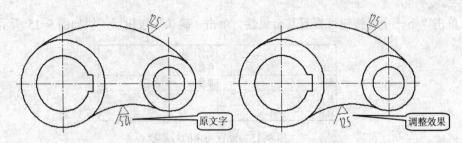

图 9-18   调整文字效果对比

3. "特性"选项卡功能

如图 9-19 所示，该选项卡可以设置图形对象的图层、线型、线宽等细节。

除 3 个选项卡外，单击右上方"选择块"按钮，可返回绘图窗口选择要编辑的块对象；当修改后，左下角"应用"按钮被激活，单击可确认修改但不关闭此对话框。

【注意】

当使用命令 EXPLODE 分解带有属性的块时，其属性值将丢失而恢复成属性标志，因此对具有属性的块进行分解时，要谨慎。

图 9-19   "特性"选项卡

9.2.5 管理块属性

管理块属性命令 BATTMAN 用于在块中编辑属性定义、从块中删除属性以及更改插入块时系统提示用户输入属性值的顺序。选择"插入"选项卡→"块定义"面板→"管理属性"命令，弹出"块属性管理器"对话框，如图 9-20 所示。

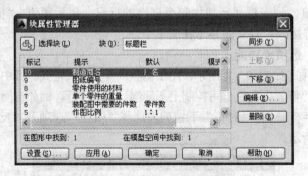

图 9-20   "块属性管理器"对话框

"块属性管理器"对话框选项功能说明如下。

- "选择块"按钮和"块"下拉列表：以不同方式选择要操作的块。
- "同步"按钮：更新已修改的属性特性实例。
- "属性"列表框：显示所选块的属性，包括属性的标记、提示、默认值和模式等。列表下方显示当前图形使用所选块的数量。在列表框中右击，打开快捷菜单，可选择的命令和窗口右侧按钮相同。双击某个属性，弹出"编辑属性"对话框，如

图 9-21 所示。

- "上移""下移""编辑"和"删除"按钮：对列表框中选择的属性操作，例如选择"编辑"按钮，同样弹出"编辑属性"对话框。
- "设置"按钮：单击打开"块属性设置"对话框，如图 9-22 所示，可设置属性信息的列出方式。

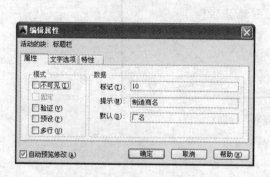

图 9-21 "编辑属性"对话框

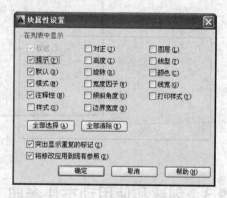

图 9-22 "块属性设置"对话框

9.2.6 属性的提取

块及其属性中包含大量有用的数据和设置细节，可以根据需要将这些数据提取出来，输出表格或写入到文件中作为数据文件保存起来，供其他高级语言程序分析使用或传送给数据库。

1. 文件方式提取属性

调用属性数据提取命令 ATTEXT，弹出"属性提取"对话框，如图 9-23 所示。

"属性提取"对话框选项功能说明如下。

- "文件格式"选项区域：用于设置数据提取的文件格式。包括"逗号分隔文件（CDF）""空格分隔文件（SDF）"和"DXF 格式提取文件（DXX）"单选按钮，决定了"输出文件"文本框中默认文件的名称格式。

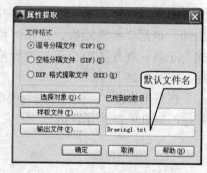

图 9-23 "属性提取"对话框

- "选择对象"按钮：单击返回绘图窗口选择块。
- "样板文件"按钮：单击打开"样板文件"对话框，在标准的存取文件对话框中选择文件，也可在右侧文本框中直接输入文件名。
- "输出文件"按钮：单击可在标准的存取文件对话框中指定文件路径和名称，也可在右侧文本框中修改默认文件名。

2. 向导方式提取属性

数据提取向导命令 DATAEXTRACTION (EATTEXT)的调用方法为：选择"插入"选项卡→"链接和提取"面板→"提取数据"命令，弹出"数据提取"对话框，如图 9-24 所示。可以从对象、块属性信息和图形信息中提取特性数据，输出到表格或外部文件中。

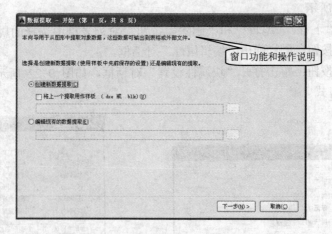

图 9-24 "数据提取"导向对话框

9.3 创建和使用动态块参照

动态块参照简称动态块,可向块中添加参数和动作,使其成为动态块。向块中添加了这些元素,块几何图形就具有了灵活性和智能性。

动态块并非图形的固定部分,可以通过自定义夹点或自定义特性来操作动态块参照中的几何图形。这使得用户可以根据需要在位调整块,而不用搜索另一个块以插入或重定义现有的块,这对设计结构相同、尺寸规格不同的机件,或相同形状不同位置、方向图形特别实用。例如,调用工具选项板,选择"机械"选项卡→"六角头螺栓"工具,在绘图窗口适当位置拾取一点,即绘制六角头螺栓,如图 9-25 所示。

图 9-25 六角头螺栓

在夹点状态下,激活不同种类的夹点,进行简单的移动、拉伸和单击即可绘制不同规格螺栓,如图 9-26 所示。

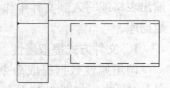
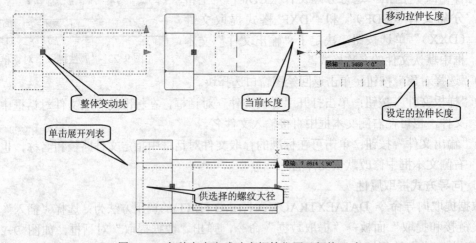

图 9-26 各种夹点方式改变螺栓位置及规格尺寸

9.3.1 块编辑器

块编辑器是一个专门的编写区域，用于添加能够使块成为动态块的元素。用户可以创建新块，也可以向现有的块定义中添加动态行为，还可以像在绘图区域中一样创建几何图形。调用 BEDIT，可以向块定义中添加动态行为，单击"插入"选项卡→"块定义"面板→"块编辑器"命令，弹出"编辑块定义"对话框，如图 9-27 所示。

选择列表框中的块，块名显示在上方文本框中，右侧预览窗口显示块的图像。单击"确定"按钮，窗口切换为块编辑器，如图 9-28 所示。

图 9-27 "编辑块定义"对话框

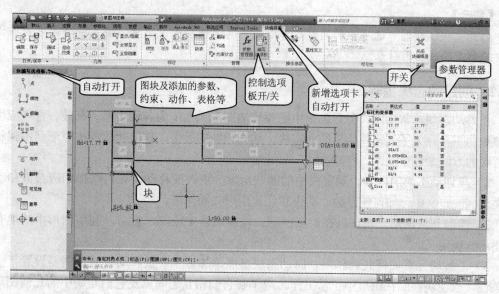

图 9-28 块编辑器

在块编辑器中，可以快速访问块编写工具，向块中添加动态行为。主要选项功能如下。

1）块编写选项板：快速访问块编写工具，单击"管理"面板→"编写选项板"命令可开/关该选项板。包括"参数""动作""参数集"和"约束"选项卡，是添加动态行为的主要工具。

- "参数"选项卡设置块几何图形的位置、距离和角度。
- "动作"选项卡用于定义动态块的自定义特性，如何移动或修改，两选项卡在逻辑上有前后关联关系。
- "参数集"选项卡用于将通常配对使用的参数与动作添加到动态块定义中。
- "约束"选项卡用于约束块中两个几何对象之间或几何对象与坐标系之间的关系。

【说明】

向块定义中添加参数后，系统会自动向块中添加相应的自定义夹点和特性，使用这些自定义夹点和特性可以操作图形中的块参照。

2）参数管理器：通过数学表达式控制标注约束的几何图形，单击"管理"面板→"参数管理器"命令可开/关该选项板。可以使用包含标注约束的名称、用户变量和函数的数学表达式来控制几何图形，运算符号及函数使用规则和 CAL 命令使用函数相同。

【说明】

除使用相关函数外，表达式中还可以使用常量 PI 和 E。

3）"块编辑器"选项卡：包括"打开/保存""几何""标注""管理""操作参数""可见性"和"关闭"面板。"打开/保存"面板，可存取、测试图块；编辑过程中，相关功能与"块编写选项板"和"参数管理器"相同；最后单击"关闭"面板→"关闭块编辑器"命令，将返回绘图窗口。

【提示】

打开"块编辑器"选项卡的同时，可以选择其他选项卡、菜单、输入命令等方式操作，为块绘制或修改图形对象。

9.3.2　创建动态块步骤

虽然动态块非常实用，但是创建中需要理清图形元素间的各种关系，有效、合理应用各种参数化工具。为了创建高质量的动态块，达到预期的效果，建议初学者按照下列步骤和需要考虑的方面来进行操作。

1）规划动态块的内容。确定块中的哪些对象会更改或移动，如何添加相应参数和动作的类型到块定义中，如何使参数、动作和几何图形共同作用。

2）绘制几何图形。块可以在绘图区域、块编辑器中绘制，也可以利用图形中的现有几何图形或块定义。

3）了解块元素如何共同作用。向动态块参照添加多个参数和动作时，需要设置正确的相关性，以便块参照在图形中正常工作，应了解它们相互之间以及它们与块中的几何图形的相关性。

4）添加参数。添加参数要适当，使用块编写选项板的"参数集"选项卡可以同时添加参数和关联动作。

5）添加动作。添加的动作应确保将动作与正确的参数和几何图形相关联。

6）添加约束。在块对象中添加几何约束，控制点、直线、曲线、多段线等对象之间保持指定的关系，如重合、平行、相切、垂直等关系。

7）定义动态块参照的操作方式。可指定块定义中的所有对象显示的夹点、如何通过这些夹点来编辑动态块参照，还可以指定是否在"特性"选项板中显示出块的自定义特性，以及是否可以通过该选项板或自定义夹点来更改这些特性。

8）测试通过后保存块并关闭块编辑器。编辑过程不断跟踪测试，直至完全达到设计要求后保存块并关闭块编辑器。然后将动态块参照插入到一个图形中，并进一步测试该块的功能。

【例 9-1】 绘制动态块六角头螺栓（GB/T 5782-2000），如图 9-29 所示。公称长度 L 最小 50，最大 160，可按增减尺寸 10 变动。其他尺寸 DIA、K、Hd，参看表 9-2。

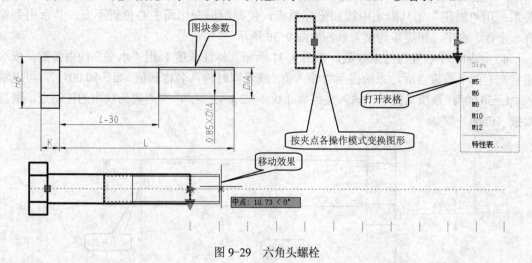

图 9-29　六角头螺栓

表 9-2　尺寸 DIA、K、Hd 的取值

螺栓规格	DIA	K	Hd
M5	5	3.5	8.79
M6	6	4	11.05
M8	8	5.3	14.38
M10	10	6.4	17.77
M12	12	7.5	20.03

　　背景及分析：螺栓是常用的零件，本图块涵盖了 5 种规格螺纹、12 种可变长度，可为绘图操作带来极大的便利。设计制作这样的块，需要各种较为复杂的设置，因此除非图形中需要这类以各种变化多次插入的块，否则不要为当前图形创建动态块。

　　操作步骤：

　　1）新建"例 9-1.dwg"图形文件。调用 BEDIT，打开"编辑块定义"对话框，如图 9-27 所示。在"要创建或编辑的块"文本框中输入名称，然后单击"确定"按钮进入块编辑器，如图 9-28 所示。

　　2）按 M10、L 为 50 绘制螺栓，如图 9-30 所示。注意将图线放置在准确图层，如螺纹小径为"标注"图层，中心线改为构造几何图形的方法为单击"管理"面板→"构造"命令，线条以灰色虚线显示，块中将不出现。

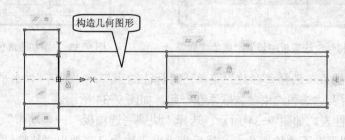

图 9-30　按 M10、L 为 50 绘制螺栓并添加几何约束

3）使用"块编写选项板"的"约束"选项卡，用"重合"工具约束线与线之间的连接关系；用"固定"工具固定中线和坐标原点，使得图形变化而中心位置不变；其余用到垂直、平行、水平、相等等约束关系，如图9-30所示。

4）添加水平和竖直约束参数，如图9-31所示。标注长度L用"水平"约束参数，依次指定左右两个约束点后，系统提示"输入值，或者同时输入名称和值 <d1=50.00>:"，可以输入"L=50.00"；系统又提示"输入夹点数 [0/ 1 / 2] < 1 >:"，夹点数为块中的控制点，现直接按〈Enter〉键。

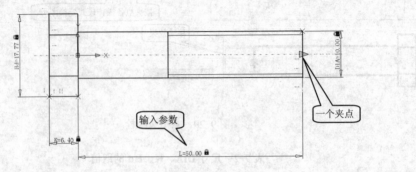

图9-31　添加水平和竖直约束参数

单击该约束参数，呈夹点显示时右击，打开快捷菜单，选择"特性"命令，打开"特性"选项板，在"值集"列表中单击"距离类型"栏，选择"增量"，然后指定"距离增量"、"最小距离"和"最大距离"参数，如图9-32所示。

其余的约束参数操作类似，其中夹点数均设置为 0，"值集"列表的设置均为"列表"，单击"距离值列表"栏右侧按钮，打开"添加距离值"对话框，如图9-33所示。在"要添加的距离"文本框中输入各参数，以逗号分隔，单击"添加"按钮后将写入列表框中，然后单击"确认"按钮即可。

图9-32　"特性"选项板中设置"值集"列表

图9-33　"添加距离值"对话框

5）添加标注约束。选择"参数"菜单→"标注约束"→"对齐""水平""竖直"等命令。标注的尺寸用表达式和约束参数联系在一起，如图9-34所示。

6）添加块特性表，如图9-34所示。选择"块编写选项板"→"动作"选项卡→"块特性表"工具，在图形右下角拾取角点，然后指定夹点数为 1，弹出"块特性表"对话框，如

248

图 9-35 所示。列表框中显示以创建、添加方式输入的参数。

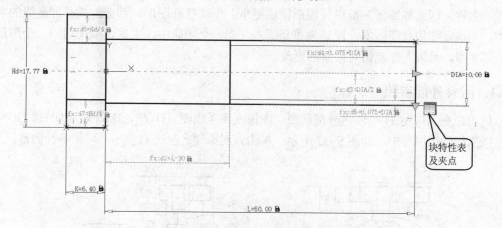

图 9-34　添加标注约束及块特性表

单击"创建"按钮，弹出"新参数"对话框，如图 9-36 所示。在"名称"文本框内输入"Size"；"值"文本框内输入"MM"；"类型"下拉列表框内选择"字符串"，单击"确定"按钮返回"块特性表"对话框，列表框出现"Size"列。

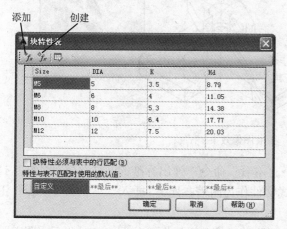

图 9-35　"块特性表"对话框

图 9-36　"新参数"对话框

单击"添加"按钮，弹出"添加参数特性"对话框，列表框内有步骤 4）添加的约束参数，选择一个参数并单击"确定"按钮或直接双击一个参数，窗口将关闭，该参数将加入"块特性表"对话框的列表框中。

7）在编写过程中可以选择"打开/保存"面板→"测试块"命令，不断跟踪监测。块达到设计要求后，单击"保存块"命令，然后单击"关闭"面板→"关闭块编辑器"命令返回绘图窗口。插入该块，如图 9-29 所示。

9.4　使用外部参照

外部参照能使用户在当前图形中将任意其他的图形作为参照来查看，灵活地拆离和附着、加载或者卸载。外部参照的图形并不是当前图形的一部分，当前图形只记录外部参照的位置和名称，因此外部参照可以使图形比块更小。每次打开图形，都会加载外部参照的当前版本，而块要使用最新版本，就必须重新插入。在一个团队中，大家可以使用同一个图形作为外部参照，且每人都能访问最新的更改。

9.4.1 附着外部参照

附着命令 ATTACH 可以将外部参照、图像或参考底图（DWF、DWFx、PDF 或 DGN 文件）插入到当前图形中，如图 9-37 所示。单击该对象使之呈夹点显示，可作各种调整。

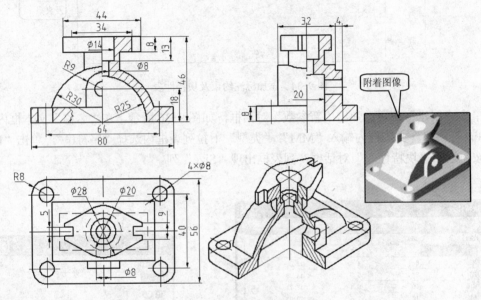

图 9-37　附着图像效果

选择"插入"选项卡→"参照"面板→"附着"命令，弹出标准的文件存取对话框，打开"文件类型"下拉列表，可选择各种格式文件作为附着参照。"插入"菜单和"绘图"工具栏对选择不同格式文件作了命令分类。

选择文件并单击"打开"按钮后，弹出"附着图像"对话框，如图 9-38 所示。附着不同类型的文件，对话框名称不同但功能选项相近。

以附着图 9-37 所示图像为例，"附着图像"对话框选项功能说明如下。

● "名称"文本框：显示附着图像文件名，单击右侧"浏览"按钮，弹出"选择图像文件"对话框。
● "预览"窗口：显示缩小的图像。
● "路径类型"选项区：包括"完整路径""相对路径"和"无路径"3 种类型，设置如何找寻、定位附着图像到宿主图形中。
● "缩放比例""插入点"和"旋转角度"选项区：功能和操作方法与块前同。
● "隐藏细节"按钮和"图像信息"选项区："隐藏细节"按钮控制"图像信息"选项区域的显示，该区域显示分辨率、图像大小、位置等信息。

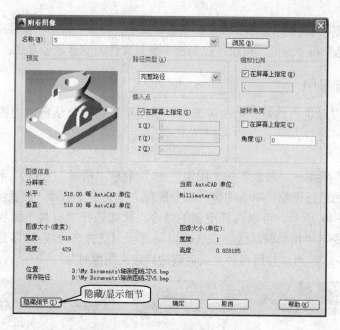

图 9-38 "附着图像"对话框

9.4.2 "外部参照"选项板

通过"外部参照"选项板可以查看图形中使用外部参照的相关信息。单击"参照"面板名称右角箭头，打开"外部参照"选项板，如图 9-39 所示。

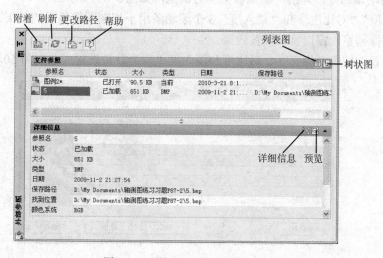

图 9-39 "外部参照"选项板

"外部参照"选项板用于组织、显示和管理参照文件，只有 DWG、DWF、DWFx、PDF和光栅图像文件可以直接打开。选项功能说明如下。

● "附着"按钮：单击打开"选择参照文件"对话框，选择各类文件到当前图形中。

● "刷新"按钮：可刷新或重载所有参照。

● "列表图"和"树状"按钮：控制"文件参照"列表框中显示文件的方式。

- "文件参照"列表框：显示参照名、状态、大小、类型、日期、保存路径等相关信息。
- "详细信息"和"预览"按钮：控制选中参照文件的信息显示方式。

9.4.3 编辑外部参照

可以对外部参照进行剪裁、修改等编辑，甚至可以将对象从自己的图形转移到外部参照中。

1．图像设置

选择"修改"菜单→"对象"→"图像"→"调整""质量""透明"和"边框"命令，可对图像外部参照进行调整。单击图像外部参照使之呈夹点显示时，面板区域出现"图像"选项卡，如图 9-40 所示，可以选择更多的命令。比如选择"剪裁"面板→"创建剪裁边界"命令，系统提示"指定剪裁边界或选择反向选项: [选择多段线(S)/多边形(P)/矩形(R)/反向剪裁(I)] <矩形>: "，可以使用各种方式剪裁边界定义图像对象。

图 9-40 "图像"选项卡

"调整"面板和命令 IMAGEADJUST 的功能相同，用于调整图像显示效果。在图像边框双击即可启动该命令，弹出"图像调整"对话框，如图 9-41 所示。

- "亮度""对比度"和"淡入度"3 个滚动条用于控制图像显示的效果。
- "图像预览"窗口显示设置效果。
- "重置"按钮，将亮度、对比度和淡入度重置为默认设置（分别为 50、50 和 0）。

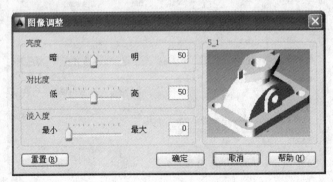

图 9-41 "图像调整"对话框

2．外部参照设置

如果插入的外部参照是 DWG 格式文件，单击呈夹点显示时，面板区域出现"外部参照"选项卡，如图 9-42 所示。选择"编辑"面板→"在位编辑参照"命令，或直接双击参照对象，相当于调用 REFEDIT 命令，弹出"参照编辑"对话框，如图 9-43 所示。

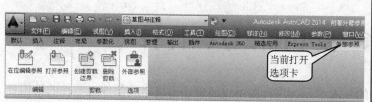
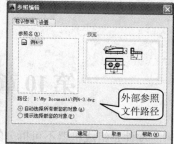

图 9-42 "参照设置"选项卡 　　　　　　　　图 9-43 "参照编辑"对话框

"参照编辑"对话框包括"标识参照"和"设置"选项卡。"标识参照"选项卡为标识要编辑的参照提供视觉帮助并控制选择参照的方式。其中"参照名"列表框，显示所有参照，一次只能在位编辑一个参照；"预览"窗口显示当前选定参照的预览图像；"自动选择所有嵌套的对象"和"提示选择嵌套的对象"单选按钮控制选择参照对象的方式。"设置"选项卡为编辑参照提供选项，包括"创建唯一图层、样式和块名""显示属性定义以供编辑"和"锁定不在工作集中的对象"3个复选框。

3. 其他参照文件的设置

对于其他 DWF、DWFx、PDF 或 DGN 等格式文件的外部参照，系统会提供相应工具，编辑操作方式类似，这里不再赘述。

第10章　模型操作与零件图表达

零件是组成机器不可拆分的基本单元。零件图不仅要表达出机器或部件对零件的结构要求，还需要考虑制造和检验该零件所需的必要信息。包括：

- 一组图形：用视图、剖视图、断面及其他规定画法来正确、完整、清晰地表达零件形状和结构。本章将学习如何逼真地描述零件，如赋予模型材质、设置光源、选择背景以便渲染模型等。
- 尺寸：零件图的尺寸标注应做到正确、完整、清晰、合理。本章将学习引注标注、形位公差等标注方法。
- 技术要求：用文字和符号等注释方式说明表面粗糙度、尺寸公差、形位公差、热处理等要求。本章将学习倒角和圆角、编辑面等非常实用的操作方法。
- 标题栏：用于填写和零件相关的名称、材料、数量、绘图比例以及设计、描图、审核人签字、日期等项内容，一般应用带属性的块来处理。

本章重点

- 模型的渲染
- 实体编辑的几种工具
- 引注注法及形位公差

10.1　模型的渲染

渲染是比视觉样式复杂的表现图形方法，能使模型的显示具备色彩、阴影和照明效果，更加真实，如图 10-1 所示。通过附着材质、创建阴影、设置光源、添加背景、使对象透明、将二维图像映射到模型表面等手段，可以达到较好的渲染效果。

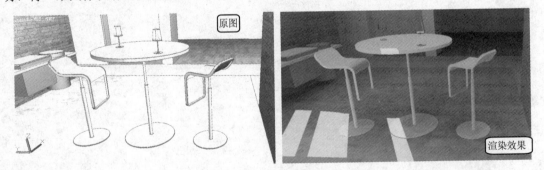

图 10-1　渲染效果对比

10.1.1　赋予模型材质

材质是对象上实际材质的表现形式，如玻璃、金属、纺织品、木材等。由于有光泽的材质会产生高光区，因而其反光效果与表面暗淡的材质有明显区别。赋予材质的模型即便不用渲染，也能看出显示效果，增强模型的真实感。

1. 使用材质浏览器附着材质

使用材质浏览器可直接将材质附着到对象。选择"渲染"选项卡→"材质"面板→"材质浏览器"命令，弹出"材质浏览器"选项板，按图 10-2 所示查找所需材质，单击并拖动到模型上释放即可。

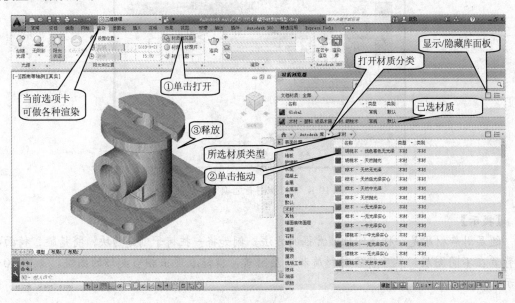

图 10-2　使用材质浏览器赋予模型材质

【注意】

只有"真实"视觉样式下才能显示附着材质的效果。

材质特性可以自行设置，在材质浏览器的已选材质上右击，打开快捷菜单，选择"编辑"命令，即启动MATEDITOROPEN 命令，打开"材质编辑器"选项板，如图 10-3 所示。单击"材质"面板名称右下角箭头，或者选择"工具"菜单→"选项板"→"材质编辑器"命令，都可启动该命令，对细节进行调整。

【技巧】

在"选择对象:"提示下，按住〈Ctrl〉键（次选择），当光标悬停在实体上，某个面会亮显，单击将使材质应用到该面上，而非整个实体。

2. 附着材质

输入、创建或修改所需材质后，可以将其附着到对象上，随对象或图层来附着材质。选择"渲染"选项卡→"材质"面板→"随层附着"命令，打开"材质附着选项"对话

图 10-3　"材质编辑器"选项板

框，如图 10-4 所示。可以将左侧"材质名称"列表框中选择的材质拖动到右边的图层上。材质附着到图层后，列表右侧出现"×"标记，为"分离"按钮，单击此按钮可以将材质与图层分离。

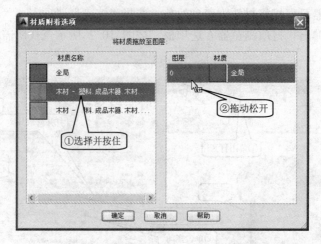

图 10-4 "材质附着选项"对话框

【提示】

随层附着材质是一种操作性非常强的方法，例如将一把椅子创建为块，将椅腿、椅面、椅背置在不同图层，然后将各种材质和图层附着，就能表现出相当美妙的图案，如图 10-5 所示。

图 10-5 不同材质和式样的椅子

10.1.2 创建光源

光源可增强场景的清晰度和三维性。如果想在渲染图中表现阴影，设置合适的光源位置非常重要。AutoCAD 提供多种类型的光源来创建更真实的场景。如图 10-6 所示，为了更好表现叶轮泵盖，可设置点光源、聚光灯和太阳光。

在"渲染"面板中，打开"渲染预设"下拉列表，选择"高"选项；打开面板，在"渲染输出大小"列表中选择 640×480，其余设置不变，单击"渲染"按钮，得到结果如图 10-7 所示。

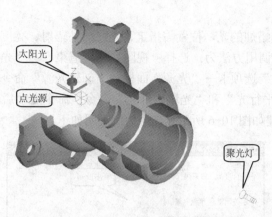

太阳光

点光源

聚光灯

图 10-6　设置点光源、聚光灯和太阳光

默认光源渲染效果

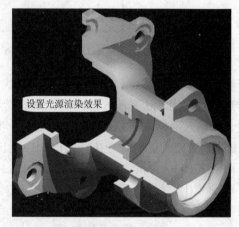

设置光源渲染效果

图 10-7　设置光源和默认光源渲染效果对比

1. 默认光源

默认情况下，系统提供由四面八方均匀照亮模型的两个光源，展开"光源"面板，如图 10-8 所示，输入数值或滑块，可以改变模型的显示效果。

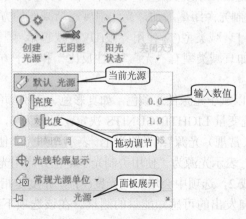

创建光源

无阴影

阳光状态

当前光源

亮度　　　　0.0　　　　输入数值

对比度　　　1.0

拖动调节

光线轮廓显示

常规光源单位　　　　面板展开

光源

图 10-8　展开"光源"面板

2．创建点光源

点光源类似电灯或蜡烛的光，位置需指定、光线向外辐射、亮度随距离衰减。创建点光源命令 POINTLIGHT 调用方法为：选择"视图"→"渲染"→"光源"→"新建点光源"命令，或者选择"渲染"选项卡→"光源"面板→"创建光源"命令，单击右侧箭头可选择"点光源""聚光灯""平行光"和"光域网灯光"命令。命令启动后，首先弹出警示窗口，如图 10-9 所示。以创建如图 10-6 所示点光源为例说明如下。

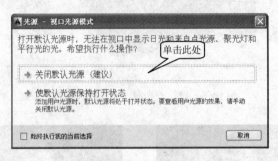

图 10-9　警示窗口

要创建光源，按窗口提示必须关闭默认光源，也可以在后期使用面板上的按钮手动关闭。选择"关闭默认光源"选项后，系统提示"指定源位置 <0,0,0>:"，可指定点光源坐标位置，现输入坐标（-50,-60,50）。系统进一步提示"输入要更改的选项 [名称(N)/强度(I)/状态(S)/阴影(W)/衰减(A)/颜色(C)/退出(X)] <退出>:"，选项功能说明如下。

- 名称(N)：可指定光源名，否则系统自动取名为"点光源 1"，现输入"P1"。
- 强度(I)：设置光源的强度或亮度。取值范围为 0.00 到系统支持的最大浮点数，数值越大光源越亮，默认值为 1，现改为"0.8"。
- 状态(S)：可打开或关闭光源。
- 阴影(W)：控制光源的阴影效果或阴影类型。选择该项后系统进一步提示"输入阴影设置 [关(O)/锐化(S)/已映射柔和(F)/已采样柔和(A)] <锐化>:"。现选择"已映射柔和(F)"选项，系统又提示"输入贴图尺寸 [64/128/256/512/1024/2048/4096] <256>:"，按〈Enter〉键后，系统又提示"柔和度 (1-10) <1>:"，输入"5"。
- 衰减(A)：控制光源距离增加，光线强度逐渐减弱的方式。系统进一步提示"输入要更改的选项 [衰减类型(T)/使用界限(U)/衰减起始界限(L)/衰减结束界限(E)/退出(X)] <退出>:"，如衰减类型有"无""线性反比"和"平方反比"3 个选项，默认为"线性反比"。
- 颜色(C)：可以赋予光源任意颜色，如真彩色、索引颜色、HSL 和配色系统等。

以上选项由系统变量 LIGHTINGUNITS 决定：设置为 0，表示当前的光源为"未使用光源单位并启用标准（常规）光源"；设置为 1，表示光源为"使用国际光源单位并启用光度控制光源"；设置为 2，表示光源为"使用美制光学单位并启用光度控制光源"。

如果设置为 1 或 2，选项中会增加"光度(P)"，光度是指测量可见光源的照度，照度是指对光源沿特定方向发出的可感知能量的测量。在该选项下，系统提示"输入要更改的光度控制选项 [强度(I)/颜色(C)/退出(X)] <I>:"。强度是指入射到每单位面积表面上的总光通量，光通量是指每单位立体角中的可感知能量。一盏灯的总光通量为沿所有方向发射的可感知的能量。

【提示】

设置点光源比较直观的方法是先放置好光源，单击，当其呈夹点显示时，可进行移动等变换，也可以打开"特性"选项板，在相应的栏目中进行参数调整。

3. 创建聚光灯

聚光灯可发射定向圆锥形光柱。聚光灯有一个明亮的中心——聚光角；在明亮中心的外缘为渐暗的环——照射角。与点光源不同，聚光灯需要控制一个光照方向，应指定位置和目标。

创建聚光灯命令 SPOTLIGHT，可通过菜单、面板或工具栏调用。命令选项由系统变量 LIGHTINGUNITS 设置为 0、1 或 2 决定。

- 设置为 0：系统选项提示"输入要更改的选项 [名称(N)/强度(I)/状态(S)/聚光角(H)/照射角(F)/阴影(W)/衰减(A)/颜色(C)/退出(X)] <退出>:"。
- 设置为 1 或 2：系统选项提示"输入要更改的选项 [名称(N)/强度因子(I)/光度(P)/状态(S)/聚光角(H)/照射角(F)/阴影(W)/过滤颜色(C)/退出(X)] <退出>:"。

除"聚光角(H)"和"照射角(F)"两选项，其他选项和点光源中的选项相同。聚光角和照射角从聚光灯出发、沿光线照射目标的方向。两者的最大值均为 160°。如果两角相同，则没有照射角，整个聚光灯都是明亮的。默认情况，聚光角为 44°、照射角为 50°，留出的光晕区较小。

以创建如图 10-6 所示聚光灯为例，设置"源位置"为(0,-200,0)，"目标位置"为原点；名称为"S1"；强度因子设置为"0.4"；照射角为"40°"、聚光角为"25°"；阴影设置为"已映射柔和(F)"、贴图尺寸为"256"、柔和度为"5"。

完成创建聚光灯之后，在实际应用中，还可采用夹点操作方式并利用"特性"选项板调整、反复试验直至达到理想的效果。

【说明】

介于点光源与聚光灯之间，还有创建自由聚光灯命令 FREESPOT，这种光源和点光源类似，没有目标，可以指定聚光角和照射角。WEBLIGHT 命令可以创建光域灯光，这种灯光类似于聚光灯，是一种灯光强度在三维空间中的变化，具有分散实际灯光强度的作用，在实际使用中有非常好的渲染效果。

4. 创建平行光

平行光类似太阳光，平行且不衰减。一般在创建前，将 LIGHTINGUNITS 设置为 0，以关闭光度单位，否则会降低平行光的强度。

创建平行光命令 DISTANTLIGHT，可通过菜单、面板或工具栏调用。启动命令后，系统提示"指定光源来向 <0,0,0> 或 [矢量(V)]:"及"指定光源去向 <1,1,1>:"，默认情况，拾取两点来确定平行光的方向。进一步的选项设置和前面所讲的光源选项类似。

10.1.3 模拟太阳光

太阳光可以认为是特殊的平行光，阳光与天光是 AutoCAD 中自然照明的主要来源。阳光的光线是平行且为淡黄色，而大气投射的光线来自所有方向且为明显的蓝色。

1. 设置地理位置

AutoCAD 中，通过指定模型的地理位置和设置太阳特有的特性来模拟太阳光，以达到自然的照明效果。命令 GEOGRAPHICLOCATION 用于设置图形中地理位置的纬度、经度和北向。单击"渲染"选项卡→"阳光和位置"面板→"设置位置"→"从地图"命令，打开"地理位置-实时地图数据"对话框，如图 10-10 所示。单击"是"按钮后弹出"地理位置"对话框，如图 10-11 所示。在该对话框中可以移动、缩放地图。在图形区右击，打开快捷菜单选择"在此处放置标记"命令，可设置地理位置。该标记可以移动调整位置，也可再次打开快捷菜单选择"将标记移至此处"命令进行设置。

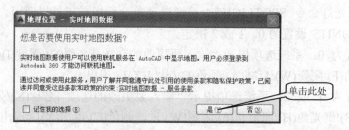

图 10-10 "地理位置-实时地图数据"对话框

图 10-11 "地理位置"对话框

单击"继续"按钮，系统提示"选择位置所在的点 <0, 0, 0>:"及"指定北向或 [角度(A)]<角度>:"，用于设置坐标位置及方位。Z 轴上出现太阳标记，如图 10-6 所示。

2. 设置阳光特性

调用 SUNPROPERTIES 命令，打开"阳光特性"选项板，可以设置特性。单击"渲染"选项卡→"阳光和位置"面板名称右角箭头，打开"阳光特性"选项板，如图 10-12 所示。

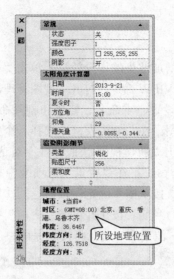

图 10-12 "阳光特性"选项板

其中比较重要的"日期"和"时间"参数，通过"阳光和位置"面板可调整。"常规"区域参数和点光源相关选项设置类似；"天光特性""地平线""高级"和"太阳圆盘外观"4个区域，只有使用光度光源（LIGHTINGUNITS 为 1 或 2）时才会出现，如"天光特性"区域允许在渲染图形时，为天空添加背景和照明效果。如图 10-6 所示的太阳光，LIGHTINGUNITS 设置为 0。

10.1.4　管理光源

光源可以设置在灯罩内或高高在上。平行光没有单独的符号，这就为管理带来困难。使用"模型中的光源"选项板，有助于进行作选择、修改和删除光源。单击"光源"面板名称右角箭头即启动光源列表命令 LINGTLIST，打开"模型中的光源"选项板，单击列表中的一个光源，图中该光源即呈夹点显示，通过操作夹点可进行各种修改。还可右击，打开快捷菜单，如图 10-13 所示。图中显示了图 10-6 中设置的光源特性。

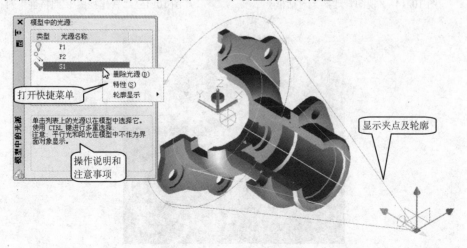

图 10-13 "模型中的光源"选项板及对应模型

10.1.5 使用背景

可以为视图添加背景，以增加渲染的场景效果。单击"视图"选项卡→"视图"面板→"视图管理器"命令，即可启动 VIEW 命令，打开"视图管理器"对话框，如图 10-14 所示。

通过该对话框可以创建、设置、重命名、修改和删除命名视图（包括模型命名视图）、相机视图、布局视图和预设视图。在左侧列表框中选择一个视图，右侧将显示该视图的相关特性。单击"新建"按钮，弹出"新建视图/快照特性"对话框，如图 10-15 所示。在"视图名称"文本框中输入"添加背景"；在"背景"选项区中打开下拉列表，选择"渐变色"选项，弹出"背景"对话框，直接单击"确定"按钮返回。再次单击"确定"按钮返回"视图管理器"对话框，单击"置为当前"按钮并单击"应用"按钮，然后单击"确定"按钮退出，图形效果如图 10-16 所示。渲染后，背景将得到保留。

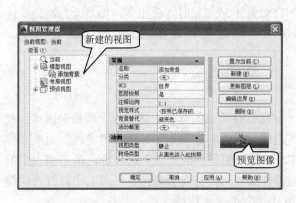

图 10-14 "视图管理器"对话框

图 10-15 "新建视图/快照特性"对话框

图 10-16 添加背景的图形效果

262

【说明】

如果在"新建视图/快照特性"对话框的"背景"下拉列表中选择"图像"选项，可以将指定的图像作为背景，出现更加奇妙的效果。

10.1.6 渲染操作

渲染是一个多步骤、反复试验的过程，需要创建和附着材质、创建各种光源、添加背景或雾化效果。

1. 使用"高级渲染设置"选项板

在渲染前，还可以调整参数，以输出不同品质和规格的图像。使用"渲染"面板作简单设置，然后单击"渲染"按钮即可完成渲染图像，如图 10-7 所示。系统还提供了更加专业性的参数设置工具，单击"渲染"面板名称右角箭头即可启动命令 RPREF，打开"高级渲染设置"选项板，如图 10-17 所示。

"常规"选项区对渲染描述、材质、采样、阴影可作更细的设置，如对选项功能不很清楚，也可以使用面板提供的设置组合，如"渲染预设"下拉列表提供了"草稿""低""中"和"高"选项，然后由系统自动安排。用户需考虑自己的计算机系统，特别是显卡和内存的能力。其他比较重要的参数设置有：

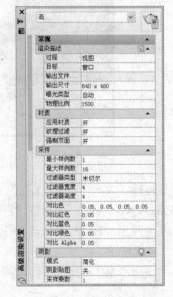

图 10-17 "高级渲染设置"选项板

- 输出尺寸：系统提供标准大小的图像尺寸，打开下拉列表选择，选择"指定输出尺寸"命令，打开"输出尺寸"对话框，可自行设置大小。
- 曝光类型：提供"自动"和"对数"两个选项，当需要对曝光进行控制又不使用光度光源时，对数设置很有用。
- 物理比例：默认值为 1500，如果曝光更改出现瑕疵，可调整该值。
- 纹理过滤：对区域采样纹理进行过滤，避免走样。
- 强制双面：指定后向面是否着色，关闭该选项可以加快渲染速度。
- 最小/最大样例数：采样用于控制渲染每一个像素的精度。较低的最小样例值，可加快速度但准确性差，1 表示每个像素运算 1 次，1/4 表示每 4 个像素运算 1 次；最大样例值用于控制当相邻像素明显不同而需要更精确的采样时，像素运算次数。
- 阴影贴图：功能打开可以得到柔和的阴影；关闭时，光线跟踪可以得到更加准确、鲜明的轮廓。

"光线跟踪"区：控制渲染器计算光线跟踪阴影的方式。

"间接发光"区：设置除创建的光源之外的微弱光源渲染效果，分"全局照明""最终聚集"和"光源特性" 3 个区域，以创建更自然的照明效果。

"诊断"区：帮助用户查找渲染结果的错误。

2. 存储渲染图像

完成渲染前的各项设置后，单击"渲染"面板的"渲染"按钮，即可启动渲染命令

RENDER，弹出"渲染"窗口，如图 10-18 所示。

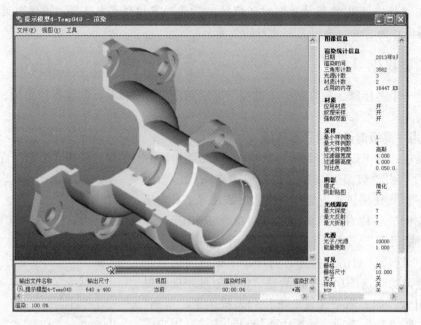

图 10-18 "渲染"窗口

选择"文件"→"保存"命令，弹出标准的保存文件对话框，可选择 BMP、TIF、JPEG、PNG、TGA 或 PCX 等格式保存。如选择 BMP 格式，输入文件名并单击"确定"按钮后，弹出"BMP 图像选项"对话框，可以选择各种颜色精度来保存文件，如选择"24位"单选按钮。

"渲染"窗口的"视图"菜单可以控制窗口显示内容，"工具"菜单可以控制图像的缩放。

10.2 实体编辑的几种工具

从几何形状分析，零件和组合体的区别在于零件是按一定的工艺条件和要求加工得来的，必然有工艺倒角、过渡圆角、退刀槽等工艺结构，如图 10-19 所示。AutoCAD 提供了大量三维模型的编辑工具，而且三维和二维相关的编辑命令名称相同，操作略有差异，当然也可以用夹点方式编辑操作。

图 10-19 添加倒角和圆角的实体

10.2.1 三维倒角

三维倒角命令 CHAMFER 和二维图形中两直线修倒角命令类似，在三维操作中有专门的选项。以图 10-19 所示为例，操作中命令行提示如下：

> 命令: _chamfer
> ("修剪"模式) 当前倒角距离 1 = 1.0000，距离 2 = 1.00000　//系统提示距离值
> 选择第一条直线或 [放弃(U)/多段线(P)/距离(D)/角度(A)/修剪(T)/方式(E)/多个(M)]:
> //适当放大图形，圆上拾取一点
> 基面选择… 输入曲面选择选项 [下一个(N)/当前(OK)] <当前(OK)>: ✓
> //当前选中圆孔面，如图 10-20 所示
> 指定基面的倒角距离 <1.0000>: ✓
> 指定其他曲面的倒角距离 <1.0000>: ✓
> 选择边或 [环(L)] : L✓　//选中的面上可能有多条边，需确认倒角的边或封闭的环
> 选择边环或 [边(E)] :　//拾取圆弧，按〈Enter〉键后完成倒角，如图 10-19 所示

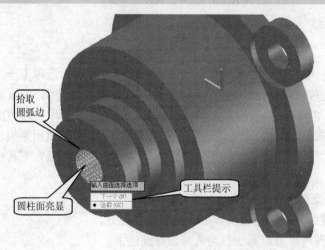

图 10-20　放大图形并拾取圆弧线

10.2.2 三维倒圆角

三维倒圆角命令 FILLET 和二维图形中倒圆角命令类似，在三维操作中有专门的选项。倒圆角只能用于实体，对曲面不适用。以图 10-19 所示为例，操作中命令行提示如下：

> 命令: _fillet
> 当前设置: 模式 = 修剪，半径 = 7.0000　//系统提示信息，注意当前半径值
> 选择第一个对象或 [放弃(U)/多段线(P)/半径(R)/修剪(T)/多个(M)]:
> 　　　　　　　　　　　　　//圆弧上拾取一点，亮显如图 10-21 所示
> 输入圆角半径 <7.0000>: ✓
> 选择边或 [链(C)/半径(R)] : ✓　//可连续选择多条边；"链(C)"选项可以一次选中不在同一面上
> 　　　　　　　　　　　　　//相连的边

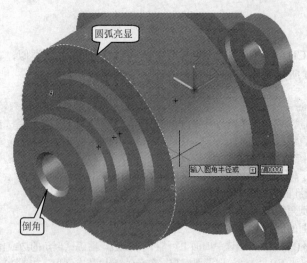

图 10-21 选中圆弧线呈亮显

10.2.3 面的编辑

面即实体的表面，可以是平面，也可以是曲面。选择"常用"选项卡→"实体编辑"面板，单击"拉伸面"按钮右侧箭头，打开下拉菜单，可选择"拉伸面""倾斜面""移动面""复制面""偏移面""删除面""旋转面"和"着色面"等命令，其中"着色面"命令已经介绍，这些命令同属于 SOLIDEDIT 命令的选项。SOLIDEDIT 命令可以用来编辑面、边和整个实体，是一个选项特别丰富、功能特别庞杂的命令。通过"实体编辑"工具栏可以选择该命令的更多选项。

SOLIDEDIT 命令支持多种选择面的方法：

● 按住〈Ctrl〉键，光标悬停在实体上，某个面会亮显。

● 在某个面的边界内单击，系统自动选择最靠前的面。

● 在某个边上单击，选择与其相邻的面。

当选择的面有误，利用提示"选择面或 [放弃(U) /删除(R) /全部(ALL)] :"，来做调整。如选择"删除(R)"选项来剔除选错的面，此时系统提示为"删除面或 [放弃(U) /添加(A) /全部(ALL)] :"，又可以利用"添加(A)"选项，继续选择需要的面。直到符合要求再按〈确认〉键，进行下一步操作。

为了方便选择面，常使用"二维线框"视觉样式显示三维实体。

1. 拉伸面

相当于对特定的面实施拉伸命令 EXTRUDE，操作方法、选项功能与二维图形中的"编辑"命令相同，但需要给出拉伸高度、倾斜角度或指定路径。

2. 移动面

移动面可以改变形体内独立元素之间的位置关系。如图 10-22 所示，板中间位置有一孔，单击"移动面"按钮，选择圆柱面，再选择圆心为基点，此时移动光标，可将孔移到任意位置，现沿 X 轴向移动 10。

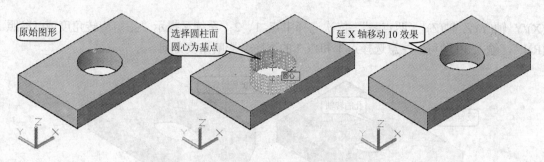

图 10-22　移动圆柱面改变孔在板中的位置

3．偏移面

偏移实体的面将改变实体的体积，由指定偏移数值的正负决定。如图 10-23 所示，选择板的上面后，系统提示"指定偏移距离:"，输入 10 即可。

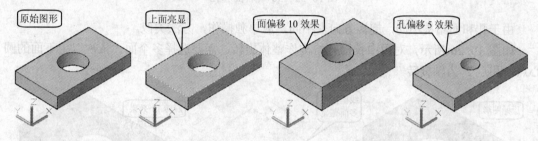

图 10-23　偏移板的上面和孔

对圆柱孔实施正的偏移将使之缩小，和圆柱实体的偏移效果相反，如图 10-23 所示。有时布尔运算不当，会使组合的形体与希望的结果不相同。如图 10-24 所示，板上的孔未通，单击"偏移面"按钮，选择圆面，偏移距离输入-5，即可使孔打通。

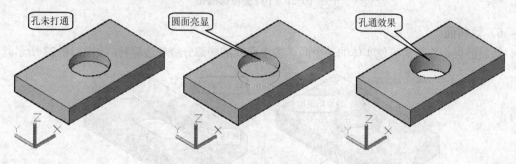

图 10-24　偏移面打通孔

4．删除面

删除面是一个非常实用的命令，可以将实体中的孔、圆角、倒角等结构删除。虽然删除面是非常强大的实体编辑工具，但是不支持任意删除面，比如不能删除圆柱体的顶面来转换成圆锥体，此时命令行会提示建模操作错误信息。

5．旋转面

可以选择实体的一个面、多个面或实体的某些部分绕指定的轴旋转，如图 10-25 所示。左侧面的旋转操作为：选择面后，系统提示"指定轴点或 [经过对象的轴(A)/视图(V)/X 轴

(X)/Y 轴(Y)/Z 轴(Z)] <两点>:",依次选择中点 1、2;系统又提示"指定旋转角度或 [参照(R)]:",输入 30 即可。注意选择点 1 和点 2 的次序会影响角度方向。

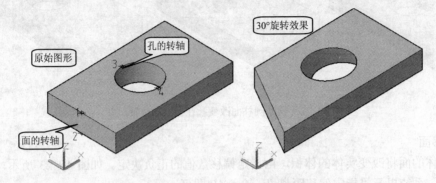

图 10-25　30°旋转面和孔

由于孔和面结构不同,旋转方向也不同,应单独操作,方法类似。

如图 10-26 所示,对板中长槽孔结构作整体旋转,需要选择多个面,依次以上下面的圆心点 1 和点 2 为轴旋转。

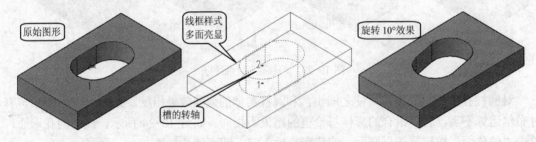

图 10-26　10°旋转长槽孔

6. 倾斜面

倾斜面类似旋转面可使实体的某个面、多个面或某些部分绕基边旋转,如图 10-27 所示。

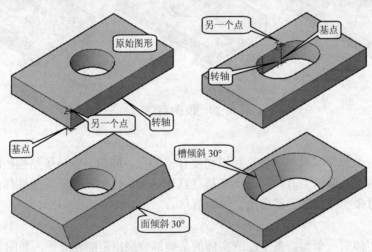

图 10-27　面和长槽孔倾斜效果

确定倾斜方向的方法是：在提示"指定基点:"时，指定点所在的边为转轴不动；系统又提示"指定沿倾斜轴的另一个点:"，可再指定一点，倾斜角的旋转方向由基点和第二点（沿选定矢量）的顺序决定，两点选择如图 10-27 所示。可取的倾斜角度为-90°和90°。

7．复制面

复制面可以复制实体的面来创建面域或用作创建新三维实体的参照。单击"复制面"按钮，选择面后，系统提示"指定基点或位移:"，可在面内指定一点；系统又提示"指定位移的第二点:"，指定的点为复制面的位置。如果输入两个坐标点，则两点相对距离和方向决定复制面的放置位置。

10.3 引注注法及形位公差

形位公差是零件图中重要的技术要求，用于保证零件的正确装配。零件的常见结构通常会采用简化的引注注法。如图 10-28 所示为阀盖的零件图，其对应的实体模型如图 10-19 所示。

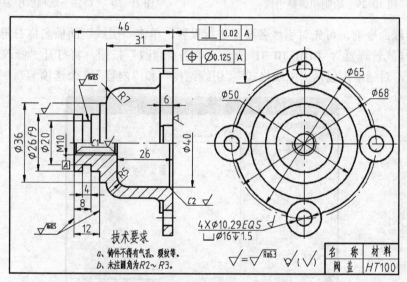

图 10-28 带形位公差和引注标注的零件图样例

1．引注注法

创建多重引线命令 MLEADER 的调用方法为：选择"注释"选项卡→"引线"面板→"多重引线"命令，或选择"标注"菜单→"多重引线"命令。以图 10-28 阀盖零件右端面倒角 C2 的标注为例，操作中命令行提示如下：

```
命令: _mleader
指定引线箭头的位置或 [引线基线优先(L)/内容优先(C)/选项(O)] <选项>:
//拾取端点 1，如图 10-29 所示
指定引线基线的位置:    //在 315°极轴方向上，拾取点 2。弹出"在位文字编辑器"供文字输
//入，按〈Esc〉键退出
```

构成引线各要素如图 10-29 所示，命令中的选项可对这些要素进行调整。当前采用夹点的拉伸模式将基线拉长到点 3 位置。然后右击，打开快捷菜单，选择"特性"命令，打开"特性"选项板，方便调整参数，如图 10-30 所示，如"箭头"样式选择"无"。然后调用多行文字命令 MTEXT 书写文字并移动到合适位置，结果如图 10-28。

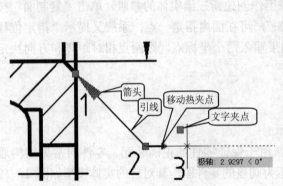

图 10-29　绘制和调整引线

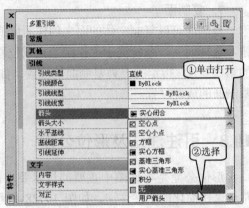

图 10-30　"特性"选项板中调整要素

调用引线命令前，可先对引线各要素进行设置。单击"引线"面板名称右角箭头，打开"多重引线样式管理器"，如图 10-31 所示。单击"修改"按钮，将打开"修改多重引线样式"对话框，对话框内包括"引线格式""引线结构"和"内容"3 个选项卡。

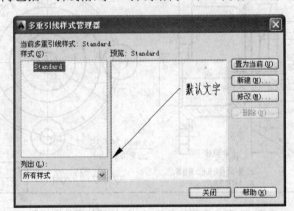

图 10-31　多重引线样式管理器

2．标注添加特殊符号

添加特殊符号有多种方法，比较方便的是采用多行文字输入命令 MTEXT，打开"在位文字编辑器"，从中选择合适的字体。

以图 10-28 中带特殊符号的简化标注为例，第一行在标注直径时，采用"文字(T)"选项添加字符直接完成。第二行另行采用多行文字输入法，先输入一般字符，再打开"字符映射表"，选择"AMGDT"字体，在表中选择想要的符号，依次单击"选择"和"复制"按钮，返回"在位文字编辑器"，右击，打开快捷菜单，选择"粘贴"命令，然后再选中该字符调整其字高、倾斜角度等参数，如图 10-32 所示。然后将文字移动到适当位置，效果如图 10-28。

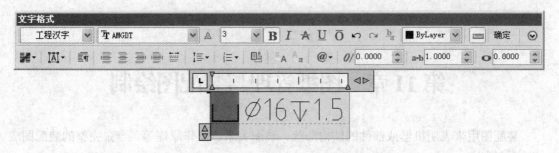

图 10-32 "在位文字编辑器"中添加和设置符号

3. 标注形位公差

形位公差的标注包括 3 方面内容，添加基准标记、形位公差和带箭头引线，如图 10-28 所示。其中基准标记最好先创建为带属性的块，插入后再进行缩放、旋转或镜像变换、移动等操作（创建和使用详见第 9 章）；引线最好使用快速创建引线和引线注释命令 QLEADER，其操作方法和多重引线命令 MLEADER 类似。

形位公差的制作，以图 10-28 中同轴度的标注为例，说明如下：单击"注释"选项卡→"标注"面板→"公差"命令，弹出"形位公差"对话框，如图 10-33 所示。单击窗口内黑色图块，弹出"特征符号"对话框，如图 10-34 所示，从中选择"同轴度"符号后"特征符号"对话框自动关闭并返回"形位公差"对话框；文本框内可以输入数值或字符。

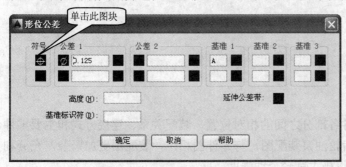

图 10-33 "形位公差"对话框

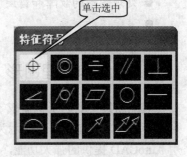

图 10-34 "特征符号"对话框

打开"特性"选项板，对字体、高度等进行调整，如移动等操作，结果如图 10-28。

第11章　图纸管理与装配图绘制

装配图用来表明机器或部件的结构形状、装配关系、工作原理等。一张完整的装配图应包括下列内容：

- 零件的主要结构形状。本章将学习如何标准化管理各零件图文档，使用图纸集管理器，以及由零件图拼画装配图。
- 几类尺寸：装配图中标注尺寸应先按一般设置标注，然后采用"替代"方式更新有各种要求的标注样式（详见第4章）。
- 技术要求：使用"在位文字编辑器"来绘制（详见第4章）。
- 零件序号、明细栏及标题栏：零件序号绘制可以使用引线或多重引线来操作（详见第10章）。如使用特定符号，应先制作带属性的块；标题栏用带属性的块来处理（详见第9章）。绘制明细栏应先创建表格样式（详见第4章）。

本章重点
- 组织和管理图形
- 处理图形的故障和错误
- 装配图的拼画

11.1　组织和管理图形

装配图集中表达了机器或零件各部分之间的相对位置、装配关系、连接方式和主要零件形状等内容，如图11-1所示为齿轮油泵装配图。与零件图相比，装配图更加繁杂，充分利用AutoCAD提供的强大功能，可以极大减轻劳动强度。

机器或部件的所有零件图及装配图的设计、绘制是一个系统工程，可能有很多人参与，图形需要在客户端之间相互传递，有效的管理是为图形设置标准。需有统一标准的内容具体如下。

- 图层：统一名称、颜色、线型、线宽和打印等特性及用途。
- 文字样式：统一名称、各种参数设置及用途。
- 标注样式：按行业、企业要求制定线性、角度、直径和半径、引线和公差等特定标注。
- 表格样式：对特定需求的表格如明细栏，统一制定规格。
- 其他还有规定图形名称和特性、多重引线和快速引线样式、单位设置、图块、布局等内容。

在第4章已经学习了使用AutoCAD设计中心和工具选项板、创建样板文件等和标准化绘图密切相关的操作方法。严格遵守，将为后期有效地交流、引用带来极大便利。此外，AutoCAD还提供了更多统一管理图形的便利工具。

11.1.1 使用 CAD 标准工具

CAD 标准工具可以检查图形中设置的图层、文字样式、线型、标注样式是否符合标准。操作顺序为：首先创建 DWS 格式标准文件，再将图形或样板文件与标准文件相关联，最后实施检查。

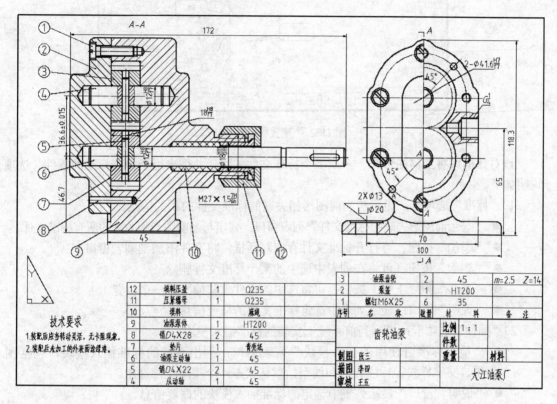

图 11-1　齿轮油泵装配图

1. 创建 CAD 标准文件

在现有图形的基础上，以 DWS 格式另存为标准文件。方法为：选择"菜单浏览器"按钮→"另存为"→"图形标准"命令，打开标准的存取文件对话框，在"文件名"文本框中输入文件名，然后单击"保存"按钮即可。

【说明】

在标准的存取文件对话框内，打开"文件类型"下拉列表，也可选择"AutoCAD 图形标准（*.dws）"选项。

2. 关联标准文件与图形

调用 STANDARDS 命令，将标准文件与图形关联，是实施检查的前提。选择"管理"选项卡→"CAD 标准"面板→"配置"命令，或选择"工具"菜单→"CAD 标准"→"配置"命令，也可单击"CAD 标准"工具栏的"配置"按钮，弹出"配置标准"对话框，如

图 11-2 所示。

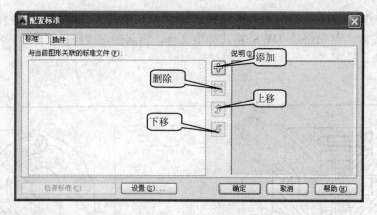

图 11-2 "配置标准"对话框

该对话框可将当前图形与一个或多个标准文件关联，并列出用于检查标准的插件。选项说明如下。

1）"标准"选项卡：显示与当前图形相关联的标准文件的相关信息。

- "与当前图形关联的标准文件"列表窗口：列出与当前图形相关联的所有标准文件。
- "添加"按钮：可打开标准文件存取对话框，将文件添加到列表窗口。
- "删除"按钮：可将在列表中选中的某个标准文件删除。
- "上移"和"下移"按钮：可将选中的文件上移或下移一个位置。
- "说明"窗口：显示列表中选定标准文件的概要信息。

2）"插件"选项卡：显示当前系统上安装的标准插入模块。

- "检查标准时使用的插入模块"列表窗口：列出系统的标准插入模块，包括图层、文字样式、标注样式和线型，默认状态4个模块全部选中。
- "说明"窗口：显示列表中选定的标准插入模块的概要信息。

3）"检查标准"按钮：即调用 CHECKSTANDARDS 命令实施检查，见下文。

4）"设置"按钮：可打开"CAD 标准设置"对话框，对"配置标准"和"检查标准"对话框进行其设置。

3．检查图形

将标准文件和图形关联后，可以调用 CHECKSTANDARDS 命令实施检查。选择"管理"选项卡→"CAD 标准"面板→"检查"命令，或选择"工具"菜单→"CAD 标准"→"检查"命令，也可单击"CAD 标准"工具栏的"检查"按钮。命令启动后，弹出"检查标准"对话框，如图 11-3 所示。提供当前图形的标准冲突及处理方式，选项说明如下。

- "问题"窗口：显示一个当前图形中非标准对象的说明。
- "替换为"列表：提供替换"问题"窗口所示非标准对象的各种选项，可单击选择。
- "预览修改"窗口：显示"替换为"列表中选定的修复选项与"问题"窗口所示非标准对象的特性，供比对。
- "将此问题标记为忽略"复选框：可将当前问题标记为忽略，下一次检查时将不显示已标记为忽略的问题。

- "修复"和"下一个"按钮:"修复"按钮可将"替换为"列表中选定的选项修复非标准对象,然后前进到下一个非标准对象;而"下一个"按钮直接前进到下一个非标准对象。
- "设置"按钮:打开"CAD 标准设置"对话框。
- "关闭"按钮:可随时终止检查,系统将弹出警示窗口,确定后退出。完成检查则会弹出"检查标准 – 检查完成"对话框,报告结果,如图 11-4 所示。

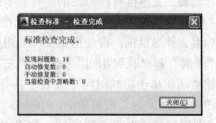

图 11-3 "检查标准"对话框　　　　　图 11-4 "检查标准 – 检查完成"对话框

4. 检查多个图形

AutoCAD 提供"标准批处理检查器"来一次性检查多个图形,并创建一个基于 XML 的概要报告。在 Windows 任务栏中,选择"开始"→"所有程序"→"Autodesk"→"AutoCAD 2014"→"标准批处理检查器"命令,弹出"标准批处理检查器"窗口,如图 11-5 所示。选项说明如下。

1)"图形""标准""插件""说明"和"进度"选项卡:相应的选项、操作方式与"配置标准"对话框类似。

2)"标准批处理检查器"工具栏:窗口菜单和下方工具栏功能相对应。

- "新建"按钮:以 CHX 为文件扩展名创建新的标准检查文件,该文件指定了批处理核查所使用的图形和标准文件。
- "打开"按钮:可打开标准文件选择对话框,从中选择标准检查文件。
- "保存"按钮:可保存当前的标准检查文件。
- "另存为"按钮:可打开标准文件保存对话框,将标准检查文件另行保存。
- "开始检查"按钮:在添加了图形、关联了标准文件并且至少选择了一个插入模块时,单击该按钮可开始批处理核查。

图 11-5 "标准批处理检查器"窗口

- "停止检查"按钮:在进行批处理核查时,单击该按钮可终止核查。
- "查看报告"按钮:当已有批处理核查报告时,可单击该按钮显示一个 HTML

报告。

- "输出报告"按钮：在完成批处理核查并且可以输出报告时，单击该按钮输出可分发给其他用户的 HTML 报告。

5. 使用图层转换器

引用图形时，如果图层与自己的标准不匹配，使用图层转换器能够很方便地维护图层标准。LAYTRANS 命令的调用可以选择"管理"选项卡→"CAD 标准"面板→"图层转换器"命令，或选择"工具"菜单→"CAD 标准"→"图层转换器"命令，也可单击"CAD 标准"工具栏的"图层转换器"按钮。命令启动后，弹出"图层转换器"对话框，如图 11-6 所示。选项说明如下。

- "转换自"选项区：列表中显示当前图形中的图层，可选择想要转换的图层。"选择过滤器"文本框可按特定的字符显示图层。
- "转换为"选项区：列表中显示标准图形的图层。单击"加载"按钮，打开标准的存取文件对话框，可使指定文件的图层显示在列表中。
- "映射"和"映射相同"按钮：当左右两边列表中都有图层显示时，"映射相同"按钮激活，单击将映射两个列表中具有相同名称的所有图层；依次在两个列表中选择图层后，"映射"按钮激活，单击将实施映射。
- "图层转换映射"选项区域：列表中显示新旧图层映射关系，选中一行将激活下方按钮，可以选择"编辑""删除"和"保存"选项。
- "转换"按钮：设置好映射关系后，单击该按钮弹出警示窗口，如图 11-7 所示，可选择如何转换。

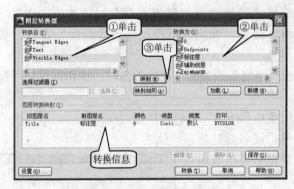

图 11-6　"图层转换器"对话框　　　　图 11-7　警示窗口

11.1.2　图纸集管理器

AutoCAD 中的"图纸"是从图形文件中选定的"布局"，图纸集是几个图形文件中图纸的有序集合。"图纸集管理器"选项板用来打开、组织、管理和归档图纸集，可以对图纸编号、将图纸与样板相关联、打开和查找图纸、传递和归档图纸、打印和发布图纸等操作。

1. "图纸集管理器"选项板

调用 SHEETSET 命令的方法为：选择"视图"选项卡→"选项板"面板→"图纸集管理器"命令，或选择"工具"菜单→"选项板"→"图纸集管理器"命令，也可单击"标准"工具栏的"图纸集管理器"按钮。命令启动后，弹出"图纸集管理器"选项板，如图 11-8

所示。

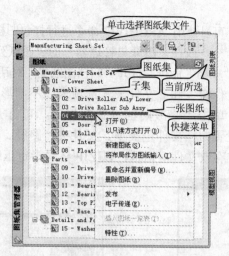

图 11-8 "图纸集管理器"选项板之"图纸列表"选项卡

以系统样例 Manufacturing Sheet Set.dst 文件观察，选项说明如下。

- 窗口上部区域：包括"图纸集"下拉列表和根据当前所选选项卡而不同的按钮。打开"图纸集"下拉列表，可打开已有的图纸集或创建图纸集。
- "图纸列表"选项卡：显示图纸集创建的图纸，该选项卡可管理和组织图纸集。打开快捷菜单，可以设置图纸集、子集以及各个图纸的特性，添加、删除图纸，输入其他图形的布局作为图纸，也可以打印、发布、电子传递或归档整个图纸集或者图纸的选择集，重命名、重编号图纸，也可以打开任何图纸。双击即可打开图形。
- "图纸视图"选项卡：如图 11-9 所示，显示当前图纸集使用的、按顺序排列的视图列表，是布局上的视口。可以创建视图分类、显示视图，还可以重命名、重编号布局内的视图，放置标签块标记视图和引用其他视图的标注块。
- "模型视图"选项卡：显示图纸源的所有图形以及模型空间视图，如图 11-10 所示。

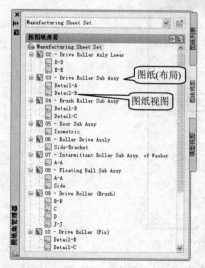

图 11-9 "图纸集管理器"选项板之"图纸视图"选项卡

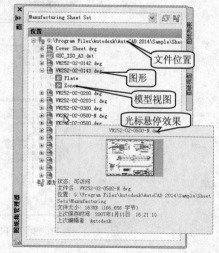

图 11-10 "图纸集管理器"选项板之"模型视图"选项卡

2. 归档图纸集

图形整理到图纸集后，可以使用 ARCHIVE 命令进行打包归档。选择"菜单浏览器"按钮→"发布"→"归档"命令，或在"图纸集管理器"的"图纸列表"选项卡中右击"图纸集"，打开快捷菜单，选择"归档"命令，打开"归档图纸集"对话框，如图 11-11 所示。

对话框中"图纸""文件树"和"文件表"选项卡以不同形式在下方列表框中显示要包含在软件包中的文件。单击"修改归档设置"按钮，可打开"修改归档设置"对话框，如图 11-12 所示，设置归档文件包类型、文件夹、路径、密码等。默认情况，单击"确定"按钮，将打开标准存取文件对话框，以 ZIP 格式指定压缩文件包名。

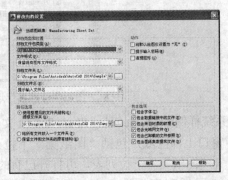

图 11-11 "归档图纸集"对话框　　　　　图 11-12 "修改归档设置"对话框

3. 打印和发布图纸集

"图纸集管理器"的优点之一是可以直接打印和发布整个图纸集或其中的一部分。

● 打印：在"图纸集管理器"的"图纸列表"选项卡中右击"图纸集""子集"或"图纸"，打开快捷菜单，选择"发布"→"发布到绘图仪"命令、或单击"发布"按钮在打开的菜单中选择"发布到绘图仪"命令，系统弹出提示窗口，提示后台作业处理信息。关闭提示窗口，单击状态栏右下角"打印队列"按钮，打开"打印和发布详细信息"对话框，如图 11-13 所示。

图 11-13 "打印和发布详细信息"对话框

● 发布：操作和打印功能类似，可以选择各种文件格式，如 DWF、DWFx、PDF 等格式，在打开的菜单中指定文件格式后，将弹出标准存取文件对话框用于存取文件。

如发布到 DWF 格式后，在 Windows "资源管理器" 窗口中，双击 DWF 格式文件，启动 Autodesk Design Review 软件，用户界面如图 11-14 所示，单击左侧列表中的缩略图，Navigator 窗口即切换到选中的图纸，操作方便、直观。

Autodesk Design Review 软件使得非 CAD 用户也能快速、有效地查看和导航完整的绘图与地图数据，在 Navigator 窗口中还支持添加、删除、重新排序和重新命名图纸和模型。

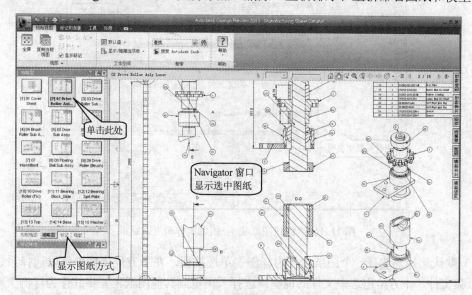

图 11-14 "Autodesk Design Review" 用户界面

4. 创建图纸集

如果有多个图形、视图和布局需要管理，可以使用 "创建图纸集" 向导来创建自己的图纸集。

1）在 "图纸集管理器" 选项板中，打开 "图纸集" 下拉列表，选择 "新建图纸集" 选项，弹出 "创建图纸集 – 开始" 对话框，如图 11-15 所示。

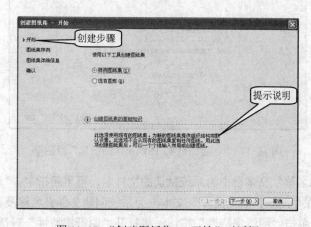

图 11-15 "创建图纸集 – 开始" 对话框

2）默认选择"样例图纸集"单选按钮，以已有图纸集样例为基础创建，可继承其结构；选择"现有图形"单选按钮，则基于现有图形从头开始创建图纸集。直接单击"下一步"按钮，弹出"创建图纸集 – 图纸集样例"对话框，如图 11-16 所示。

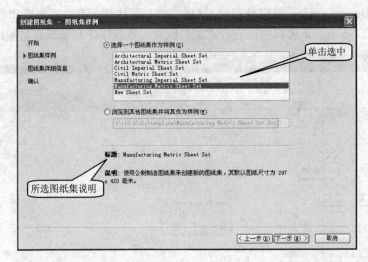

图 11-16 "创建图纸集 – 图纸集样例"对话框

3）默认选择"选择一个图纸集作为样例"单选按钮，在下方列表框中可以选择系统提供的图纸集文件，下方给出选中文件的说明；选择"浏览到其他图纸集并将其作为样例"单选按钮，则列表框变灰，可直接输入文件名或单击右侧按钮，打开标准文件选择对话框指定文件。按图示设置后，单击"下一步"按钮，弹出"创建图纸集 – 图纸集详细信息"对话框，如图 11-17 所示。

图 11-17 "创建图纸集–图纸集详细信息"对话框

4）"新图纸集的名称"文本框中为系统默认的文件名，可重新指定；"说明"文本框中可输入文字说明；"在此保存图纸集数据文件"文本框为系统创建文件夹名称及存放文件位置。单击右侧按钮可作调整。单击"图纸集特性"按钮，将打开"图纸集特性"对话框，如图 11-18 所示。可以进行各种设置操作，包括图纸集的说明、模型视图、视图的标签块、标注块、页面设置替代文件等操作，也可作项目控制、图纸创建、图纸集自定义特性等方面的设置。

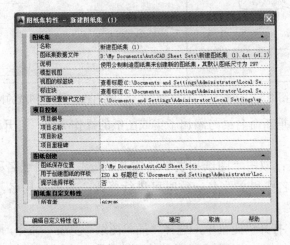

图 11-18 "图纸集特性"对话框

5）单击"图纸集特性"对话框中的"确定"按钮返回，再单击"下一步"按钮，弹出"创建图纸集 - 确认"对话框，如图 11-19 所示。列表框中详细给出新建图纸集的特性说明。

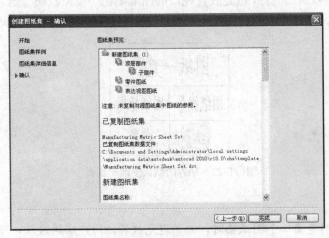

图 11-19 "创建图纸集 - 确认"对话框

5．使用和管理图纸集

使用"图纸集管理器"可以实现大量琐碎、逻辑性和相关性多样的图纸管理、组织工作。操作上一般可使用图纸集管理器中的按钮和列表框内打开快捷菜单来选择命令。具体举例如下。

1）添加子集或图纸：操作前要明白添加的项目和原有项目之间的层次关系。在"图纸列表"选项卡中，如图 11-8 所示，如在图纸集名称上右击，打开快捷菜单，选择"新建图纸"命令，打开"新建图纸"对话框，如图 11-20 所示，可指定"编号""图纸标题"和"文件名"等内容。双击该图纸名，右下角标题栏显示信息如图 11-21 所示。

图 11-20　"新建图纸"对话框　　　　　　图 11-21　新建图纸的标题栏显示信息

2）子集或图纸的重新命名：与添加子集或图纸的操作类似，打开选项内容相同对话框作修改。

3）创建图纸列表：双击"图纸列表"选项卡中新添加的图纸名称，看到已建立了该图形文件，当前布局名称和文件名一致时可进行修改。右击布局名，打开快捷菜单选择"重命名"命令。

在管理器中右击，打开快捷菜单，选择"插入图纸一览表"命令，弹出"图纸一览表"对话框，单击"确定"按钮，光标连同表格在布局中拾取一点插入表格，如图 11-22 所示。

4）使用"特性"选项：图纸集、子集或图纸的特性可以在相应的快捷菜单中选择"特性"命令来自行设置，参看图 11-18。

5）从命名视图创建视口：通过在资源图形的模型空间中创建命名视图，然后将视图放置在布局中来创建视口。先打开想要放置视口的图纸，在"模型视图"选项卡中右击命名视图，打开快捷菜单，选择"放置到图纸上"命令，光标在图形中拾取一点即可。

图 11-22　插入的默认图纸一览表

【技巧】

当多个用户同时查看一个图纸集时，为了避免被其他用户编辑修改，可在 Windows "资源管理器"窗口中，将图纸集文件的属性设置为"只读"。此时，打开的图纸集名称前会出现锁定标记。

11.2　处理图形的故障和错误

AutoCAD 2014 虽然非常稳定，也难免偶尔出现故障，正确排除故障，恢复文件，将大大节省工作时间。

11.2.1　处理临时文件

系统在运行时，会自动建立一个或多个临时文件，其扩展名为 AC\$。如果在网络上工作，可能其他人正在使用这些文件，因此绝不能删除当前的临时文件。正常情况下，关闭图形时这些文件会被删除。当关闭程序时，其他临时文件也会自动删除。

【注意】

硬盘驱动器应有足够空间存放临时文件。如果出现故障留下一个或多个 AC$文件，建议不要删除新出现的临时文件。

可以指定存放临时文件的位置，放置在本地硬盘驱动器上，同时能减少在网络上来回流动的信息流量。操作方法如下。

1）打开"选项"对话框，选择"文件"选项卡。

2）在"搜索路径、文件名和文件位置"列表窗口中单击"临时图形文件位置"左侧的"+"号，展开当前存放位置。

3）选中当前路径时，单击"浏览"按钮，弹出"浏览文件夹"对话框，可在列表中指定文件夹，然后单击"确定"按钮退出。

11.2.2 修复损坏文件

程序故障、电源冲击或硬件问题等都会导致文件损坏。再次加载 AutoCAD，系统会自动检测文件错误并尝试修复，多数情况能自动修复，但有时需要使用命令查找并更正错误来修复部分或全部数据。

1. 使用核查命令 AUDIT

当打开一个文件，出现错误信息时，核查命令 AUDIT 可检查图形的完整性并更正某些错误。操作方法为：选择"菜单浏览器"按钮→"图形实用工具"→"核查"命令，系统提示"是否更正检测到的任何错误？[是(Y)/否(N)] <否>:"，给出指令后，文本窗口显示核查项目和结果。

2. 使用修复命令 RECOVER

如果图形含有 AUDIT 命令不能修复的错误，可使用 RECOVER 命令检索图形并更正其错误。操作方法为：选择"菜单浏览器"按钮→"图形实用工具"→"修复"→"修复"命令，打开标准文件选择对话框，指定文件名后弹出文本窗口显示修复运算过程，最终弹出"AutoCAD 消息"窗口，报告结果。

【说明】

RECOVER 命令可修复或核查 DWG、DWT 和 DWS 文件。对 DXF 文件执行修复将仅打开文件。如果使用"修复"命令的"使用外部参照修复"选项，即调用 RECOVERALL 命令，则可选择一个图形并在此图形以及关联的外部参照文件上运行修复命令。

3. 使用备份图形

在创建文件时，系统会自动建立扩展名为 BAK 的备份文件，名称和图形文件相同。可将其扩展名改为 DWG 再打开。如果能找到 AC$文件，也可以进行同样的操作。

11.2.3 从系统故障中恢复

AutoCAD 偶尔会崩溃，系统弹出警告窗口提示如何修复及"AutoCAD 错误报告"对话框，并自动以"图形文件名_recover.dwg"形式保存当前文件。再次启动系统，会自动弹出"图形修复"警示窗口，如图 11-23 所示。提示用户如何修复图形。单击"关闭"按钮，弹出"图形修复管理器"选项板，如图 11-24 所示。

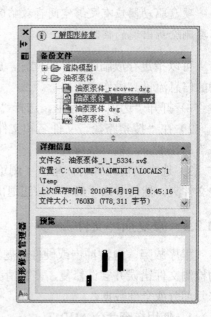

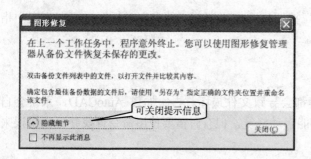

图 11-23 "图形修复"警示窗口 　　　图 11-24 "图形修复管理器"选项板

图形修复管理器列表中的文件类型包括图形文件（DWG）、图形样板文件（DWT）和图形标准文件（DWS），以及它们的临时保存文件，双击可打开处理，保存后将自动删除旧的修复文件。

11.2.4　不同版本图形的管理

按照向下兼容的原则，在高版本的 AutoCAD 程序中，一般能够正常打开低版本的图形。然而在高版本中创建的图形就不一定能在低版本中打开。调用另存为命令 SAVEAS，打开标准的保存文件对话框，打开"文件类型"下拉列表，从中选择合适的版本。

【说明】

默认状态，AutoCAD 2014 中创建的文件以"AutoCAD 2013 图形 (*.dwg)"格式保存，"文件类型"下拉列表中可以选择"AutoCAD 2010/LT2010 图形 (*.dwg)""AutoCAD 2007/LT2007 图形 (*.dwg)""AutoCAD 2004/LT2004 图形 (*.dwg)"等格式。

11.3　零件图拼画装配图

由零件图拼画装配图，即自底向上装配的绘制方法。以齿轮油泵装配图（见图 11-1）的拼画为例，先绘制好各零件，如图 11-25 所示，再按照装配顺序逐个拼画。

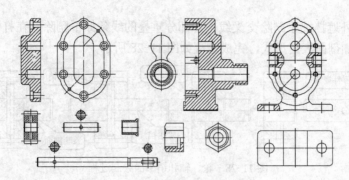

图 11-25　齿轮油泵主要零件视图

【说明】

　　和"自底向上"绘制方法相反的是"自顶向下"绘制方法，即直接在装配图中画出重要零件或部件，再根据需要的功能设计相应的零部件。

11.3.1　装配关系的图形表达

　　拼画装配图前应分析装配体的工作原理以及各零件在装配体中的作用。齿轮油泵依靠一对齿轮的传动提升油压，由泵体和泵盖、运动零件(轮、轴和销)、密封零件以及标准件等组成，实体模型如图 11-26 所示。

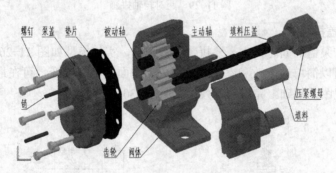

图 11-26　齿轮油泵零件实体拆分效果

1．轮、轴和销拼画

　　轮、轴和销为典型的齿轮油泵运动零件构成形式，实体模型如图 11-27 所示。

图 11-27　轮、轴和销实体装配模型

　　由此选择轴和轮合适的视图，可将不需要的图层临时关闭，复制并选择基点移到准确位置，按照零件内外遮挡关系删除交叉线条，部分重叠的线条如不删除，在打印时系统会自动优化处理，再添加剖面表达形式，完成过程如图 11-28 所示。

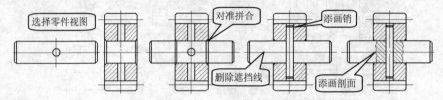

图 11-28　轮、轴和销平面绘制过程

类似方法可完成主动轴、轮和销的装配。拼画两对轮轴时，应考虑剖面线方向、线条特性，结果如图 11-29 所示。

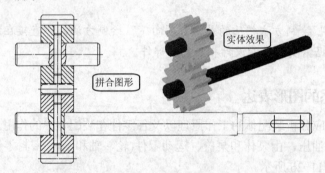

图 11-29　两对轮轴拼画

2．泵体和泵盖拼画

在拼画泵体和泵盖的同时，也需要拼装螺钉和销，实体模型如图 11-26 所示。标准件可先制作为块，也可以简单地修改和添画线条完成。剖面线会有改变，可在最后重新绘制，左视图是在泵体左视图的基础上完成的，效果见图 11-30。

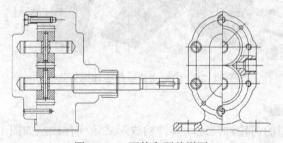

图 11-30　泵体和泵盖拼画

3．填料压盖、压紧螺母和填料拼画

填料压盖、压紧螺母和填料为主动轴右端密封结构，拼画操作集中在主视图上。填料压盖和压紧螺母依次拼画，填料部分按实际留下的空隙添加增减线条并添画剖面线。螺纹线条应进行调整。最后绘制泵体剖面线，结果如图 11-1 所示。

11.3.2　实体模型的装配和变换

使用 AutoCAD 平台，将各实体模型按机器或部件的装配要求拆装、切割等操作，能够给工程制图的学习带来更加感性的认识、看到更加逼真的效果。如图 11-31 所示为齿轮油泵装配模型，可与其拆卸图形对照。操作中应注意的问题如下。

图 11-31　齿轮油泵装配模型

1）零件模型中的螺纹孔、销孔在拼装模型时，往往采用实体布尔运算的差集运算一次性完成，不必在构造零件模型时绘制，即便事先绘制，也可能在装配时出现干涉问题。

2）为了能够准确定位，重要的位置应该绘制基准轴线。如有平面图形，应相互对照。

3）有的结构平面图形表达规定和实物模型之间有出入，应进行适当调整。比如齿轮啮合配对时应将一个齿轮连同轴、销整体旋转；再比如为了将销孔打在齿根，轮轴安装后应适当旋转齿轮。

4）为了增加显示效果，可选择"对象特性"工具栏的"颜色控制"下拉列表改变模型的颜色。

5）剖切效果除了采用剖切命令 SLICE，也可先制作柱体，定位到合适位置后和指定零件作布尔运算的差集、交集运算。图 11-32 所示为轴的局部剖切效果，可先绘制平面图形，转换为面域对象后拉伸为柱体，和轴对准位置后实施差集、交集运算，操作过程如图 11-32 所示。

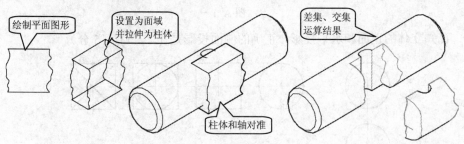

图 11-32　轴的局部剖切效果

附录　工程制图模拟卷及 CAD 解答

附录 A　模拟卷一及 CAD 解答

模拟卷一

本卷为期中卷，面向非机类各专业、理工科各专业第一学期课程。读者应从中领会学习的重点、要点（此卷中的选择题为多选题，错选、少选均不得分）。

1. 标出图 A-1 所示立体各顶点的水平投影和侧面投影的位置，并回答问题。（10 分）

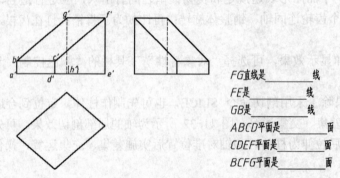

FG 直线是_____线

FE 是_____线

GB 是_____线

ABCD 平面是_____面

CDEF 平面是_____面

BCFG 平面是_____面

图 A-1

2. 已知立体的正面和水平投影，正确的侧面投影是（　　　）。（5 分）

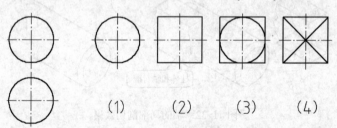

（1）　　　（2）　　　（3）　　　（4）

3. 如下的投影中准确反映球体和圆柱体或圆锥体相贯的正面和水平投影的是（　　　）。（5 分）

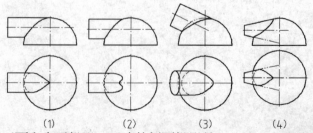

（1）　　　（2）　　　（3）　　　（4）

4. 已知立体的正面和水平投影，正确的侧面投影是（　　　）。（5 分）

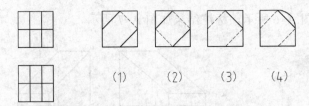

5. 如图 A-2 所示，圆锥体被圆柱切割，试完成俯视图。（15 分）

6. 如图 A-3 所示，已知主视图和俯视图，请绘制左视图。（20 分）

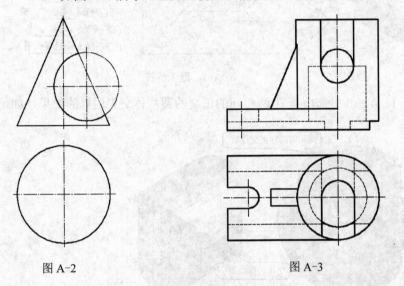

图 A-2　　　　　　　　　　　图 A-3

7. 如图 A-4 所示，请补画左视图并标注尺寸（尺寸数值从图中按 1:1 量取整数）。（20 分）

8. 将图 A-5 所示的主视图绘制成半剖视图，左视图画成全剖视图。（20 分）

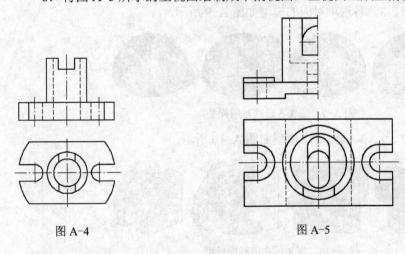

图 A-4　　　　　　　　　　　图 A-5

CAD 解答

【题 1 解析】标各顶点必须符合规范要求，大小写、加撇、重影加括号等细节都需要注意。通过标点，能对组成形体的线、面有进一步的认识，从而促进对形体的理解。

图 A-1 中水平投影为矩形，说明该形体为四棱柱斜切一面而来，仅仅旋转了放置位置，其立体模型如图 A-6 所示，标注结果如图 A-7 所示。

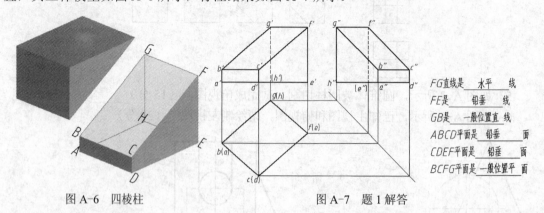

图 A-6　四棱柱

图 A-7　题 1 解答

FG 直线是　水平　线
FE 是　铅垂　线
GB 是　一般位置直线
ABCD 平面是　铅垂　面
CDEF 平面是　铅垂　面
BCFG 平面是　一般位置平面

【题 2 解析】 答案为 1、4。其中选项 4 为两相同的正交的圆柱体交集运算的结果，如图 A-8 所示。

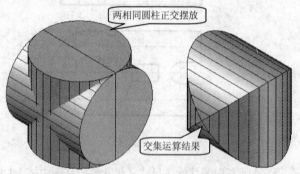

两相同圆柱正交摆放

交集运算结果

图 A-8　两相同正交的圆柱体交集结果

【题 3 解析】 答案为 1、3。各选项对应的模型如图 A-9 所示。

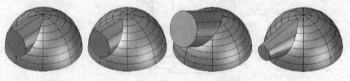

图 A-9　题 3 各选项对应模型

【题 4 解析】 答案为 1、2、3、4，对应模型如图 A-10 所示。

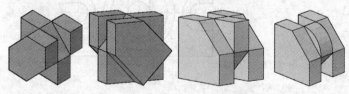

图 A-10　题 4 各选项对应模型

【题 5 解析】 这种类型的柱锥相贯试题颇受老师喜欢，因为是虚实两体而非常见的实实两体，说是切割其实又是相贯问题。

绘制步骤：

1）主视图中，由于圆柱具有积聚性，圆弧即为相贯线本身。依次标记与轮廓、中轴线的交点 1′、2′、3′、4′、5′、6′，如图 A-11a 所示。

2）求点的水平投影。点 1、6 作长对准线，直接取与轴的交点；其余各点均用纬圆法求得。曲线前后两半对称，依次光滑连接。

3）整理线条，前后点 3 之间为圆柱转向轮廓线，应添加虚线，其对应的模型如图 A-11b 所示。

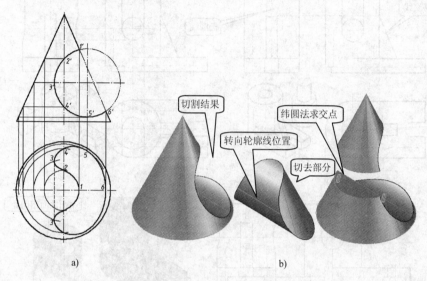

图 A-11　视图绘制及模型分析

【题 6 解析】已知两个视图绘制第三个视图是典型的组合体试题形式。看图应着重寻找带特征的线框并对应另一视图进一步明确其位置、长宽高等细节。俯视图反映圆筒、板的特征，联系主视图确定两者左右、高低、相切等关系。肋板较独立，圆筒前后开 U 形槽和孔，左右方向整体又开一通槽。如图 A-12 所示，形体的外形不复杂，却对整体起决定性作用；内部的挖切较繁杂，并能看到挖切的结构也是最终留在腔体内的结构。

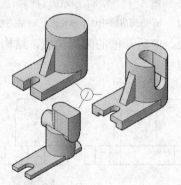

图 A-12　组合体内外结构分析

绘制步骤：

1）组合体外形及内部阶梯孔，注意肋板交圆柱形成椭圆线，标记点 I，如图 A-13a 所示。

2）圆筒前后开 U 形槽和孔。主视图简化标记点 1′、2′，对应另两个视图找到多个点。

外部形成相贯、截交线，内部复合相贯、相切，见图 A-13b。

　　3）左右方向整体开通槽，应注意槽不完整，即和圆孔形成截交线，标记点Ⅰ，如图 A-13c 所示。

　　4）组合体的效果如图 A-13d，可再核查左视图是否正确。

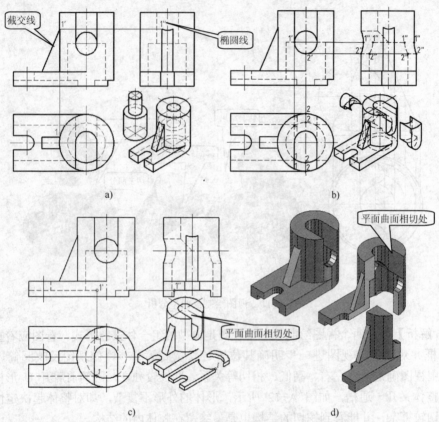

图 A-13　绘制左视图过程

a) 确定形体外形、挖切阶梯孔　b) 圆筒前后开 U 形槽和孔　c) 左右整体开通槽　d) 形体效果图

【题 7 解析】该形体由底板、前后开槽的圆筒构成，结构典型，应按特定结构尺寸标注套用即可，题解如图 A-14 所示。

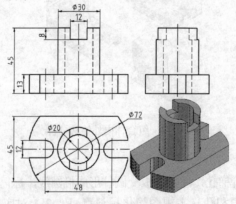

图 A-14　题解及模型

【**题8解析**】本题的难点是中间腔体结构的分析，组合体的内外结构分析如图A-15所示。

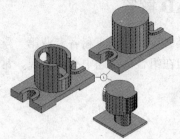

图A-15　组合体的内外结构分析

绘制步骤：

1）绘制半剖的主视图时，可先由左侧图镜像复制到右侧。注意中间开口前后不对称。然后判断切到的断面，绘制剖面线，如图A-16a所示。

2）围成断面的线为可见线，穿越断面的线删除，即得主视图，见图A-16a。

3）画全剖的左视图应注意，前后开口不一致，形成截交线与相贯线，图中标记了点3。中间挖长圆孔分两部分，注意形成平面的分析，图中标记了点1、2。

4）组合体的效果如图A-16b，可再核查剖视图是否正确。

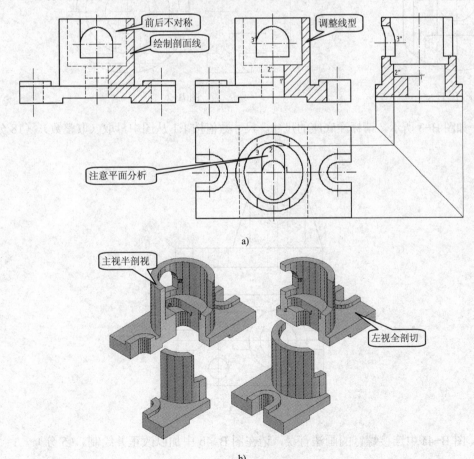

a)

b)

图A-16　绘制剖视图过程

293

附录 B 模拟卷二及 CAD 解答

本卷为期末卷，面向非机类各专业或理工科各专业第一学期课程。点、线、面、截交、相贯等内容一般无单独试题，但在组合体试题中有所体现。常用件试题比较基础，零件图试题相对简单，而装配图不涉及。

模拟卷二

1. 组合体的主视图和俯视图如图 B-1 所示，请绘制左视图（包括虚线）。（15 分）

2. 补画如图 B-2 中剖视图中漏画的图线。（12 分）

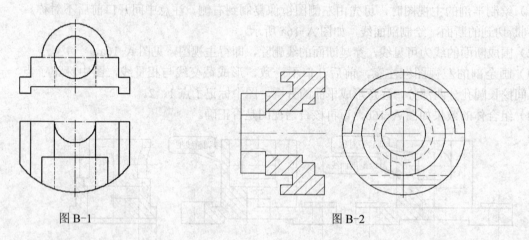

图 B-1   图 B-2

3. 如图 B-3 所示，请标注底座的尺寸。尺寸数值按 1:1 从图中量取（取整数）。（18 分）

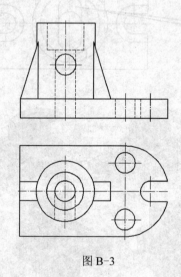

图 B-3

4. 图 B-4a 中连接螺钉的画法有误，请在图 B-4b 中加以改正并绘制。（5 分）

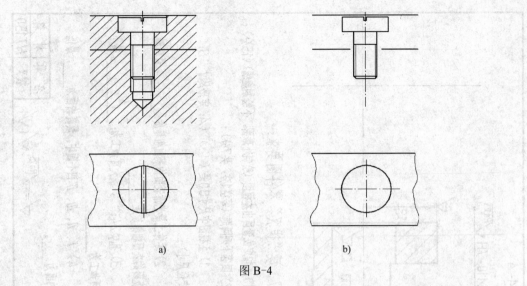

图 B-4

5．图 B-5a 中齿轮、键连接的画法有误，请在图 B-5b 中改正，并补全左视图（外形）。（8 分）

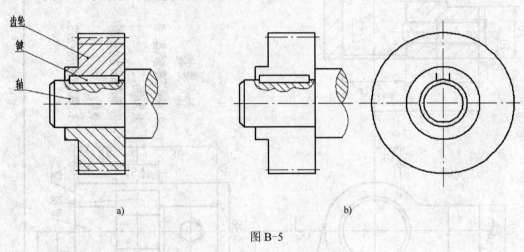

图 B-5

6．主、俯视图如图 B-6 所示，请绘制全剖视的左视图。

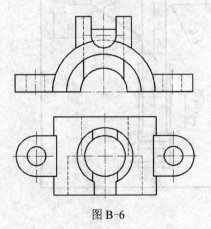

图 B-6

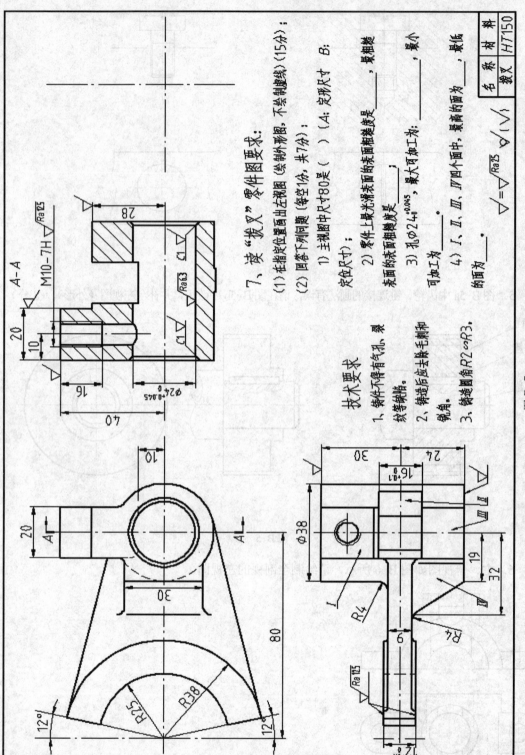

7、读"拨叉"零件图要求：

(1) 在指定位置画出左视图（参阅外形图，不绘制虚线）（15分）；

(2) 回答下列问题（每空1分，共7分）：

1) 主视图中尺寸80是（　）（A：定形尺寸　B：定位尺寸）；

2) 零件上最光滑表面的表面粗糙度是_____，最粗糙表面的表面粗糙度是_____；

3) 孔 $\phi 24^{+0.045}_0$ ，最大可加工为_____，最小可加工为_____；

4) I、II、III、IV四个面中，最高的面为_____，最低的面为_____。

技术要求

1、铸件不得有气孔、砂眼等缺陷。

2、铸造后应去除毛刺和锐角。

3、铸造圆角 $R2 \sim R3$ 。

图 B-7

	名称	拨叉
材料		HT150

$\nabla = \sqrt{Ra25}$　$\sqrt{(\sqrt{})}$

A-A

M10-7H $\sqrt{Ra125}$

$\phi 24^{+0.045}_0$

$\sqrt{Ra6.3}$

C1

C1

$\sqrt{Ra6.3}$

28　20　10　16　40

20　A　30　80　R25　R38　12°　12°

$\phi 38$

$16^{+0.1}_0$

30　24　19　32　6

R4　R4　I　II　III　IV

$\sqrt{Ra125}$

$12^{0}_{-0.1}$

CAD 解答

【题 1 解析】题 1 解答及对应形体分析如图 B-8 所示。该题结构较为简单，但需要应对多种截交线、相贯线，其中上前方的结构为正交两柱交运算得来。相贯线凹向由两柱直径大小确定。由于相对两圆柱大小未变，可确定凹向一致，也可在已知两视图上取点来绘制。

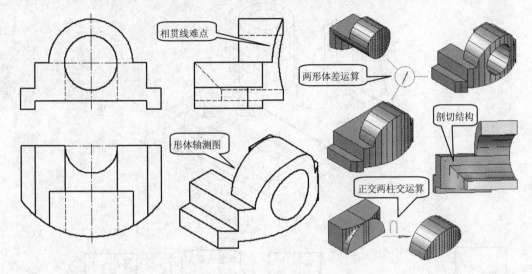

图 B-8　题 1 解析

【题 2 解析】本题虽然仅需添画 3 根线，但很容易造成歧义。剖视图不光要表达断面，还要能表达内部的结构，解答及对应形体分析如图 B-9 所示。

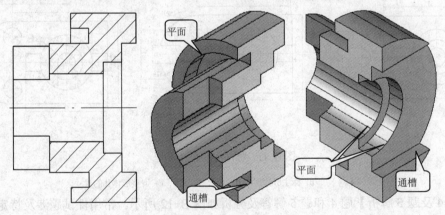

图 B-9　题 2 解析

【题 3 解析】首先需对组合体视图进行形体分析，形体由底板Ⅰ、圆筒Ⅱ、肋板Ⅲ和Ⅳ叠加而成。各组成结构的定形、定位尺寸，如图 B-10 所示，其中定位尺寸有"△"标记，标记"×"为形体叠加后可省略的尺寸，标记"× ×"为不应在截交线上标注的尺寸。

绘制步骤：

1）确定尺寸基准：形体总体前后对称，对称面为宽度方向基准；高度方向选底面为基准；长度方向选择左侧面，如图 B-11a 中的标记。标注形体Ⅰ尺寸。

2）标注形体Ⅱ、Ⅲ、Ⅳ尺寸，如图 B-11b 所示。

3）调整尺寸。将形体Ⅱ的高度尺寸改为总高，孔的定位尺寸改为从底面标注，如图 B-11c 所示。

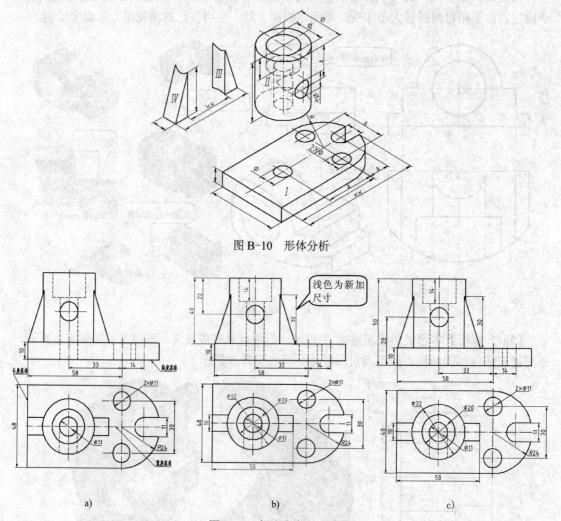

图 B-10　形体分析

图 B-11　标注底座尺寸过程

a) 标注形体Ⅰ　　　　b) 标注形体Ⅱ、Ⅲ、Ⅳ尺寸　　　　c) 调整形体Ⅱ的尺寸

【题 4 及题 5 解析】题 4 和题 5 解答及分析如图 B-12 所示。常用件试题涉及特定功能、特定结构的规定画法，类型有限，所以应记清各种线条的画法规定，特别要注意细节。

【题 6 解析】该机件的主要特征半圆筒、上方开槽均反映在主视图中，俯视图中可表达左右支板、上方为圆筒，内外形分析如图 B-13 所示。难点为内部 3 圆柱孔形成复合相贯，且前面开槽，前后、上下多个柱体相交。

绘制步骤：

1）外形为两柱正交，内部挖 3 圆柱，左右支板可不计，如图 B-14 所示。

2）上方后侧开矩形槽，形成截交线，见图 B-14。

3）前方 U 形槽和多个圆柱相交，形成截交线与相贯线，如图 B-14 所示。

298

4）确定断面，将虚线改为实线，添加中心线，完成图的绘制。

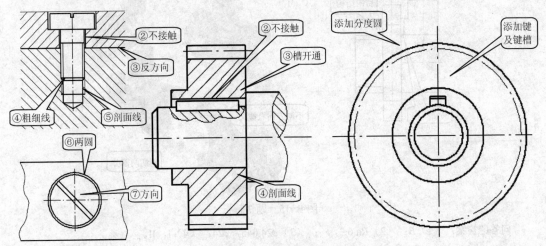

图 B-12　题 4 及题 5 解析

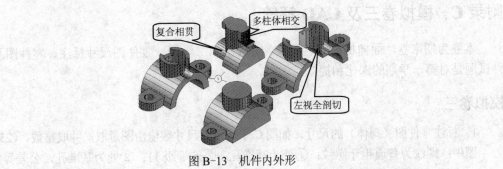

图 B-13　机件内外形

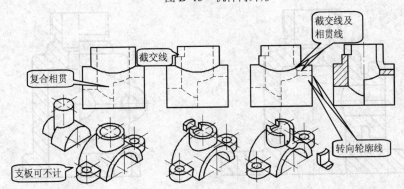

图 B-14　剖视图绘制过程

【题 7 解析】 题 7 对应形体及剖切分析如图 B-15 所示。零件图试题一般分文字填空及作图两部分。填空部分涉及各种表达方式概念、技术要求等，目的为引导考生正确读图。作图部分针对已经完整、清晰表达了的零件，再要求作一（剖）视图，能否读懂零件图重新构想立体是考察的重点。拨叉右侧上方开通槽，分析容易出错。

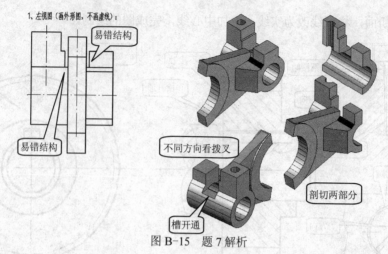

图 B-15　题 7 解析

问答题答案：（1）*B*；（2）*Ra* 6.3，√；（3）$\phi 24.045$，$\phi 24$；（4）Ⅰ，Ⅱ。

附录 C　模拟卷三及 CAD 解答

本卷为期末卷，面向机类或近机类各专业的第二学期，零件图尺寸标注、零件图及常用件试题是对第一学期的深化和提高。

模拟卷三

1. 标注零件图（阀体）的尺寸，如图 C-1 所示，尺寸数值由图量取，并取整数。（25分）

图中：螺纹为普通粗牙螺纹；①处为基准孔，公差等级 11；②处为基准孔，公差等级 7。

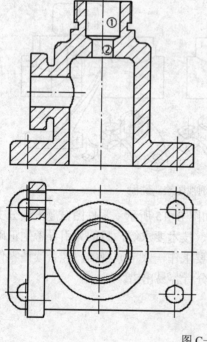
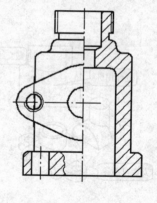

未注圆角为 *R*2

图 C-1

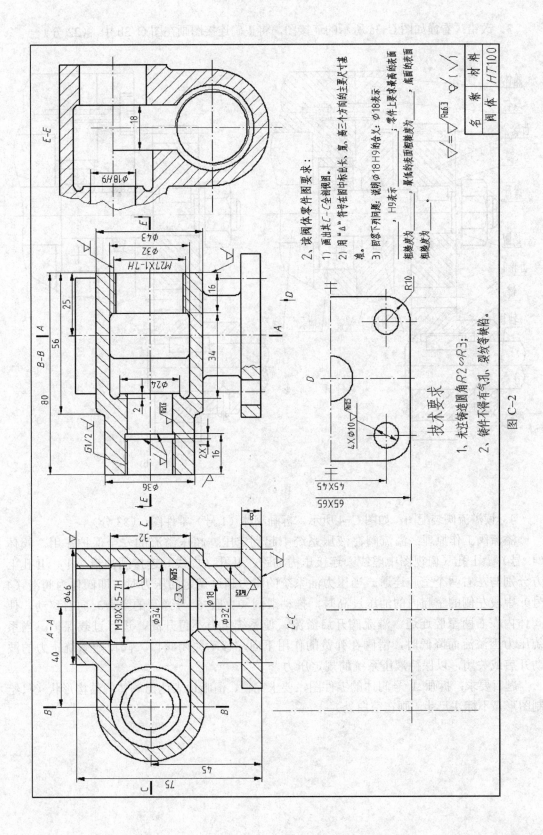

材 料 HT100
名 称 阀 体

$\nabla = \sqrt{Ra6.3}$ $\sqrt{(\sqrt{\ })}$

2、读阀体零件图要求：

1) 画出其 C-C 全剖视图。

2) 用 "△" 符号在图中标出长、宽、高三个方向的主要尺寸基准。

3) 回答下列问题：视图中 φ18 H9 的含义：φ18表示 _____，H9表示 _____；零件上要求最高的表面粗糙度为 _____，最低的表面粗糙度为 _____。

粗糙度为 _____

粗糙度为 _____。

技术要求

1、未注铸造圆角 R2~R3；

2、铸件不得有气孔、裂纹等缺陷。

图 C-2

301

3. 改错：看懂如图 C-3a 所示的连接图，将正确连接图画在图 C-3b 中。（22 分）

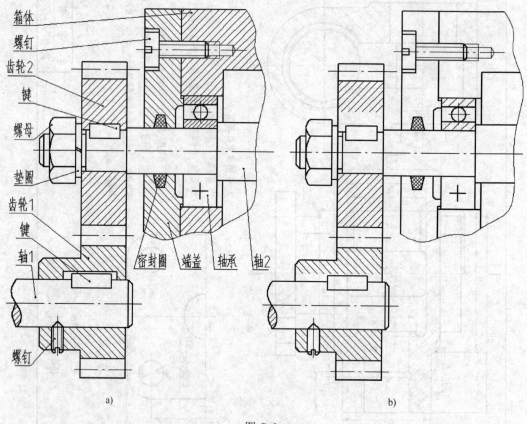

图 C-3

4. 读溢流阀装配图，如图 C-4 所示，拆画阀体（1 号）零件图。（33 分）

溢流阀工作原理：溢流阀在液压系统中起到定压、超压溢流的安全保护作用。阀体（1 号）上 I 孔（俯视图中虚线）连接压力油路，II 孔（虚线）连接回油箱，I、II 孔上方分别与左右两个空腔连通。当压力油系统的压力超过调定的压力时，即阀体内阀滑（4 号）中段左侧的空腔内的油压过高时，推动滑阀（克服 5 号弹簧的弹力）向右移动，使阀体内左右两空腔连通，溢流阀开启溢流，使系统压力不再升高，进行过载保护。当系统压力因溢流而降低时，滑阀在弹簧的作用下向左移动关闭阀口。阀口随系统压力的波动开启或关闭，以保持液压系统的规定压力。

题目要求：拆画 1 号阀体的零件图，要求完整、清晰地表达出阀体的结构形状（只绘制图形，不标注尺寸，画在空白处）。

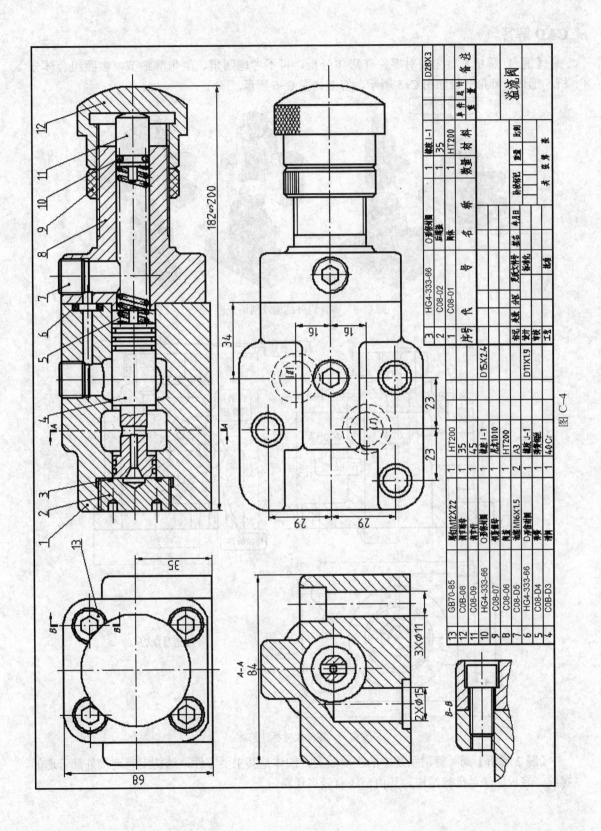

13	GB70-85	螺钉M12×22	1	HT200			3	HG4-333-66	O形密封圈	1	橡胶I-1	
12	C0B-08	调节螺杆	1	35			2	C08-02	后盖	1	35	D28×3
11	C08-09	调整杆	1	45			1	C08-01	阀体	1	HT200	
10	HG4-333-66	O形密封圈	1	橡胶I-1			序号	代 号	名 称	数量	材 料	备 注
9	C08-07	调整螺母	1	尼龙1010							单件总计	重 量
8	C08-06	阀盖	1	HT200	D15×2.4							
7	C08-D5	端盖	2	A3			制图		更改文件号	签名	年月日	
6	HG4-333-66	O形密封圈	1	橡胶J-1	D11X19		设计			标准化		比例
5	C08-D4	弹簧座	1	铸铝			校核					
4	C0B-D3	阀	1	40Cr			工艺			批准		

溢流阀

头 成 务 表

图 C-4

CAD 解答

【题 1 解析】首先需对零件作形体分析，可不考虑圆角、倒角等细节，参照组合体分析。形体内外形分析如图 C-5 所示。答案如图 C-6 所示。

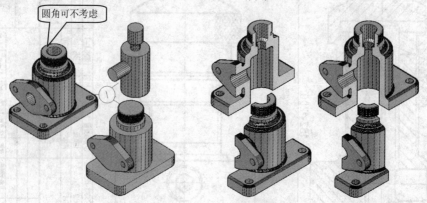

图 C-5　零件内外结构及剖切分析

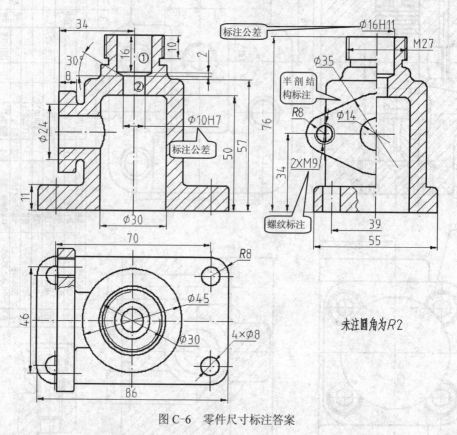

图 C-6　零件尺寸标注答案

【题 2 解析】阀是管道系统中的主要装置，阀体是其主要零件，结构上有连接外部管道的螺纹、底板、法兰盘等结构，其内部还有较多通路。

绘制步骤:

1)*A-A* 剖视图为主视图,采取全剖视的表达方式,表达内部腔体为左侧前后位置的圆筒与右侧上下位置的圆筒。中间联通,根据截交线判断应为矩形孔,如图 C-7a 所示。注意剖切面靠前、过右侧圆筒的中轴。

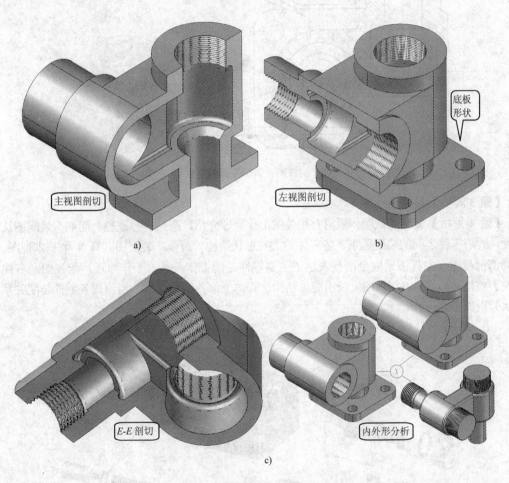

主视图剖切

a)

左视图剖切

底板形状

b)

E-E 剖切

c)

内外形分析

图 C-7 各视图对应阀体分析

a) *A-A* 剖视图   b) *B-B* 剖视图   c) *E-E* 剖视图及结构分析

2)左视图为 *B-B* 剖视图,反映左侧圆筒内部结构、矩形反映与右侧圆筒的连接结构,如图 C-7b 所示。

3)*E-E* 剖视图,展开的方向为仰视,在左视图上展开,因此该图的左右方向对应形体的后前、上下方向对应形体的左右,由此判断右侧为圆筒结构,完整的阀体也比较清楚了,如图 C-7c 所示。

4)*C-C* 剖与 *E-E* 剖相比,剖切的位置相同,展开的方向不同,这样的变化并不大!为什么该图不画完整,因为那样画就没有悬念了!

5)*C-C* 剖视图、填空答案及对应剖切结构,如图 C-8 所示。可见左侧圆筒在左视图中已有;右侧图形从 *E-E* 剖中得到,但要注意方向;而下方底板为 *D* 向视图。

长度方向的尺寸基准为主视图右侧圆筒的中轴；宽度方向的基准为左视图前端面；高度方向基准为底面。

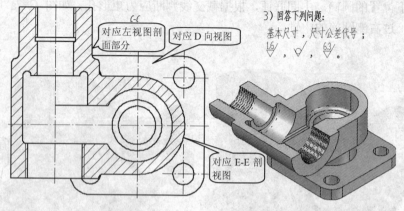

图 C-8　C-C 剖视图、填空答案及对应剖切结构

【题 3 解析】答案见图 9-1。

【题 4 解析】装配图试题一般附有相关的工作原理介绍，应结合标题栏、明细、装配图认真阅读，弄清零件之间的装配关系、各零件的大致形状结构、数量。装配图共有 4 个基本视图、1 个局部剖视图。主视图采取全剖视表达了主要零件之间工作关系、工作原理。俯视图、右视图反映了整体外形。A-A 剖视图反映出腔体结构、阀体上部各组成结构。溢流阀各零件装配关系、形状分析如图 C-9 所示。

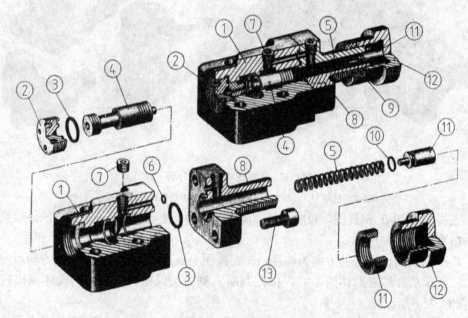

图 C-9　溢流阀各零件装配关系分析

绘制步骤：

1）由装配图确定阀体零件共 5 个视图，B-B 剖视不要遗漏。断面是找寻零件的重要线

索，拆画首先要拆干净、合理推想。主视图的拆画如图 C-10 所示。注意改内螺纹由 *A-A* 剖视图添加腔体内部相贯线。

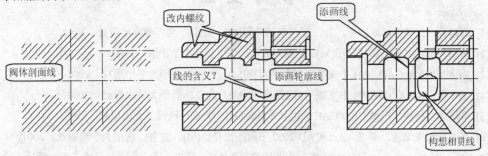

图 C-10　拆画阀体主视图过程

2）拆画时可以将空白纸覆盖在装配图上描画。最终结果如图 C-11 所示。

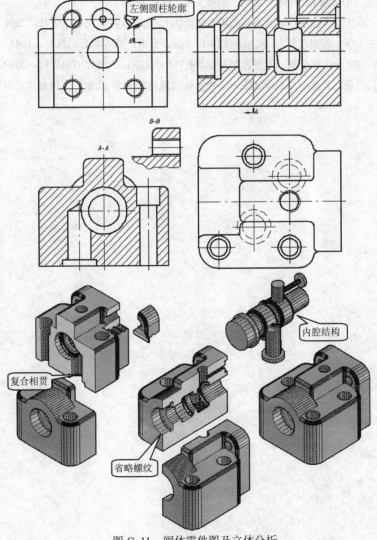

图 C-11　阀体零件图及立体分析

参 考 文 献

[1] 谭建荣，张树有，陆国栋，等. 图学基础教程[M]. 北京：高等教育出版社，1999.

[2] 常明. 画法几何及机械制图[M]. 2 版. 武汉：华中科技大学出版，2000.

[3] 周勇光. AutoCAD 2004 中文版工程制图百例[M]. 北京：清华大学出版社，2004.

[4] 王章全. AutoCAD 2004 中文版三维制图百例[M]. 北京：清华大学出版社，2004.

[5] 陈国聪，杜静. 机械 CAD/CAE 应用技术基础[M]. 北京：机械工业出版社，2002.

[6] 崔洪斌，李荣廷，邓飞. AutoCAD 2002 三维图形设计[M]. 北京：清华大学出版社，2001.

[7] Alan JKalameja. AutoCAD 2002 工程制图习题集[M]. 夏链，译. 北京：机械工业出版社，2002.

[8] 张毓文，刘虹，何秀娟. 工程图学题解指导[M]. 北京：机械工业出版社，2003.

[9] 刘潭玉，等. 画法几何及机械制图解题指导[M]. 长沙：湖南大学出版社，1999.

[10] 续丹，等. 3D 机械制图[M]. 北京：机械工业出版社，2003.

[11] 刘红梅，卢广顺. 画法几何及机械制图习题集[M]. 北京：冶金工业出版社，2001.

[12] 大连理工大学工程图教研室. 机械制图[M]. 4 版. 北京：高等教育出版社，1993.

[13] 马永志，郑艺华，张金翠. 三维造型基础教程[M]. 北京：人民邮电出版社，2009.

[14] 程俊峰，姜勇，尹志超. AutoCAD 2008 中文版习题精解[M]. 北京：人民邮电出版社，2008.